高等职业教育教材

食品理化检验技术

赵 珺 李 欣 主编

袁静宇 副主编

化学工业出版社

·北京·

内容简介

本教材包含教材主体及工作手册（活页式）两个部分。教材主体为了方便学生的使用，内容主要分为三部分，第一部分为岗位认知篇，第二部分为基础知识篇，第三部分为职业技能篇。岗位认知篇主要阐述本教材辅助的高等职业院校食品检验检测技术及食品质量与安全两个主要专业的人才所面向的职业岗位及能力素养；基础知识篇是学习本课程需要的基础知识，为第三部分的职业技能奠定基础；职业技能篇是本教材的重点，结合行业企业的岗位需求及技能大赛的内容，基于食品安全国家标准，合理地设置岗位必需的职业技能。工作手册（活页式）则包括实操指导工作手册（十个实验）及各工作任务的任务完成评价表、作业单。

本书主要用作高等职业教育食品检验检测技术、食品质量与安全专业教材。由于本教材是与企业合作的校企深度融合教材，也可作为社会食品行业企业的从事质检、快检、第三方检测机构等人员的继续教育、社会培训等的教材。

图书在版编目（CIP）数据

食品理化检验技术/赵珺，李欣主编；袁静宇副主编. —北京：化学工业出版社，2024.5

ISBN 978-7-122-45351-8

Ⅰ.①食… Ⅱ.①赵…②李…③袁… Ⅲ.①食品检验-教材 Ⅳ.①TS207.3

中国国家版本馆 CIP 数据核字（2024）第 067729 号

责任编辑：刘心怡 　　　　　　文字编辑：刘　莎　师明远
责任校对：宋　夏　　　　　　　装帧设计：关　飞

出版发行：化学工业出版社
　　　　　（北京市东城区青年湖南街 13 号　邮政编码 100011）
印　　装：中煤（北京）印务有限公司
787mm×1092mm　1/16　印张 16　字数 397 千字
2024 年 7 月北京第 1 版第 1 次印刷

购书咨询：010-64518888　　　　　售后服务：010-64518899
网　　址：http://www.cip.com.cn
凡购买本书，如有缺损质量问题，本社销售中心负责调换。

定　　价：46.00 元　　　　　　　　　　　　版权所有　违者必究

前言

《食品理化检验技术》是一本融入企业场景、企业精神，既适用于高职食品检验检测技术专业，又适合食品质量检测行业人才培训及继续教育的应用创新型教材。本书以高等职业教育现代学徒制为基础，结合行业发展，深入实践产教融合，探索新型教书育人的模式，由食品专业教学经验丰富的教师与企业资深师傅合作制定教材大纲、共同编写教材。

本书基于对食品安全国家标准的多年使用及解读，从食品检测行业出发，围绕职业能力的形成组织课程内容，以任务驱动统领教学过程，方便教师和企业操作人员梳理教材，以工作任务为中心来整合相应的知识和技能，激发学生的主动性，培养学生的职业能力和职业素养。

本教材为校企合作新形态教材，由高职院校食品专业和检测机构共同完成。内容主要包含教材主体及工作手册（活页式）两个部分。

教材主体为了方便适合学生的使用，分为岗位认知篇、基础知识篇和职业技能篇。岗位认知篇主要阐述本教材辅助的高等职业院校食品检验检测技术及食品质量与安全两个主要专业的人才所面向的职业岗位及能力素养；基础知识篇是本课程的基础知识，为职业技能奠定基础；职业技能篇则是本教材的重点，结合行业企业的岗位需求及技能大赛的内容，基于食品安全国家标准，合理地设置岗位必需的职业技能。教材主体的特点在于结合课程内容加入了"五种学习活动"，以任务驱动的方式让学生完成课前准备、课中学习等任务，有效激发学生学习能动性，使课堂更为灵活。

工作手册（活页式）部分主要包括实操指导工作手册（十个实验）及任务完成评价表、作业单。作业单中还增加了学生感悟专栏，以期能在方便学生巩固知识的同时，启发学生未来职业规划并提高职业操守。

本书由内蒙古化工职业学院赵珺、李欣担任主编，包头轻工职业技术学院袁静宇担任副主编，对全书进行了整理、统稿。参与编写的还有广州汇标检测技术中心梁文福工程师、德州职业技术学院王旭峰、安徽粮食工程职业学院徐敏以及内蒙古化工职业学院张海龙、阿荣。

由于编者水平有限，书中不足之处在所难免，望广大读者批评指正！

编者
2023 年 10 月

目录

模块一　岗位认知篇　/ 001

　　任务一　食品理化分析检验岗位分析　/ 002
　　任务二　食品理化分析检验能力素养及岗位职责　/ 002

模块二　基础知识篇　/ 004

项目一　食品理化分析技术基础　/ 005
　　任务一　食品理化分析技术的分析方法　/ 005
　　任务二　食品理化分析标准　/ 006
　　任务三　分析结果的误差和数据处理　/ 010
项目二　食品样品的管理　/ 016
　　任务一　食品样品的管理要求及检验的控制关键点　/ 016
　　任务二　食品样品的采集　/ 018
　　任务三　样品的保存和制备、预处理　/ 019

模块三　职业技能篇　/ 021

项目一　食品物理性质的分析　/ 022
　　任务一　相对密度的测定　/ 022
　　任务二　折射率的测定　/ 026
　　任务三　旋光度的测定　/ 030
项目二　食品中一般成分的分析　/ 034
　　任务一　水分的分析测定　/ 034
　　任务二　酸度的分析测定　/ 044
项目三　食品中营养成分的分析　/ 055
　　任务一　碳水化合物的分析测定　/ 055
　　任务二　脂类的分析测定　/ 062
　　任务三　蛋白质及氨基酸的分析测定　/ 068
　　任务四　维生素的分析测定　/ 076

　　　　　任务五　灰分及矿物元素的分析测定　　/ 089
项目四　食品中有害成分的分析　/ 100
　　　　　任务一　有害元素的分析测定　/ 100
　　　　　任务二　农药残留的分析测定　/ 119
项目五　食品中添加剂的分析　/ 143
　　　　　任务一　防腐剂的分析测定　/ 143
　　　　　任务二　护色剂的分析测定　/ 150
　　　　　任务三　漂白剂的分析测定　/ 160
　　　　　任务四　甜味剂的分析测定　/ 166

附录　/ 180

参考文献　/ 181

模块一

岗位认知篇

《"健康中国2030"规划纲要》中针对国民健康提出了详细的规划,其中更多的健康观念提倡治未病,即我国古代就提倡的药食同源等逐渐被人们重视,究其根源是研究如何利用食物来改变人类的健康问题。随着科技的发展,社会的节奏逐渐加快,人们的生活水平不断提高,同时各种慢性疾病也在悄然发生,医疗的发展也不能从根本上解决各种疾病。正所谓病从口入,通过食品检验检,加强食品质量的安全管理,结合对膳食的合理摄入等,提高人们对膳食与健康的认识,从源头上减少影响健康的各种因素,疾病则不会成为困扰人们的重要问题。那么食品的概念究竟是什么?和食物是不是一回事?食品,指各种供人食用或者饮用的成品和原料以及按照传统既是食品又是中药材的物品,但是不包括以治疗为目的的物品(《中华人民共和国食品安全法》中"食品"的含义)。从食品卫生立法和管理的角度,广义的食品概念还涉及所生产食品的原料、食品原料种植和养殖过程接触的物质和环境、食品的添加物质、所有直接或间接接触食品的包装材料和设施以及影响食品原有品质的环境。

任务一　食品理化分析检验岗位分析

食品的检验包含感官检验、理化检验、微生物检验等,其中感官检验是食品检验的首要环节,任何感官不合要求的食品都不必进行后续的检验而直接判定不合格。而理化检验是食品检验的重要项目,主要通过物理常数、物理性质及化学分析等手段来判断食品的质量合格与否。食品理化分析技术是食品理化检验的重要基础,该课程是通过国家安全标准的方法对食品营养成分、有害成分等进行分析检验,看质量是否达标,微量及有害成分是否超标,从而判定食品的理化质量。因此本课程不仅仅是掌握食品理化分析相关的理论知识,更多的是学会与之对应的分析检验技能,以适应食品质检、农产品检测、第三方检测机构、市场监督管理机构等食品行业企业的人才需要。以与本专业职业技能相关的农产品食品检验员为例,农产品食品检验员这一工作岗位的工作内容包括:样品采集,样品保存,样品预处理;依据样品属性和检测指标要求,正确选取相关检测标准,样品前处理,上机检测,数据处理、检测报告出具等。基于这些具体的工作内容,融入食品检验检测技术专业考证、职业技能大赛综合任务等,形成食品检验检测技术、食品质量与安全控制专业核心工作岗位和相关工作岗位核心技能和相关技能,总结出对应岗位所需的能力和素质,灵活应用于生产现场检测与食品质量监控检测,实现学生与职业岗位的零对接。

任务二　食品理化分析检验能力素养及岗位职责

1. 能力素养

① 具备食品成分分析、食品检验、食品质量检测等的能力,具体如食品理化检验能力、基本的计算、计算机的使用、数据的记录及仪器操作等能力。

② 掌握食品品质鉴别、食品检验的基本理论和知识。

③ 具备高尚的职业道德,良好的市场意识、竞争意识及合作精神,吃苦耐劳、开拓进取的创业创新能力。

2. 岗位职责

① 按时完成各项检测任务。

② 正确填写原始记录,确保数据准确可靠。

③ 正确使用检验仪器设备和器具,负责仪器设备日常维护保养。

④ 完成检测后,注意实验室的卫生和废弃试剂的处理。

⑤ 注意危险品、剧毒品、易爆品以及试剂药品的使用和保管,确保安全。

⑥ 检验人员对不合格的检验仪器、过期的标准品和药品有权拒绝使用,有权拒绝外界对检验数据真实性与标定的不良影响和干预。

思考题

1. 食品质量的检验通常包括哪些方面？
2. 和同学讨论一下对食品安全的认识。

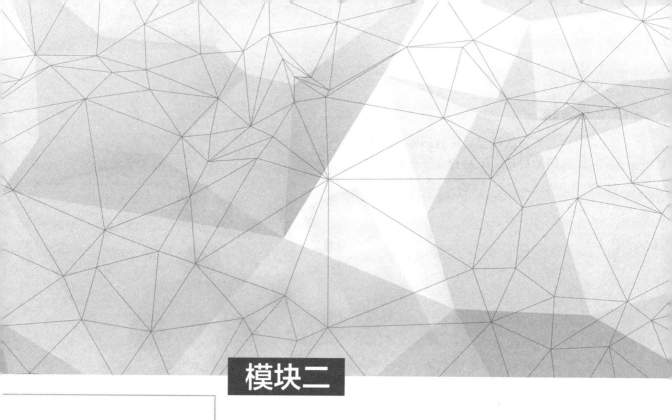

模块二

基础知识篇

项目一　食品理化分析技术基础

任务一　食品理化分析技术的分析方法

食品种类繁多，成分复杂，与食品理化分析相关的方法从常量分析到微量分析，从定性分析到定量分析，从组成分析到形态分析，从实验室分析到现场快速检验，可谓多种多样，不尽相同。在食品理化分析与检验工作中，由于食品的复杂性和食品分析的目的不同，被测组分和干扰成分的性质及食品中含量的多少等，分析方法各有不同。目前食品分析检测的方法包括感官检测法、物理分析法、化学分析法、仪器分析法、微生物法和酶分析法，其中食品理化分析的方法主要为物理分析法、化学分析法和仪器分析法。目前多学科紧密连接，没有一种方法可以单独完成食品分析的检测。物理方法可以用于食品物性的检测，但其成分的检测有赖于化学检测手段，而由于科技的发展，普通的化学方法因其烦琐以及精密度、准确度的落后已经不能满足日益增长的检测需求，因此需要选择合适的仪器，才可以顺利完成食品分析的检测任务。

1. 化学分析法

化学分析法是食品理化分析的基础，许多样品的预处理和检测都采用化学分析法，而仪器分析的原理大多数也是建立在化学分析的基础上的。因此，即使在仪器分析高度发展的今天，化学分析法仍然是食品理化分析中最基本的、最重要的分析方法。

该方法包括定性和定量分析，是以物质的化学反应为基础，使被测成分在溶液中与试剂作用，由生成物的量或消耗试剂的量来确定组分和含量的方法。对于已知成分的食品来说，定量分析是主要工作。定量分析法包括重量法和滴定法，食品中的水分、灰分、果胶和脂肪等成分常用重量法；滴定法包括酸碱滴定、氧化还原滴定、络合滴定和沉淀滴定，食品中酸度、蛋白质含量、脂肪酸价、过氧化值等的测定采用滴定分析法。

2. 物理分析法

物理分析法是通过测定食品的相对密度、折射率、旋光度以及黏度等物理性质来计算被测组分含量的方法。通常食品中的糖浓度可以通过测定密度来进行分析，果汁中固形物含量可以通过折射仪法测定，旋光度的测定则可以用来判断某些碳水化合物、富含氨基酸等食品的纯度、含量等。

3. 仪器分析法

仪器分析法是以食品的物理或化学性质为基础，利用光电仪器来测定物质组成成分的方法，包括光学分析法、电化学分析法、色谱分析法和质谱分析法。仪器分析法具有灵敏、快速、操作简单、自动化程度较高的特点。目前，在我国的食品卫生标准检验方法中，仪器分析法所占的比例越来越大。

光学分析法可用于测定食品中无机元素、碳水化合物、蛋白质、氨基酸、食品添加剂、维生素等成分。电化学分析法又分为电导分析法、电位分析（离子选择电极）法、极谱分析法等。电导分析法可测定糖品灰分和水的纯度等；离子选择电极法广泛应用于测定 pH 值、无机元素、酸根、食品添加剂等成分；极谱分析法已应用于测定重金属、维生素、食品添加剂等成分。色谱分析法主要用于微量成分分析，可用于测定有机酸、氨基酸、碳水化合物、维生素、食品添加剂、农药残留、黄曲霉毒素等成分。此外，许多全自动分析仪也已经广泛应用，如蛋白质自动分析仪、氨基酸分析仪、脂肪测定仪、碳水化合物测定仪和水分测定仪等。

4．酶分析法

酶分析法是利用酶的反应进行物质定性、定量的分析方法。酶具有高效和专一的催化特性，作为分析试剂应用于食品分析中具有简便、快速、灵敏度、准确度高等优点，解决了食品分析过程中复杂成分干扰的问题，可利用酶的特点用于淀粉含量的测定、葡萄糖含量的测定及真菌毒素、农药残留和兽药残留的快速分析测定。

任务二　食品理化分析标准

目前与食品卫生与安全有关的国际组织都在致力于国际社会食品卫生与安全通用法规和标准的建设，指导各国加强食品卫生与安全的监控与管理，消除食品国际贸易中的技术壁垒。中国也在制定和不断完善与食品有关的法律法规和标准，推行各种食品安全控制管理体系。

1．我国食品卫生标准

食品作为供机体食用或饮用的成品和原料，应当无毒、无害，符合其应有的营养要求，并且具有相应的色、香、味等感官性状。但是在食品生产、加工、包装、运输和贮存等过程中，由于受到各种条件、因素的影响，可能会使食品受到污染，危害人体健康。为保证食品安全而制定的标准统称为食品卫生标准。

食品卫生标准包括食品安全国家标准、行业标准、地方标准、企业标准，在食品理化分析中应首选国家标准，结合实验室实际条件选择合适的检验方法。

(1)《食品卫生检验方法　理化部分　总则》（GB/T 5009.1—2003）

① 范围。本标准规定了食品卫生检验方法理化部分的检验基本原则和要求。本标准适用于食品卫生检验方法理化部分。

② 检验方法的选择。标准方法如有两个以上检验方法时，可根据所具备的条件选择使用（适用范围一致时），以第一法为仲裁方法。

标准方法中根据适用范围设几个并列方法时，要依据适用范围选择适宜的方法。由于方法的适用范围不同，第一法和其他法为并列关系，这种情况无仲裁法的说法，例如标准 GB

5009.3中规定的几种方法，各自的适用范围都不同，此时这几种方法都为并列关系。

③ 试剂的要求及其溶液浓度的基本表示方法。检验方法中所使用的水，未注明其他要求时，是指蒸馏水或去离子水。未指明溶液用何种溶剂配制时，均指水溶液。

检验方法中未指明具体浓度的硫酸、硝酸、盐酸、氨水时，均指市售试剂规格的浓度。

液体的滴，是指蒸馏水自标准滴管流下的一滴的量，在20℃时20滴相当于1.0mL（一滴约0.05mL）。

配制溶液时所使用的试剂和溶剂的纯度应符合分析项目的要求。应根据分析任务、分析方法、对分析结果准确度的要求等选用不同等级的化学试剂。

一般试剂用硬质玻璃瓶存放，碱液和金属溶液用聚乙烯瓶存放，需避光试剂贮于棕色瓶中。

④ 溶液浓度表示方法。标准滴定溶液浓度的表示应符合《化学试剂 标准滴定溶液的制备》（GB/T 601—2016）的要求。主要用于测定杂质含量的标准溶液，应符合《化学试剂 杂质测定用标准溶液的制备》（GB/T 602—2002）的要求。

几种固体试剂的混合质量分数或液体试剂的混合体积分数可表示为（1+1）、（4+2+1）等。

溶液的浓度可以质量分数或体积分数为基础给出，表示方法应是"质量（或体积）分数是0.75"或"质量（或体积）分数是75%"。质量和体积分数还能分别用$5\mu g/g$或$4.2mL/m^3$这样的形式表示。

溶液浓度以质量、容量单位表示，可表示为克每升或以其适当分倍数表示（g/L或mg/mL等）。

如果溶液由另一种特定溶液稀释配制，应按照下列惯例表示：

"稀释$V_1 \rightarrow V_2$"表示将体积为V_1的特定溶液以某种方式稀释，最终混合物的总体积为V_2；

"稀释$V_1 + V_2$"表示将体积为V_1的特定溶液加到体积为V_2的溶液中。

⑤ 温度和压力的表示。一般温度以摄氏度表示，写作℃；或以开氏度表示，写作K（开氏度=摄氏度+273.15）。

压力单位为帕斯卡，表示为Pa（kPa、MPa），1atm = 760mmHg = 101325Pa = 101.325kPa=0.101325MPa（atm为标准大气压，mmHg为毫米汞柱）。

⑥ 仪器设备要求

a. 玻璃量器：检验方法中所使用的滴定管、移液管、容量瓶、刻度吸管、比色管等玻璃量器均须按国家有关规定及规程进行校正。

b. 玻璃量器和玻璃器皿须经彻底洗净后才能使用。

c. 控温设备：检验方法所使用的马弗炉、恒温干燥箱、恒温水浴锅等均须按国家有关规程进行测试和校正。

d. 测量仪器：天平、酸度计、温度计、分光光度计、色谱仪等均应按国家有关规程进行测试和检定校正。

e. 检验方法中所列仪器：检验方法中所列仪器为该方法所需要的主要仪器、一般实验室常用仪器不再列入。

⑦ 样品的要求

a. 采样必须注意样品的生产日期、批号、代表性和均匀性（掺伪食品和食物中毒样品除外)。采集的数量应能反映该食品的卫生质量和满足检验项目对样品量的需要,一式三份,供检验、复验、备查或仲裁,一般散装样品每份不少于0.5kg。

b. 采样容器根据检验项目,选用硬质玻璃瓶或聚乙烯制品。

c. 液体、半流体饮食品如植物油、鲜乳、酒或其他饮料,如用大桶或大罐盛装者,应先充分混匀后再采样。样品应分别盛放在三个干净的容器中。

d. 粮食及固体食品应自每批食品上、中、下三层中的不同部位分别采取部分样品,混合后按四分法对角取样,再进行几次混合,最后取有代表性样品。

e. 肉类、水产等食品应按分析项目要求分别采取不同部位的样品或混合后采样。

f. 罐头、瓶装食品或其他小包装食品,应根据批号随机取样,同一批号取样件数,250g以上的包装不得少于6个,250g以下的包装不得少于10个。

g. 掺伪食品和食物中毒的样品采集,要具有典型性。

h. 检验后的样品保存:一般样品在检验结束后,应保留一个月,以备需要时复检。易变质食品不予保留,保存时应加封并尽量保持原状。检验取样一般皆指取可食部分,以所检验的样品计算。

i. 感官不合格产品不必进行理化检验,直接判为不合格产品。

⑧ 检验要求

a. 严格按照标准中规定的分析步骤进行检验,对实验中不安全因素(中毒、爆炸、腐蚀、烧伤等)应有防护措施。

b. 理化检验实验室实行分析质量控制。

c. 检验人员应填写好检验记录。

⑨ 分析结果的表述

a. 测定值的运算和有效数字的修约应符合《数值修约规则与极限数值的表示与判定》(GB/T 8170—2008)、《测量仪器特性评定》(JJF 1094—2002)的规定。

b. 结果的表述:报告平行样的测定值的算术平均值,并报告计算结果表示到小数点后的位数或有效位数,测定值的有效数的位数应能满足卫生标准的要求。

c. 样品测定值的单位应使用法定计量单位。

d. 如果分析结果在方法的检出限以下,可以用"未检出"表述分析结果,但应注明检出限数值。

(2) GB 5009 系列标准　我国食品专业理化指标的测定方法,绝大多数都可以按照卫生部门颁发的食品卫生检验方法执行。常见的标准主要有:

《食品安全国家标准　食品中水分的测定》(GB 5009.3—2016);

《食品安全国家标准　食品中灰分的测定》(GB 5009.4—2016);

《食品安全国家标准　食品中还原糖的测定》(GB 5009.7—2016);

《食品安全国家标准　食品 pH 值的测定》(GB 5009.237—2016);

《食品安全国家标准　食品中黄曲霉毒素 M 族的测定》(GB 5009.24—2016);

《食品安全国家标准　食品中铬的测定》(GB 5009.123—2023);

《食品安全国家标准　食品中镉的测定》(GB 5009.15—2023);

《食品安全国家标准　食品中氯化物的测定》(GB 5009.44—2016);

《食品安全国家标准　食品中维生素 B_1 的测定》(GB 5009.84—2016);

《食品安全国家标准　食品中维生素 B_2 的测定》(GB 5009.85—2016);

《食品安全国家标准　食品中抗坏血酸的测定》(GB 5009.86—2016)；
《食品安全国家标准　食品中膳食纤维的测定》(GB 5009.88—2023)；
《食品安全国家标准　食品中胆固醇的测定》(GB 5009.128—2016)；
《食品安全国家标准　食品中氨基酸态氮的测定》(GB 5009.235—2016)；
《食品安全国家标准　食品中维生素A、D、E的测定》(GB 5009.82—2016)；
《食品安全国家标准　食品中蛋白质的测定》(GB 5009.5—2016)。
GB 5009系列标准在不断更新，具体内容可查阅相关网站或公告内容。

2. 国际食品卫生标准

(1) CAC (CCMAS) 方法体系　国际法典委员会（CAC）是由联合国粮农组织（FAO）和世界卫生组织（WHO）共同组建的促进食品安全、质量和贸易公平开展的国际标准协调组织。其中分析和采样方法分委会（CCMAS）主要负责除食品中农兽药残留、添加剂技术规格评估外的分析和采样方法，以及食品中微生物质量和安全评估相关工作。在其颁布的标准中，四项标准规定了具体方法标准的使用，包括食品污染物通用检测方法、食品添加剂通用检测方法标准等。这些方法标准主要以产品为主线进行划分，每类产品内再具体细分食品类别，针对这些具体产品再规定相应的检测指标和检测方法。

在CAC的程序手册中，检验方法与采样规程部分主要包括不同类型方法的定义、选择分析方法的准则、选择单一实验室验证的准则、如何为评价方法性能指标/评估方法一致性设定具体参数、如何将特定检验方法转化为方法标准等内容。

与中国检验方法标准的性质不同，CAC（CCMAS）方法标准为推荐性，各国或国际标准组织可以根据实际情况自由采纳。由于法典标准在国际食品贸易中的重要地位，许多国家和标准组织在开展相关工作时都会结合本国实际情况，适当参考或者部分引用其内容。

(2) AOAC方法体系　AOAC是一家历史悠久、全球认可、独立的第三方机构，目前颁布的检验方法主要有三大类，PTM方法标准（performance tested methods）、OMA方法标准（the official methods of analysis）和SMPR方法标准（standard method performance requirements），还有一些方法评价、验证和实验室管理类的技术文件，作为整个方法体系的补充和完善。

PTM方法标准主要用于对所有权方法的认证，按照方法中所用试剂盒等生产商的文件规定进行测试验证。获得此认证的申请方将获得由AOAC颁布的证书。目前这类方法在AOAC官网上公布的有200余项，其中微生物类方法占大多数，还包括抗生素类、食品过敏原和毒素类方法。

OMA方法标准即一般意义上的AOAC官方方法，目前公布的有3000余项，在AOAC整个方法体系中占有数量优势，主要包括化学、微生物和分子生物学类方法。

SMPR方法标准与上面两类标准不同，主要针对某类方法需要满足的性能指标和适用条件进行了规定，目前公布的标准数量有80～90项。根据AOAC目前的规定，新立项的PTM/OMA方法标准必须满足对应SMPR标准中的相关要求。一般SMPR方法标准包括九部分内容：方法的预期用途、方法的适用性、适用的分析检测技术、术语和定义、方法的性能指标、系统适用性试验和/或分析质量控制、标准物质、验证指南和最长测定时间。

AOAC工作领域主要为制定检验方法标准、通过科学的手段解决检测过程中相关问题、方法的确证评估等，其中制定检验方法标准是较重要的部分。AOAC颁布的许多检验方法标准都被CAC（CCMAS）等国际标准组织广泛引用，部分标准被用于在检测结果出现分歧时进行判断（即所谓的"金标准"）。近年来，AOAC 也在不断加强与其他国际标准组织的合作，谋求 AOAC 标准在全球食品安全标准领域更广泛的认同。

（3）欧盟检验方法体系 欧盟方法标准的主要负责机构为欧洲标准化委员会（European Committee for Standard- isation，CEN）。CEN 是欧洲三大官方认可的标准组织之一，颁布的方法标准也为非强制性，但强调从具体内容到执行层面与欧盟相关法律法规条款的协调一致性。CEN 还颁布了其他相关文件用于标准工作开展，如工作组协议（CEN Workshop Agreements，CWA）、技术细则（Technical Specifications，CEN/TS）、技术报告（Technical Reports）和指南（Guides）等。

欧盟标准工作的具体实施机构主要为 CEN 下设的技术委员会，分管不同类别标准。目前分管检验方法类标准 CEN 技术委员主要有：CEN/TC 275-食品分析-横向方法，目前颁布标准约 200 项；CEN/TC 302-乳及乳制品分析方法和采样规程，目前颁布标准 40 余项；CEN/TC307-油料种子、蔬菜、动物油脂及副产品的分析方法和采样规程，目前颁布标准 80 余项。其余关于方法评价和验证、实验室管理和质量控制等内容也主要囊括在这些技术委员会颁布的几个指令文件中。

CEN 颁布的部分欧盟标准也被 CAC（CCMAS）等国际标准组织所采纳，主要被国际标准化组织（International Organization for Standardization，ISO）采纳和引用较多，因为二者联系比较紧密，ISO 可以等效采纳部分欧盟标准。

任务三　分析结果的误差和数据处理

用数字表示测量结果都具有不确定性，即使是一位经验丰富的分析工作者采用最好的分析方法和可靠的分析仪器对同一个样品进行多次测定，得到的结果也不可能完全一致。凡是测量就有误差存在。研究误差的目的是要对检验所得的数据进行处理，判断其最接近的值是多少、可靠性如何，正确处理检测数据，充分利用数据信息，以便得到最接近真实的最佳结果。

1. 误差的分类及减免

根据误差产生的原因及其性质的不同，误差可分为两大类：系统误差和随机误差。

（1）系统误差

① 系统误差产生的原因。系统误差按照产生的原因，可以分为以下几类。

a. 方法误差由测定方法的不完善造成。如反应不完全、干扰成分的影响、指示剂选择不当等。

b. 试剂误差由试剂或蒸馏水造成。如纯度不够、带入待测组分或干扰组分等。

c. 仪器误差由测量仪器本身缺陷造成。如容量器皿刻度不准又未经校正、电子仪器"噪声"过大等。

d. 操作误差又称主观误差，是由操作人员主观或习惯上的原因造成的。如：称取试样时未注意防止试样吸湿；洗涤沉淀时洗涤过分或不充分；观察颜色偏深或偏浅；读取刻度值时，有时偏高或偏低；第二次读数总想与第一次读数重复等。

上述各因素中，方法误差有时不被人们察觉，带来的影响也比较大。因此，在选择方法时应特别注意。

② 系统误差的性质。系统误差是由某些固定的原因造成的，具有重复性、单向性和可测性。

　　a. 重复性：同一条件下，重复测定中重复地出现。

　　b. 单向性：测定结果系统偏高或偏低。

　　c. 可测性：误差大小基本不变，对测定结果的影响比较恒定。所以，系统误差也称为可测误差。

可见，系统误差总是以相同的大小和正负号重复出现，其大小可以测定出来，通过校正的方法就能将其消除。

（2）随机误差 随机误差又称偶然误差，是由一些无法控制的不确定的偶然因素所致。如测量时环境温度、湿度、气压以及污染的微小波动，分析人员对各份试样处理时的微小差别等。这类误差值时大时小，时正时负，难以找到具体的原因，更无法测量它的值。但从多次测量结果的误差来看，仍然符合一定的规律。随机误差要用数理统计的方法来处理。由正态分布曲线可以概括出随机误差分布的规律和特点：

① 对称性。大小相近的正误差和负误差出现的概率相等，误差分布曲线是对称的。

② 单峰性。小误差出现的概率大，大误差出现的概率小，很大误差出现的概率非常小。误差分布曲线只有一个峰值。

③ 有界性。误差有明显的集中趋势，即实际测量结果总是被限制在一定范围内波动。

由此可见，在消除系统误差的情况下，平行测定的次数越多，则测定值的算术平均值越接近真值，因而适当增加测定次数，取平均值表示结果，可以减少随机误差。

2. 分析结果的数据处理

在食品理化分析中，分析结果所表达的不仅仅是试样中待测组分的含量，还反映了测量的准确程度。因此，在实验数据的记录和结果的计算中，保留几位数字不是任意的，要根据测量仪器、分析结果的准确度来决定。

（1）有效数字

① 有效数字的定义及位数。有效数字是测量过程中实际能够测到的数字，其组成为：所有确定数字＋一位估计数。有效数字的最后一位是可疑数字，通常理解为它可能有±1个单位的绝对误差，反映了随机误差。

例如：读取滴定管上的刻度，甲得到 25.22mL，乙得到 25.23mL，丙得到 25.21mL，这些四位数字中，前三位数字都是很准确的，第四位数字是估计出来的，所以稍有不同。第四位数字称为可疑数字，但它不是臆造的，所以记录时应该保留。

由于有效数字位数与测量仪器精度有关，实验数据中任何一个数都是有意义的，数据的位数不能随意增加或减少。如用分析天平称量某物质为 0.2860g，不能记录为 0.286g。在 0.2860 中，"0" 所起的作用是不同的。在小数点前的 "0" 只起定位作用，仅与所采用的单位有关，而与测量的精度无关，因此就不是有效数字，而最后一位的 "0" 则表示测量精度所能达到的位数，因而是有效数字，不可随意略去，故该例中的 0.2860g 有 4 位有效数字。

在食品理化分析计算中，常遇到倍数、分数关系。这些数据不是测量所得到的，可视为无限多位有效数字。而对 pH、pM、lg$C$、lg$K$ 等对数值，其有效数字的位数，按照"对数的位数与真值的有效数字位数相等，对数的首数相当于真值的指数"的原则来定。例如

$[H^+]=6.3×10^{-12}$ mol/L，两位有效数字，所以 pH=11.20，不能写成 pH=11.2。

② 有效数字的修约规则。测量数据的计算结果要按照有效数字的计算规则保留适当位数的数字，因此必须舍弃多余的数字，这一过程称为数字的修约。目前，有效数字的修约一般采用"四舍六入五留双，五后非零需进一"的规则：

a. 在拟舍弃的数字中，右边第一个数字≤4 时舍弃，右边第一个数字≥6 时进1。例如，欲将 19.7432 修约为三位有效数字，则从第 4 位开始的"432"就是拟舍弃的数字，"7"右边的第一个数字为 4，因此修约为 19.7。又例如，26.8723→26.9；

b. 拟舍弃的数字为 5，且 5 后无数字时，拟保留的末位数字若为奇数，则舍 5 后进 1；若为偶数（包括 0），则舍 5 后不进位。例如，23.75→23.8；23.85→23.8；

c. 若 5 后有数字，则拟保留的数字无论奇、偶数均进位。例如 23.852→23.9。

需要指出的是，修约数字时要一次修约到所需要的位数，不能连续多次修约。

（2）有效数字的运算规则　不仅由测量直接得到的原始数据记录要如实反映出测量的精确程度，根据原始数据进行计算间接得到的结果，也应该如实反映出测量可能达到的精度。原始数据的测量精度决定了计算结果的精度，计算处理本身是无法提高结果的精确程度的。为此，在有效数字的计算中必须遵循一定规则。

① 加减法。几个数相加或相减时，其和或差的小数点后位数应与参加运算的数字中小数点后位数最少的那个数字相同。

② 乘除法。几个数相乘或相除时，其积或商的有效数字位数应与参与运算的数字中有效数字位数最少的那个数字相同。

（3）可疑值的取舍　在一组平行测定的数据中，有时个别数据与其他数据相比差距较大，这样的数据就称为可疑值，也叫极端值或离群值。数据中出现个别值离群太远时，首先要仔细检查测定过程是否有操作错误，是否有过失误差存在，不能随意舍弃可疑值以提高精密度，而是需要进行数理统计处理。即判断可疑值是否仍在偶然误差范围内。可疑值取舍的统计方法很多，也各有特点，但基本思路是一致的，都是建立在随机误差服从一定分布规律的基础上。常用的统计检验方法有 $4\bar{d}$ 检验法、Q 检验法（Q-test）和格鲁布斯法。

如果测定次数在 10 次以内，采用 Q 检验法比较简便，本书主要介绍 Q 检验法，其步骤如下。

将测定值由小到大排列：$x_1, x_2, x_3, \cdots, x_n$。如果 x_1 或 x_n 为可疑值，算出统计量 Q 值。

当 x_n 可疑时，

$$Q_{计算}=\frac{x_n-x_{n-1}}{x_n-x_1} \tag{2-1}$$

当 x_1 可疑时，

$$Q_{计算}=\frac{x_2-x_1}{x_n-x_1} \tag{2-2}$$

式(2-1) 和式(2-2) 中 x_n-x_1 称为极差。$Q_{计算}$ 值越大，说明 x_1 或 x_n 离群越远，远至一定程度时则应将其舍去，故 $Q_{计算}$ 值又称为"舍去商"。

根据测定次数 n 和所要求的置信度 P，查 Q 值表，可得到相应 n 和置信度 P 下的 Q 值表，若 $Q_{计算} > Q_{表}$，则应将可疑值舍弃，否则保留。

3. 分析结果的评价

在对一个结果进行分析时，通常用精密度、准确度和灵敏度这三项指标评价。

(1) 精密度 精密度是指多次平行测定结果相互接近的程度。这些测试结果的差异是由偶然误差造成的。精密度代表着测定方法的稳定性和重现性。

精密度的高低可用偏差来衡量。偏差是指个别测定结果与几次测定结果的平均值之间的差别，用 d 表示。偏差分为绝对偏差和相对偏差、平均偏差和相对平均偏差。绝对偏差是指某一次测量值与平均值的差异，相对偏差指某一次测量的绝对偏差与平均值的比值。平均偏差指单项测定值与平均值的偏差（取绝对值）之和，除以测定次数，即绝对偏差的平均值。相对平均偏差指平均偏差与平均值的比值。平均偏差和相对平均偏差都是正值。

绝对偏差 $$d_i = x_i - \overline{x} \tag{2-3}$$

相对偏差 $$d_r = \frac{x_i - \overline{x}}{\overline{x}} \times 100\% \tag{2-4}$$

平均偏差 $$\overline{d} = \frac{|d_1| + |d_2| + \cdots + |d_n|}{n} \tag{2-5}$$

相对平均偏差 $$\overline{d}_r = \frac{\overline{d}}{\overline{x}} \times 100\% \tag{2-6}$$

标准偏差（s）又称均方根偏差。

$$s = \sqrt{\frac{\sum_{i=1}^{n} d_i^2}{n-1}} = \sqrt{\frac{\sum_{i=1}^{n} (x_i - \overline{x})^2}{n-1}} \tag{2-7}$$

相对标准偏差（RSD,%）也称变异系数（CV）。

$$CV = \frac{s}{\overline{x}} \times 100\% \tag{2-8}$$

由式(2-7)和式(2-8)可知，在计算标准偏差时是把单次测量值的偏差 d_i 先平方再加和起来，因而 s 和 CV 能更灵敏地反映出数据的分散程度。

(2) 准确度 准确度是指测定值与真实值的接近程度。测定值与真实值越接近，则准确度越高。准确度主要是由系统误差决定的，反映测定结果的可靠性。准确度高的方法精密度必然高，而精密度高的方法准确度不一定高。

准确度高低可用误差来表示。误差越小，准确度越高。误差是分析结果与真实值之差。误差有两种表示方法，即绝对误差和相对误差。绝对误差指测定结果与真实值之差；相对误差是绝对误差与真实值（通常用纯物质的理论值、标准物质的标准值或可靠平均值表示）的比值。选择分析方法时，为了便于比较，通常用相对误差表示准确度。

绝对误差 $$E_a = x_i - \mu \tag{2-9}$$

相对误差 $$E_r = \frac{E_a}{\mu} \times 100\% \tag{2-10}$$

式中　x_i——测定值，对一组测定值取多次测定值的平均值；

　　　μ——真实值。

某一分析方法的准确度，可通过测定标准试样的误差，或做回收试验计算回收率，以误差或回收率来判断。

在回收试验中，加入已知量标准物的样品，称加标样品。未加标准物质的样品称为未知样品。在相同条件下用同种方法对加标样品和未知样品进行预处理和测定，按式(2-11)计算出加入标准物质的回收率。

$$P = \frac{x_1 - x_0}{m} \times 100\% \tag{2-11}$$

式中　　P——加入标准物质的回收率，%；

　　　　m——加入标准物质的质量；

　　　　x_1——加标样品的测定值；

　　　　x_0——未知样品的测定值。

(3) 灵敏度　灵敏度是指分析方法所能检测到的最低限量。不同的分析方法有不同的灵敏度，一般而言仪器分析法具有较高的灵敏度，而化学分析法（质量分析法和容量分析法）灵敏度相对较低。在选择分析方法时，要根据待测成分的含量范围选择适宜的方法。一般地说，待测成分含量低时，需选用灵敏度高的方法；含量高时，宜选用灵敏度低的方法，以避免因稀释倍数太大所引起的误差。由此可见，灵敏度的高低并不是评价分析方法好坏的绝对标准。一味追求选用高灵敏度的方法是不合理的。如重量分析法和滴定分析法，灵敏度虽不高，但对于高含量组分（如食品的含糖量）的测定能获得满意的结果，相对误差一般为千分之几。相反，对于低含量组分（如黄曲霉毒素）的测定，质量分析法和容量分析法的灵敏度一般达不到要求，这时应采用灵敏度较高的仪器分析法。而灵敏度较高的方法相对误差较大，但对低含量组分允许有较大的相对误差。

思考题

1. 食品理化分析有哪些方法？
2. 名词解释：精密度、准确度、误差、灵敏度。
3. 分析误差产生的原因。
4. 说明随机误差与系统误差之间的差别。
5. 国际食品卫生标准有哪几种方法体系？

知识拓展

增强诚信意识和培养科学求实、严谨细致的工作作风
——实验原始记录要求

1. 重视原始记录中的签名

原始记录一般由检测人员、校核人员签名。签名意味着签名人已对该原始记录进行了必要的校对或审核，是对原始记录进行的最后把关，以便及早发现检测人员检测的失误。对原始记录中的任何疑点，都应在输入检验报告之前给予解决，必要时进行复测，以确保数据准确无误。

2. 选择适合的检测方法

CNAS要求实验室应使用适合的方法和程序进行所有检测。实验室面对的是产品，不同

的产品执行的标准不同，使用的检测方法也不同。对于执行标准明确的产品，直接选取标准中的检测方法即可。实际工作中，我们会遇到大量的非标产品，尤其是委托检验时，需要与客户沟通，采用满足客户需求并适用于所检测项目的方法。

3. 规范记录样品信息

接收样品后，不要急于检测，要先检查样品状态是否存在影响正常检测的缺陷。对于一些封装的样品，无法直接观察到缺陷，打开封装发现有缺陷时，也应立即终止检验，对样品进行妥善处理并及时与客户沟通。即便无缺陷，也应在原始记录中对样品状态进行适当描述。

4. 对标准的理解要准确

标准是检测工作的依据，选择正确的、现行有效的标准进行检测，是不言而喻的。实验室是依据标准进行检测的，因此对标准的理解一定要准确。

5. 有足够的信息量

CNAS要求观察结果、数据和计算应在产生的当时予以记录，并要求每项检测的记录应包含充分的信息，以便在可能时识别不确定度的影响因素，并确保该检测在尽可能接近原条件的情况下能够重复。检测人员每个实测原始数据都应记录，不得只写诸如平均值等最终结果。文字要填写具体内容，不得只写符合/不符合或合格/不合格。对原始记录不得随意涂改，如确系需要修改的，应先用横线将错误横向划去（被划改的内容仍应清晰可见），再把正确值填写在其旁边。对记录的所有改动都应在划改处有修改人的签名或印章。

6. 正确进行数据处理

一般情况下，产品标准对检测数据应保留的小数位数或有效数字都有明确的规定，在检测时应严格按照标准要求读取数据，在原始记录中也应按标准要求进行记录。检测后需要进行计算的数据，若产品标准有相关规定，应按照产品标准要求进行计算；若产品标准中无相关规定，则应按照《数值修约规则与极限数值的表示和判定》（GB/T 8170—2008）的要求进行计算。结果判定是用检验所得的测定值或其计算值与标准规定的极限值进行比较。对检验结果的判定，若产品标准有相关规定，应按照产品标准要求进行判定；若标准中无明确规定的，可按照《数值修约规则与极限数值的表示和判定》（GB/T 8170—2008）进行判定。

7. 不要忽视计量证书

一般标准对检测设备都有具体精度要求，选择检测设备一定要满足标准要求，并严格按操作规程使用仪器设备。在原始记录中不但应注明所使用仪器设备的名称，还应填写仪器设备的唯一性编号，以免相同设备发生混淆。CNAS要求设备在投入使用前应进行校准或核查，还要求设备在使用前应进行核查和/或校准。期间核查是在两次校准或检定之间的时间内，使用适当的校核方法，以相适应的核查标准进行检查，以确保在用设备在使用期间一直维持良好状态，并获得最佳测量能力，证明检测结果的置信度，增强实验室对在用检测设备保持良好状态的自信心。

项目一　食品理化分析技术基础

项目二　食品样品的管理

食品检测的样品是实验室开展工作的主体，是确保检测数据的准确性、可靠性、科学性的重要依据。做好样品的抽样、运送、接收、制备、流转、处置和保密过程，是确保样品科学管理和控制的关键点，保障检验机构和客户的切身利益，更反映食品检测机构工作质量和技术水平的高低。

任务一　食品样品的管理要求及检验的控制关键点

1. 食品分析检测样品的管理要求

《检验检测机构资质认定评审准则》中规定，检验检测机构应建立和保持样品管理程序，以保护样品的完整性并为客户保密。检验检测机构应有样品的标识系统，并在检验检测整个期间保留该标识。在接收样品时，应记录样品的异常情况或记录对检验检测方法的偏离。《实验室质量控制规范　食品理化检测》（GB/T 27404—2008）中指出，实验室应设置样品管理员负责样品的接收、登记、制备、传递、保留和处置工作。检验机构应当有样品的标识系统，并规范样品的接收、储存、流转、制备和处置等工作，确保样品在整个检验期间处于受控状态，避免混淆、污染、损坏、丢失和退化等影响检验工作的情况出现。样品的保存期限应当满足相关法律法规、标准要求。

2. 食品分析检测样品控制的关键点

（1）样品的抽取和运送　样品抽取工作前，抽样人必须经过培训且考核合格，才能执政上岗。同时，应根据相关要求制定抽样管理办法，保证抽样类别、抽样数量、抽样方法、抽样工具和抽样过程符合相关产品标准及相关程序文件要求，并详细填写抽样单信息。样品抽取后应根据样品自身的特性、样品量的大小、运输路途的远近、抽样季节气候，选择适当的保存运输方式，以确保样品抽取过程中不发生分解、挥发、丢失、变质和损坏。样品运送工作者要保证运送过程中样品的各项安全，确保运送过程样品的完整性，防止外包装损伤。当样品的运输条件有特殊要求时，运输工作者应根据标准规定的要求进行运输必要时制订运输方案，确保检样满足标准要求。

（2）样品的接收　样品的接收是检测样品进实验室的第一步工作，也是重要的一步。样品的接收必须由专门的样品收员来完成。当接收样品时，样品接收员需要和委托方一同核对并记录样品的名称、规格、数量、形态、资料等基本信息。同时，核查样品是否满足检验标准的要求，详细填写样品委托检验协议书，待双方签字完毕后进行检测。对于抽样的样品，确保样品信息和抽样单一致，同时确保样品封条完整。样品接收人员接收样品做好登记，并将样品移到样品室中相应的区域。

(3) 样品的标识 样品的标识包括不同类别样品的区分标识、样品不同检验状态、样品编号唯一性的标识，样品标识应有序规范，标示于外包装或容器主体，每一样品编号要明显、清晰且具有唯一性。样品在分样、流转、制备过程中应自始至终保持标识正确、不模糊，标识与样品不脱离。样品所处的检验状态，用"待检""在检""检毕""备样"等标签加以标识，并统一管理好样品。接收的样品建立样品登记表，做到样品与编号一致，以保证在任何情况下样品识别都不会发生混乱、丢失。检验人员对检测过程中的所有检测样品进行唯一性识别传递，保证检验样品唯一性编号在流转过程中的完整性。

(4) 样品的制备 食品样品的制备应规范、有效，所有制备的样品具有均匀一致、代表性、准确性。样品制备应符合相应检测标准要求，根据待检食品的性质和检测标准要求采用不同的制备方法。在制备样品前，观察样品是否适于检验，其包装是否完好、样品有无损坏，制样量应满足各科室检验的要求。

(5) 样品的流转 食品样品在流转过程中应做好交接，检验人员签字确认。检验人员在检验时，到样品室领取样品，并在领样表上做好流转登记。样品在制备、检测、传递过程中应加以防护，应严格遵守样品的使用说明，避免受到非检验性损坏，并防止丢失。如遇特殊情况（意外损坏或丢失），应在原始记录中说明，并向检测室负责人报告。检测人员在样品检验结束后，应在测试完的样品上标明检毕状态，以示完成，样品检毕后应及时归还样品室统一保存。

(6) 样品的处置 样品管理员应及时处理已超过保质期的样品、检毕并超过规定时间的样品，以保持样品存放地的整洁，并做好样品处理记录。食品生产许可证检验、各类抽查检验备用样品保存期限一般为报告签发后 3 个月，有特殊情况的可延长或缩短样品保存期。检测过的样品处置，根据与客户签订的有关协议书要求，确定退回的样品，按规定做好双方交接手续。

(7) 样品的储存和保管 样品管理员要经常保持样品贮存环境干燥、通风和整洁，应严格控制环境条件，并定期加以记录。样品管理员负责样品到样品室的完整性和完好性，应按食品分类和先后顺序妥善保存、标识清楚，并做好登记，做到样品号与物一致，检毕的样品由样品管理人员统一保管，不同样品的储存方法不同。备样由样品管理员按要求统一保管，可分类或按序存放，其他人不得随意挪用，样品管理员做好样品登记。当出现检测结果有异议需调用备检样时，经样品管理员、相关主管部门的批准后交给相关负责人。在样品制备、传递和保存过程中，应注意能使样品发生变化的因素。

(8) 样品的保密和安全 样品管理员及所有能接触到的样品人员应严格遵循与客户签订的协议，信守承诺，对客户的样品、技术数据及有关信息负有保密责任。对委托方的样品、附件、检验结果等有关信息严格保密。留样期内的样品不得以任何理由挪作他用或随意损坏。样品管理人员对样品室要做好巡视和日常维护工作。对有特殊要求的样品，应做出相应安排，包括样品接收、流转、储存、处理及技术数据的管理，采取安全防护措施，保证样品的完好及保密性。

任务二　食品样品的采集

1. 样品采集的意义与原则

采样是在大量产品（分析对象）中抽取有一定代表性样品，供分析检验用，这项工作叫采样。同一种类的食品由于品种、产地、成熟期、加工或储藏条件不同，其成分及含量会有一定的差异，即便是同一对象，不同部位的成分和含量也可能存在很大差异。因此，采样是检验的关键和首要的工作。

（1）采样的意义　尽管一系列检验工作非常精密、准确，但如果采集的样品不足以代表全部物料的组成成分，则其检验结果也将毫无价值，甚至得出错误结论，造成重大经济损失。

（2）采样的原则

① 代表性。样品具有代表性，是反映同一批样品检测结果的关键因素，也是推断该食品总体营养价值或卫生质量的重要依据，更关系到食品企业的发展。所以，样品在抽取、接收、二次制备、流转的过程中应保持样品原有的各方面特性。所有采样、运输制备用具都应清洁、干燥、无异味、无污染。应避免使用对样品可能造成污染或影响检验结果的采样工具和采样容器，以确保样品的有效性。

② 完整性。包括样品原始的完整性及样品标签唯一性编号在流转过程中的完整性。样品管理过程中，食品类别多样化、性质不同，应根据标准要求保证样品的完整性，样品完整性是确保检验结果有效的前提条件。制备的数量应满足检验的需要，标签应清晰并附于样品上，确保样品原始状态的完整性。

③ 及时性。样品到达实验室，根据标准要求，制备应及时，尤其是检测样品中水分、微生物等易受环境因素影响的指标，或样品中含有挥发性物质或易分解破坏的物质时，应尽可能缩短从制备到检验的时间。

2. 采样的数量与方法

食品种类繁多，有罐头类食品、乳制品、蛋制品和各种小食品（糖果，饼干类）等。另外食品的包装类型也很多，有散装（比如粮食）、袋装（如食糖）、桶装（蜂蜜）、听装（罐头，饼干）、木箱或纸盒装（禽，兔和水产品）和瓶装（酒和饮料类）等。食品采集的类型也不一样，有的是成品样，有的是半成品样品，还有的是原料类型的样品。尽管商品的种类不同，包装形式也不同，但是采取的样品一定要具有代表性，也就是说采取的样品要能代表整个批次的样品结果，对于各种食品取样方法中都有明确的取样数量和方法说明。

（1）颗粒状样品（粮食，粉状食品）　对于这些样品采样时应从某个角落，上中下各取一些，然后混合，用四分法得平均样品。

① 检样。从整批食物各个部分采集的少量样品称为检样。

② 原始样品。把许多检样混在一起为原始样品。

③ 平均样品。原始样品经处理再抽取其中一部分作分析用的称平均样品。

（2）半固体样品（如蜂蜜，稀奶油）　用采样器从上、中、下分别取出检样混合后的平均样品。

(3) 液体样品 先将液体样品混合均匀,用吸法分层取样每层取 500mL,装入瓶中混匀得平均样品。

(4) 小包装的样品 对于小包装的样品是连包装一起取(如罐头,奶粉),一般按生产批次取样,取样数为 1/3000,尾数超过 1000 的取 1 罐,但是每天每个品种取样数不得少于 3 罐。

(5) 鱼、肉、果蔬等组成的不均匀样品 根据检验的目的,可对各个部分(如肉包括脂肪、肌肉部分,蔬菜包括根、茎、叶等)分别采样,捣碎混合成为平均样品。如果分析水对鱼的污染程度,只取内脏即可。

任务三 样品的保存和制备、预处理

1. 样品的制备

(1) 样品制备的目的 保证样品十分均匀,使我们在分析的时候,取任何部分都能代表全部被测物质的成分,根据被测物的性质和检测要求进行制备。

(2) 制备方法

① 摇动或搅拌(液体样品,浆体,悬浮液体)。使用玻璃棒、电动搅拌器、电磁搅拌。

② 切细或搅碎(固体样品)。

③ 研磨或用捣碎机。对于带核、带骨头的样品,在制备前应该先取核、取骨、取皮,目前一般都用高速组织捣碎机进行样品的制备。

(3) 样品的保存 采取的样品,为了防止其水分或挥发性成分散失以及其他待测成分含量的变化,应在短时间内进行分析,尽量做到当天样品当天分析。

样品在保存过程中可能会有以下几种变化:

① 吸水或失水。原来含水量高的样品易失水,反之则吸水。含水量高的易发生霉变,细菌繁殖快,保存样品用的容器有玻璃、塑料、金属等,原则上保存样品的容器不能同样品的主要成分发生化学反应。

② 霉变。对于新鲜的植物性样品,易发生霉变,当组织有损坏时更易发生褐变,因为组织受伤时,氧化酶发生作用,变成褐色,对于组织受伤的样品不易保存,应尽快分析。例如:茶叶采下来时,先脱活(杀青)即加热,脱去酶的活性。

③ 细菌污染。为了防止细菌污染,最理想的方法是冷冻,样品的保存理想温度为 $-20℃$,有的为了防止细菌污染可加防腐剂,例如甲醛,牛奶中可加甲醛作为防腐剂,但量不宜过多,一般是 1~2 滴/100mL 牛奶。

2. 样品的预处理

通过样品预处理工作,能够让被测组分从十分复杂的样品当中分离出来,并将其制备成便于检测的溶液样式;同时将有可能影响分析检测结果的物质去除掉,以便于提高检测结果的精准性。假如被测组分的浓度相对比较低,那么在样品预处理环节,还需要对被测物质进行浓缩富集,以保证后续检测工作顺利开展。假如实验室当中现有的分析方法难以对被测组分进行检测,那么在样品预处理环节就需要对样品进行衍生化处理,使其转化成另外一种容易检测到的物质,从而提升检测效率及检测结果的精准性。

(1) 样品预处理的要求及注意问题

① 样品预处理的要求。食品成分复杂,恰当的样品预处理可以使检测效率提高,选择方法的时候应当将样品的性状、实际检测要求以及检测仪器性能作为依据,尽可能精简预处理的步骤,以便可以让检测效率得到大幅度提升,也可以有效控制预处理环节当中的负面影响,如引入污染物、造成待测物损失等。在使用分解法对样品进行处理的过程中,一定要完全分解,不可以让被测组分受到损失,待测组分的回收率也应当满足现行规章制度当中提出的要求。在样品预处理工作进行的过程中,样品是不可以被污染的,也不可以引入待测组分和干扰检测结果的物质;试剂的消耗量应当得到有效控制,并在样品预处理环节中应用较为简单的方法,以免形成较为严重的环境污染问题,也可以保障检测人员的生命财产安全。

② 样品预处理环节中应注意的问题。在检验工作进行的过程中,针对混合或者冷冻样品进行检验时,在样品制备环节,可以在关键位置上进行取样,例如在对胶囊药品进行检验的过程中,可以对其成分进行检验,而酒水类样品是对其浓度进行检验。在检测浊度的过程当中,虽然说不用考虑过滤问题,但是却需要考虑将气体排放出去,以便于后续检测工作顺利开展,同时提升检测结果的精准性。在食品理化检验数据分析工作进行的过程中,环境因素应当得到足够的重视。一般情况下,应用容量法开展食品理化检验工作,室内温度应当保持在 20℃ 左右。

(2) 样品预处理方法 传统的预处理方法包括有机物破坏法、物理分离法、化学分离法、浓缩法以及色谱分离法等。随着科学技术的快速发展,食品检测方法正在向着智能化以及现代化的方向不断发展,出现了新型检测技术与方法。比如超临界流体萃取技术和微波消解技术,前者是现阶段崛起的新型分离技术,可以运用在提取营养以及检测食品等方面,与传统技术相比,该技术的分离质量以及成效更好,并且不会造成污染;微波消解技术以其操作简单、准确率高等特点在食品理化检验中得到广泛应用,能够提高检验效率,并为检验工作的质量提供保证。食品理化检验中样品前处理涉及内容广泛,为保证检验质量,必须严格按照规范进行取样操作,并根据食品样品的检验要求合理选择微波模式和消解体系,同时熟练掌握试剂使用量,从而为食品检验准确性及安全性提供保障。如在测定砷时,微波消解仪的应用可避免常规微波消解中,消解液必须赶酸才能实现砷的预还原的不足,使消解液直接实现砷的预还原,并通过原子荧光光谱进行测定,其样品检测结果更稳定,且标准物质的测定结果在标准值的范围内。

思考题

1. 国际标准组织_____,FAO_____,CAC_____。
2. 采样的原则:_____、_____、_____。
3. 样品在保存过程中可能发生的变化_____、_____、_____。
4. 样品预处理的方法一般包括_____、_____、_____、_____、_____。

模块三

职业技能篇

项目一 食品物理性质的分析

任务一 相对密度的测定

 任务准备

密度指物质在一定温度下单位体积的质量,以符号 ρ 表示,单位是 g/cm^3。由于物质都具有热胀冷缩的性质(水在 4℃ 以下是反常的),密度的值会随温度的改变而改变,因此密度应标出测定时物质的温度,通常记为 ρ_t。相对密度指物质在一定温度下的质量与同体积同温度下水的质量之比,以符号 $d_{t_2}^{t_1}$ 表示,无量纲量,t_1 表示物质的温度,t_2 表示水的温度。因为水在 4℃ 下的密度为 $1.000 g/cm^3$,所以在一定温度下物质的密度和在该温度下对 4℃ 水的相对密度在数值上是相等的。通常用物质在 20℃ 时的质量与同体积下 4℃ 水的质量之比表示物质的相对密度,以 d_4^{20} 表示,d_4^{20} 也称真密度。

$$d_4^{20} = \frac{20℃ 物质的质量}{4℃ 同体积水的质量} \tag{3-1}$$

当使用密度瓶或密度计测定液体的相对密度时,通常测定 20℃ 时液体对水的相对密度,以 d_{20}^{20} 表示,d_{20}^{20} 也称视密度。因为水在 4℃ 下密度比在 20℃ 时的密度大,所以对同一溶液来说,$d_{20}^{20} > d_4^{20}$。d_4^{20} 和 d_{20}^{20} 之间可以用下式换算:

$$d_4^{20} = d_{20}^{20} \times 0.99823 \tag{3-2}$$

式中,0.99823 为水在 20℃ 时的密度,g/cm^3。

同理,若要将 $d_{t_2}^{t_1}$ 换算为 $d_4^{t_1}$ 则可按下式进行:

$$d_4^{t_1} = d_{t_2}^{t_1} \times \rho_{t_2} \tag{3-3}$$

式中,ρ_{t_2} 为温度 t_2 时水的密度,g/cm^3。

相对密度是物质的重要物理常数。当液态食品组成成分及浓度发生改变时相对密度往往也随之改变,所以相对密度常作为液态食品(如牛乳、白酒等)的一项质量指标。如全脂牛乳的相对密度为 1.028~1.032,掺水后牛乳相对密度降低,脱脂乳相对密度升高。所以通常用相对密度初步判断液态食品是否变质或掺假。

【学习活动一】 发布工作任务，明确完成目标

任务名称	牛乳相对密度测定		日期	
小组序号			成员	
一、任务描述				
为确保奶制品产业链、供应链的安全，推动乡村产业振兴，现制订抽样计划，抽检部分鲜牛乳测定其相对密度，检查其相对密度是否符合要求，鲜牛乳的相对密度 d_4^{20} 一般应大于 1.0280				
二、任务目标				
1. 查找牛乳相对密度测定的国家标准				
2. 讨论相对密度的测定意义和掺水乳相对密度的变化趋势				
3. 不同地区牛乳的相对密度往往会有一定的差别，讨论影响牛乳相对密度的因素有哪些				
三、完成目标				
能力目标	1. 培养对掺水乳的鉴别能力； 2. 培养查阅并使用国家标准的能力； 3. 培养根据需要选择相应的检测方法的能力			
知识目标	1. 了解食品中相对密度测定的意义； 2. 掌握食品相对密度测定的方法			
素质目标	1. 培养科学思维能力和解决实际问题的能力； 2. 树立食品安全意识			

【学习活动二】 寻找关键参数，确定分析方法

> 【方法解读】《食品安全国家标准 食品相对密度的测定》（GB 5009.2—2016）中规定的相对密度测定方法有密度瓶法、天平法和比重计法。

1. 密度瓶法

在 20℃ 时分别测定充满同一密度瓶的水及试样的质量，由水的质量可确定密度瓶的容积即试样的体积，根据试样的质量及体积可计算试样的密度，试样密度与水密度比值为试样相对密度。

(1) 仪器 密度瓶（精密密度瓶，如图 3-1 所示）、恒温水浴锅、分析天平（感量 0.1mg）。

(2) 测定 取洁净、干燥、恒重的密度瓶，称量其质量。装满试样后，置于 20℃ 水浴中浸泡 0.5h，使内容物的温度达到 20℃，盖上瓶盖，并用细滤纸条吸去支管标线上的试样，盖好小帽后取出，用滤纸将密度瓶外擦干，置天平室内放置 0.5h，称量其质量。再将试样倾出，洗净密度瓶，装满蒸馏水，置于 20℃ 水浴中浸 0.5h，使内容物的温度

图 3-1 精密密度瓶

达到20℃，盖上瓶盖，并用细滤纸条吸去支管标线上的试样，盖好小帽后取出，用滤纸将密度瓶外擦干，置天平室内放置0.5h，再次称量其质量。

(3) 结果计算　试样在20℃时的相对密度按式(3-4)计算：

$$d = \frac{m_2 - m_0}{m_1 - m_0} \tag{3-4}$$

式中　d——试样在20℃时的相对密度；
　　　m_0——密度瓶的质量，g；
　　　m_1——密度瓶加水的质量，g；
　　　m_2——密度瓶加液体试样的质量，g。

(4) 精密度　在重复性条件下获得的两次独立测定结果的绝对差值不得超过算术平均值的5%。

2. 天平法

20℃时，分别测定玻锤在水及试样中的浮力，由于玻锤所排开的水的体积与排开的试样的体积相同，玻锤在水中与试样中的浮力可计算试样的密度，试样密度与水密度比值为试样的相对密度。

(1) 仪器和设备　韦氏相对密度天平、恒温水浴锅、分析天平（感量0.1mg）。

(2) 测定　测定时将支架置于平面桌上，横梁架于刀口处，挂钩处挂上砝码，调节升降旋钮至适宜高度，旋转调零旋钮，使两指针吻合。然后取下砝码，挂上玻锤，将玻璃圆筒内加水至4/5处，使玻锤沉于玻璃圆筒内，调节水温至20℃（即玻锤内温度计指示温度），试放四种游码，至横梁上两指针吻合，读数为P_1，然后将玻锤取出擦干，加试样于干净圆筒中，使玻锤浸入至以前相同的深度，保持试样温度在20℃，试放四种游码，至横梁上两指针吻合，记录读数为P_2。

(3) 结果计算　试样的相对密度按式(3-5)计算：

$$d = \frac{P_2}{P_1} \tag{3-5}$$

式中　d——试样的相对密度；
　　　P_1——浮锤浸入水中时游码的读数，g；
　　　P_2——浮锤浸入试样中时游码的读数，g。

(4) 精密度　在重复性条件下获得的两次独立测定结果的绝对差值不得超过算术平均值的5%。

3. 比重计法

比重计利用了阿基米德原理，将待测液体倒入一个较高的容器，再将比重计放入液体中。比重计下沉到一定高度后呈漂浮状态。此时液面的位置在玻璃管上所对应的刻度就是该液体的密度。测得试样和水的密度的比值即为相对密度。

(1) 仪器和设备　比重计（上部细管中有刻度标签，表示密度读数，如图3-2）、量筒。

(2) 测定　将比重计洗净擦干，缓缓放入盛有待测液体试样的适当量筒中，勿使其触及容器四周及底部，保持试样温度在20℃，待其静置后，再轻轻按下少许，然后待其自然上升，静置至无气泡冒出后，从水平位置观察与液面相交处的刻度，即为试样的密度。分别测试试样和水的密度，两者比值即为试样相对密度。

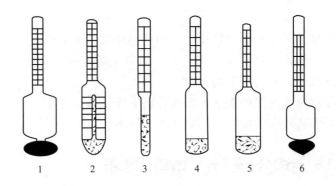

图 3-2 各种比重计
1,2—糖锤度比重计；3,4—波美比重计；5—酒精比重计；6—乳稠比重计

(3) 精密度 在重复性条件下获得的两次独立测定结果的绝对差值不得超过算术平均值的 5%。

【学习活动三】 小组讨论制订计划并汇报任务

任务名称	牛乳相对密度测定	日期	
小组序号		成员	
一、确定方法			
二、制订工作计划			
1. 准备合适的仪器、设备			
2. 画出工作流程简图			

【学习活动四】 讨论工作过程中的注意事项

1. 密度瓶法

(1) 密度瓶内不应有气泡，天平室内满足 20℃ 恒温条件，否则不应使用此方法。

(2) 拿取已达恒温的密度瓶时，不得用手直接接触密度瓶球部，以免液体受热流出，应戴隔热手套抓取瓶颈或用工具夹取。

(3) 测定黏稠样液时，宜使用具有毛细管的密度瓶。

2. 天平法

(1) 玻锤放入圆筒内时，勿使触及圆筒四周及底部。

(2) 天平应安装在温度正常的室内，不能在一个方向受热或受冷，同时免受气流、震动、强力磁源等影响。

3. 比重计法

（1）比重计种类很多，应根据测量样品不同选用相应的比重计。

（2）在使用比重计测量相对密度的实验中，如测量时温度不在20℃，则应查询相应比重计的温度修正表换算出标准温度下的读数。

（3）比重计读数时视线应保持水平，以弯月面下缘最低点为准。

（4）向量筒注入样液时应缓慢注入，防止产生气泡。

【学习活动五】 完成分析任务，填写报告单

任务名称	牛乳相对密度测定	日期	
小组序号		成员	
一、数据记录（根据分析内容，自行制订表格）			
二、计算，并进行修约			
三、给出结论			

任务二　折射率的测定

 任务准备

通过测量物质的折射率来鉴别物质的组成、确定物质的纯度、浓度及判断物质品质的分析方法称为折射仪法。在食品分析中，折射仪法主要用于油脂、乳品的分析和果汁、饮料中可溶性固形物的测定。

如图3-3所示，光线从一种介质斜射到另一种介质时，一部分光线反射回第一种介质，另一部分进入第二种介质并改变传播方向的现象叫光的折射。发生折射时，入射角正弦与折射角正弦之比等于光线在两种介质中的速度之比。即：

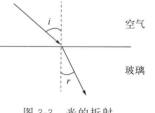

图3-3　光的折射

$$\frac{\sin i}{\sin r} = \frac{v_1}{v_2}$$

（3-6）

式中　　i——入射角；
　　　　r——折射角；
　　　　v_1——光在第一种介质中的传播速度；
　　　　v_2——光在第二种介质中的传播速度。

光在真空中的速度 c 和在介质中的速度 v 之比称作介质的绝对折射率，以符号 n 来表示。

$$n = \frac{c}{v} \tag{3-7}$$

那么对于两种不同的介质，$n_1 = \frac{c}{v_1}$，$n_2 = \frac{c}{v_2}$，则有：

$$\frac{\sin\alpha_2}{\sin\alpha_1} = \frac{n_1}{n_2} \tag{3-8}$$

式中　　n_1——第一介质的绝对折射率；
　　　　n_2——第二介质的绝对折射率；
　　　　α_1——光从第一介质入射到第二介质时的入射角；
　　　　α_2——光从第一介质入射到第二介质时的折射角。

真空的绝对折射率为1，但实际上是难以测定的。空气的绝对折射率接近于1，所以在实际应用上通常将光线从空气中射入某物质的绝对折射率称为折射率。

折射仪法是测定物质折射率的分析方法。折射率和密度一样，是物质重要的物理常数。利用折射率可判断物质的品质，正常牛乳乳清的折射率为 1.34199～1.34275，掺水会导致折射率变低。折射率还可鉴定未知化合物，也用于确定液体混合物的组成。

【学习活动一】　发布工作任务，明确完成目标

任务名称	砂糖橘中可溶性固形物测定	日期	
小组序号		成员	
一、任务描述			
为确定农产品采摘时间，评估农产品品质，保障农产品安全，推动农村产业发展，现制订抽样计划，抽检部分砂糖橘，使用折射仪法检测其固形物含量			
二、任务目标			
1. 查找合适的国家标准			
2. 讨论折射仪法测定可溶性固形物的意义			
3. 讨论可溶性固形物含量与水果成熟度的关系			
三、完成目标			
能力目标	1. 培养自主学习能力； 2. 培养科学探究能力和实验操作能力		
知识目标	1. 了解食品分析中折射率的意义； 2. 掌握可溶性固形物的测定方法		
素质目标	1. 掌握阿贝折射仪和手持折射仪的使用方法； 2. 培养爱岗敬业的职业精神		

【学习活动二】 寻找关键参数，确定分析方法

> 【**方法解读**】 原中华人民共和国农业农村部 2014 年发布《水果和蔬菜可溶性固形物含量的测定 折射仪法》（NY/T 2637—2014）并于 2015 年开始实施。

用折射仪测定样液的折射率，从刻度尺上读出样液的可溶性固形物含量，以蔗糖的质量分数表示。

1. 仪器

折射仪（糖度刻度为 0.1%，如图 3-4 和图 3-5 所示）、高速组织捣碎机（转速 10000～12000r/min）、天平（感量 0.01g）。

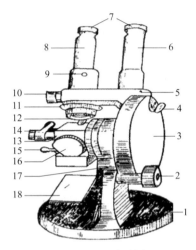

图 3-4 阿贝折射仪

1—底座；2—棱镜调节旋钮；3—圆盘；4—小反光镜；5—支架；6—读数镜筒；7—目镜；
8—望远镜筒；9—刻度调节旋钮；10—阿米西棱镜手轮（消色调节旋钮）；11—色散刻度尺；
12—棱镜锁紧扳手；13—棱镜组；14—温度计座；15—恒温器接头；
16—保护罩；17—主轴；18—反光镜

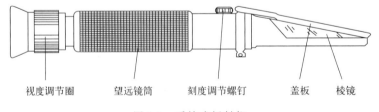

图 3-5 手持式折射仪

2. 样品制备

将水果和蔬菜洗净、擦干，取可食部分切碎、混匀，称取适量试样（含水量较高的水果一般称取 250g；含水量较低的水果一般称取 125g，并加入适量蒸馏水），放入高速组织捣碎机捣碎，用四层纱布挤出匀浆，备用。

3. 仪器校准

在 20℃下，用蒸馏水校准折射仪，将折射仪可溶性固形物含量调整至 0。若测定时温度不在 20℃则应按可溶性固形物温度校正表中的校正值进行校正。

4. 测定

保持测定温度稳定，用柔软绒布擦净棱镜表面，滴加 2～3 滴待测溶液，使样液均匀分布于整个棱镜表面，对准光源（通过目镜观察，调节棱镜旋钮使视野出现明暗两部分，调节色散补偿器旋钮，使视野只有黑白两部分，呈现一个清晰的明暗分界线。旋转棱镜旋钮，使明暗分界线处于十字交叉点），记录折射仪读数。无温度自动补偿功能的折射仪应记录测定时的温度。实验完成后用蒸馏水和柔软绒布将棱镜表面擦拭干净。

5. 结果计算

未经稀释的试样折射仪读数即为试样可溶性固形物含量。经蒸馏水稀释过的试样其可溶性固形物含量应按式(3-9) 计算。

$$X = P \cdot \frac{m_0 + m_1}{m_0} \tag{3-9}$$

式中　X——样品可溶性固形物含量，%；
　　　P——样液可溶性固形物含量，%；
　　　m_0——试样质量，g；
　　　m_1——加入蒸馏水的质量，g。

测定温度不在 20℃时应查询可溶性固形物温度校正表，未经稀释的试样如测试温度低于 20℃折射仪读数减去校正值即为试样可溶性固形物含量，温度高于 20℃折射仪读数加上校正值即为试样可溶性固形物含量。经蒸馏水稀释过的试样应按式(3-9) 计算。

【学习活动三】 小组讨论制订计划并汇报任务

任务名称	砂糖橘中可溶性固形物含量测定	日期	
小组序号		成员	
一、确定方法			
二、制订工作计划			
1. 准备合适的仪器、设备			
2. 试样制备方法			
3. 写出工作流程简图			

【学习活动四】 讨论工作过程中的注意事项

（1）折射仪应放在干燥、空气流通的室内，不宜暴露在强烈阳光下。

(2) 测定时注意保护棱镜，禁止与玻璃管尖端等物体相碰。
(3) 测试完成后须进行清洁。
(4) 不得测试有腐蚀性的液体。

【学习活动五】 完成分析任务，填写报告单

任务名称	砂糖橘中可溶性固形物含量测定	日期	
小组序号		成员	
一、数据记录（根据分析内容，自行制订表格）			
二、计算，并进行修约			
三、给出结论			

任务三　旋光度的测定

任务准备

光是一种电磁波，沿直线传播时，振动方向与其前进方向相垂直。光的振动面就是指光的振动方向与前进方向构成的平面。自然光有无数个振动面。当自然光通过尼科尔棱镜，只有与棱镜晶轴平行的平面上振动的光能够透过，透过的光称为平面偏振光，简称偏振光。偏振光的振动平面称偏振面。如图 3-6 所示。

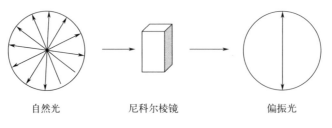

自然光　　　尼科尔棱镜　　　偏振光

图 3-6　自然光与偏振光

分子结构中有不对称碳原子，能把偏振光的偏振面旋转一定角度的物质称为旋光性物质（也称光学活性物质）。旋光性物质所具有的这种能力称为旋光性。许多食品成分都具有旋光

性，如单糖、低聚糖、淀粉以及大多数的氨基酸等。其中能把偏振光的振动平面向右旋转的，称为右旋物质，以"+"表示；反之，称为左旋物质，以"—"表示。

偏振光通过旋光性物质的溶液时，其振动平面所旋转的角度称作该物质溶液的旋光度，以 α 表示。旋光度的大小与光源的波长、温度、旋光性物质的种类、溶液的浓度及液层的厚度有关。对于特定的旋光性物质，在温度和光源波长一致的情况下，其旋光度 α 与溶液的液层厚度 L 和溶液的浓度 c 成正比。

$$\alpha = KcL \tag{3-10}$$

式中，K 为旋光系数。

在一定温度和一定光源的情况下，偏振光透过浓度为 1g/mL、液层厚度为 1dm 的溶液时的旋光度称该物质的比旋光度，以 $[\alpha]_\lambda^t$ 表示。由上式可知：

$$[\alpha]_\lambda^t = K \cdot 1 \cdot 1 \tag{3-11}$$

综合上述两式可得：

$$[\alpha]_\lambda^t = \frac{\alpha}{Lc} \tag{3-12}$$

式中 $[\alpha]_\lambda^t$ ——比旋光度，(°)；

t ——测定时的温度，℃；

λ ——测定时光源波长，nm；

L ——液层厚度，dm；

c ——溶液浓度，g/mL；

α ——旋光度，(°)。

比旋光度与光源波长及测定时温度有关。通常规定用钠灯（波长 589.3nm）在 20℃ 下进行测定，用 $[\alpha]_D^{20}$ 表示。因在一定条件下比旋光度 $[\alpha]_D^{20}$ 是已知的，液层厚度 L 一定，所以只需测得样液的旋光度就可计算出旋光性物质溶液的浓度 c。

旋光法是应用旋光仪测定旋光性物质的旋光度以确定其含量的分析方法。在食品分析中，旋光法可用于味精、抗生素及氨基酸的分析，还可用于谷类食品中淀粉的测定。

【学习活动一】 发布工作任务，明确完成目标

任务名称	味精纯度测定	日期	
小组序号		成员	
一、任务描述			
为保障食品安全,推动食品产业发展,同时营造有利于科技型中小微企业成长的良好环境,针对我市某味精厂的产品进行抽查,检验其谷氨酸钠的含量是否符合标准。			
二、任务目标			
1. 查找适用的国家标准			
2. 讨论旋光度的测定意义			
3. 讨论旋光法的应用场景			

续表

三、完成目标	
能力目标	1. 培养动手操作能力； 2. 培养查阅并使用国标的能力
知识目标	1. 了解旋光度和比旋光度测定的意义； 2. 了解旋光法测定的基本原理； 3. 掌握旋光仪的操作使用
素质目标	1. 培养灵活运用所学知识和技能，发现问题、分析问题、解决问题的能力； 2. 培养自主学习能力

【学习活动二】 寻找关键参数，确定分析方法

> **【方法解读】**《食品安全国家标准 味精中麸氨酸钠（谷氨酸钠）的测定》（GB 5009.43—2016）中规定谷氨酸钠的含量可使用旋光法进行测定。

谷氨酸钠分子结构中含有一个不对称碳原子，具有旋光活性，能使偏振光面旋转一定角度，因此可用旋光仪测定旋光度，根据旋光度换算谷氨酸钠的含量。

1. 仪器与试剂

（1）仪器 旋光仪（精度±0.010°，备有钠光灯589.3nm）、分析天平（感量0.1mg）。

（2）试剂 盐酸（分析纯）。

2. 样品制备

称取试样10g（精确至0.0001g），加少量水溶解并转移至100mL容量瓶中，加盐酸20mL，混匀并冷却至20℃，定容并摇匀。

3. 测定

在20℃条件下，用标准旋光角校正仪器；将试液置于旋光管中（旋光管内不得有气泡），测定其旋光度，同时记录旋光管中试样液的温度。

4. 结果计算

样品中的谷氨酸钠含量按式(3-13)计算：

$$X = \frac{\frac{\alpha}{Lc}}{25.16 + 0.047(20-t)} \times 100 \tag{3-13}$$

式中 X——样品中谷氨酸钠含量（含1分子结晶水），g/100g；

α——实测样液的旋光度，(°)；

L——旋光管的长度，dm；

c——1mL试样中含谷氨酸钠的质量，g/mL；

25.16——谷氨酸钠的比旋光度 $[\alpha]_D^{20}$，°；

t——测定时样液的温度，℃；

0.047——温度校正系数；

100——换算系数。

5. 精密度

在重复性条件下获得的两次独立测定结果的绝对差值不得超过 0.5g/100g。

【学习活动三】 小组讨论制订计划并汇报任务

任务名称	味精纯度测定	日期	
小组序号		成员	
一、确定方法			
二、制订工作计划			
1. 准备合适的仪器、设备			
2. 列出所需试剂			
3. 画出工作流程简图			

【学习活动四】 讨论工作过程中的注意事项

（1）使用之前旋光仪需要预热，开启钠光灯后，正常起辉时间至少 20min，发光才能稳定，测定时钠光灯尽量采用直流供电，使光亮稳定。

（2）测定时旋光管内应避免有气泡存在，如有气泡要将气泡赶入凸出部分。

（3）测试完成后旋光管要清洗干净并吹干。镜片要用柔软布擦净。旋光管的橡胶垫要涂滑石粉。

（4）浑浊的溶液不能直接测定，必须先将溶液离心或过滤，然后进行测定。一些见光后旋光度会发生变化的溶液测定时必须注意避光操作。对放置时间有要求的溶液，必须在规定时间内测定读数。

（5）本次实验所用试剂均为分析纯，水为 GB/T 6682 规定的二级水。

【学习活动五】 完成分析任务，填写报告单

任务名称	味精纯度测定	日期	
小组序号		成员	
一、数据记录（根据分析内容，自行制订表格）			
二、计算，并进行修约			
三、给出结论			

项目二　食品中一般成分的分析

任务一　水分的分析测定

 任务准备

1. 水分测定的意义

水分测定是食品理化分析技术中最基本的测定项目之一。水分含量是评价原料质量和利用价值的重要指标。一般来说，原料中水分含量越高，相对的固形物和可利用的成分就越少，生产原料的投料量就要增加。由于不同的原料或不同批次的同一种原料之间存在水分含量的差异，要比较其他测定项目的含量时，应该以绝对干试样为基础进行计算。因此，水分含量测定的准确性，直接关系到其他检测项目的准确性。

食品中水分的测定，对原料的贮存和使用也有重要意义。粮食与豆类种子为了维持其生命和保持其固有的品质，都需要含有适量的水分，一般在12%左右。若水分含量过高，在贮藏期间就能促使原料的呼吸作用旺盛，释放出更多的二氧化碳、水和热量，而消耗淀粉，使其可利用成分相对减少，同时易引发霉变、发热及发生病虫害，使淀粉受到不应有的损失。原料中的水分含量过高，在加工时还会增加粉碎的困难，使粉碎机的生产能力下降。

2. 水分在食品中存在的状态

（1）原料中的水分根据其存在状态可分为两种：游离水分和结合水分。

游离水由湿润水分和毛细管水分两部分组成。其中，物料外表面在表面张力的作用下附着的水分为湿润水分；充满在原料中毛细管内的水分称为毛细管水分。以各种分子间力与原料中物质结合在一起的水分，称为结合水分（又称束缚水分）。

（2）根据原料中水分的存在位置，可分为外在水分和内在水分。

外在水分又称为风干水分，是将原料放在空气中，风干数日后，因蒸发而消失的水分，属于游离水分中的湿润水分。外在水分的多少不仅取决于原料中湿润水分的多少，还与风干条件即风干时空气的温度和相对湿度相关，一般规定温度为20℃，相对湿度为65%。内在水分指在风干原料中所含的水分，包括游离水中的毛细管水分和束缚水分。但束缚水分往往不能100%被测定，且不同的测定方法，所测得的结果通常是不同的。

【学习活动一】 发布工作任务，明确完成目标

任务名称	面包中水分的测定		日期	
小组序号			成员	

一、任务描述

送检、抽样部分超市的某品牌面包，测定其水分含量。各类食品中水分含量见表 3-1。

表 3-1　各类食品中水分含量表

食品种类	指标/%	食品种类	指标/%
水果(鲜)	69.7～92.5	蛋(鲜)	67.3～74.0
蔬菜(鲜)	79.7～97.1	脱水蔬菜	6.0～9.0
瘦肉(鲜)	52.6～77.4	面粉	12.0～14.0
牛乳	87.0～87.5	乳粉	3.0～5.0
面包	32.0～42.0	饼干	2.5～4.5

二、任务目标

1. 查找合适的国家标准	
2. 查找、讨论水分测定的意义	
3. 查找水分的作用、在食品中存在的状态	

三、完成目标

能力目标	1. 培养对水分以及水分测定的认知能力； 2. 培养查阅并使用国标的能力； 3. 培养严谨的实验操守
知识目标	1. 了解食品中水分测定的意义； 2. 掌握食品水分测定的方法； 3. 掌握食品中水分的国标测定方法，检测方法的原理、检测仪器的使用及注意事项
素质目标	1. 培养综合分析和解决问题的能力； 2. 具有安全、节约、环保意识； 3. 具有良好的团队合作精神与竞争意识； 4. 关注全面质量管理； 5. 通过水分测定实验，培养学生严谨的科学作风和良好的实验素养，树立良好的职业道德品质

【学习活动二】 寻找关键参数，确定分析方法

> 【方法解读】 2017 年开始实施的《食品安全国家标准　食品中水分的测定》（GB 5009.3—2016）中规定了食品中水分的测定方法，包括直接干燥法、减压干燥法、蒸馏法和卡尔·费休法。标准中第一法（直接干燥法）适用于在 101～105℃下，蔬菜、谷物及其制品、水产品、豆制品、乳品、肉制品、卤菜制品、粮食（水分含量低于

18%)、油料（水分含量低于 13%）、淀粉及茶叶类等食品中水分的测定，不适用于水分含量小于 0.5g/100g 的样品。第二法（减压干燥法）适用于高温易分解的样品及水分较多的样品（如糖、味精等食品）中水分的测定，不适用于添加了其他原料的糖果（如奶糖、软糖等食品）中水分的测定，不适用于水分含量小于 0.5g/100g 的样品（糖和味精除外）。第三法（蒸馏法）适用于含水较多又有较多挥发性成分的水果、香辛料及调味品、肉与肉制品等食品中水分的测定，不适用于水分含量小于 1g/100g 的样品。第四法（卡尔·费休法）适用于食品中含微量水分的测定，不适用于含有氧化剂、还原剂、碱性氧化物、氢氧化物、碳酸盐、硼酸等食品中水分的测定。卡尔·费休法适用于水分含量大于 1.0×10^{-3}g/100g 的样品。

动植物油脂中的水分根据《食品安全国家标准　动植物油脂水分及挥发物的测定》（GB 5009.236—2016）来测定。

1. 直接干燥法

利用食品中水分的物理性质，在 101.3kPa、101～105℃下采用挥发方法测定样品中干燥减失的质量，包括吸湿水、部分结晶水和该条件下能挥发的物质，再通过干燥前后的称量数值计算出水分的含量。使用该法测定水分含量的样品应满足以下要求：

① 水分是唯一挥发物质；

② 水分的排除应完全；

③ 试样中其他组分在加热过程中，由于发生化学变化而引起的质量变化可以忽略不计。

(1) 仪器和试剂

图 3-7　干燥器

① 仪器。电热恒温箱、分析天平（感量 0.1mg）、实验室用电动粉碎机或手摇粉碎机、谷物选筛、干燥器（图 3-7，内附有效干燥剂）、扁形铝制或玻璃制称量瓶。

② 试剂。氢氧化钠（NaOH）、盐酸（HCl）、海砂。

③ 试剂配制

a. 盐酸溶液（6mol/L）：量取 50mL 盐酸，加水稀释至 100mL；

b. 氢氧化钠溶液（6mol/L）：称取 24g 氢氧化钠，加水溶解并稀释至 100mL；

c. 海砂：取用水洗去泥土的海砂、河砂、石英砂或类似物，先用盐酸溶液（6mol/L）煮沸 0.5h，用水洗至中性，再用氢氧化钠溶液（6mol/L）煮沸 0.5h，用水洗至中性，经 105℃干燥备用。

(2) 试样的制备

① 固体试样

a. 称量瓶烘干至恒重：取洁净铝制或玻璃制的扁形称量瓶，置于 101～105℃干燥箱中，瓶盖斜支于瓶边，加热 1.0h，取出盖好，置干燥器内冷却 0.5h，称量，并重复干燥至前后两次质量差不超过 2mg，即为恒重。

b. 样品制备及称量：将混合均匀的试样迅速磨细至颗粒小于 2mm，不易研磨的样品应尽可能切碎，称取 2～10g 试样（精确至 0.0001g），放入恒重的称量瓶中，试样厚度不超过

5mm，如为疏松试样，厚度不超过10mm，加盖，精密称量后，置于101～105℃干燥箱中，瓶盖斜支于瓶边，干燥2～4h后，盖好取出，放入干燥器内冷却0.5h后称量。

c. 烘干至恒重：将上一步称量后的样品再放入101～105℃干燥箱中干燥1h左右，取出，放入干燥器内冷却0.5h后再称量。重复以上操作至前后两次质量差不超过2mg，即为恒重。

② 半固体或液体试样。取洁净的称量瓶，内加10g海砂（实验过程中可根据需要适当增加海砂的质量）及一根小玻棒，按上述恒重步骤操作。

(3) 结果计算

$$X = \frac{m_1 - m_2}{m_1 - m_0} \times 100 \tag{3-14}$$

式中　X——试样中水分的含量，g/100g；

m_0——称量瓶的质量，g；

m_1——称量瓶和试样的质量，g；

m_2——烘干后试样和称量瓶的质量，g；

100——单位换算系数。

(4) 精密度　在重复性条件下获得的两次独立测定结果的绝对差值不得超过算术平均值的10%。

2. 减压干燥法

利用食品中水分的物理性质，在达到40～53kPa压力后加热至60℃±5℃，采用减压烘干方法去除试样中的水分，再通过烘干前后的称量数值计算出水分的含量。

(1) 仪器　真空干燥箱、分析天平（感量0.1mg）、实验室用电动粉碎机或手摇粉碎机、谷物选筛、干燥器（内附有效干燥剂）、扁形铝制或玻璃制称量瓶。

(2) 试样制备　粉末和结晶试样直接称取，较大块硬糖经研钵粉碎，混匀备用。

(3) 测定　取已恒重的称量瓶，称取2～10g（精确至0.0001g）试样，放入真空干燥箱内，将真空干燥箱连接真空泵，抽出真空干燥箱内空气（所需压力一般为40～53kPa），同时加热至所需温度（60℃±5℃）。关闭真空泵上的活塞，停止抽气，使真空干燥箱内保持一定的温度和压力，经4h后，打开活塞，使空气经干燥装置缓缓通入至真空干燥箱内，待压力恢复正常后再打开。取出称量瓶，放入干燥器中0.5h后称量，并重复以上操作至前后两次质量差不超过2mg，即为恒重。装置如图3-8所示。

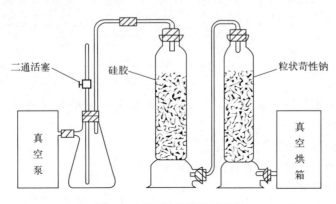

图3-8　减压干燥装置示意图

(4) 结果计算 结果可按式(3-15)计算。

$$X = \frac{m_1 - m_2}{m_1 - m_0} \times 100 \tag{3-15}$$

式中 X——试样中水分的含量，g/100g；

m_0——称量瓶的质量，g；

m_1——试样和称量瓶的质量，g；

m_2——烘干后试样和称量瓶的质量，g；

100——单位换算系数。

(5) 精密度 在重复性条件下获得的两次独立测定结果的绝对差值不得超过算术平均值的10%。

3. 蒸馏法

利用食品中水分的物理化学性质，使用水分测定器将食品中的水分与甲苯或二甲苯共同蒸出，根据接收的水的体积计算出试样中水分的含量。本方法适用于含较多其他挥发性物质的食品，如香辛料等。

(1) 仪器和试剂

① 仪器。蒸馏装置（如图3-9所示，带可调电热套，水分接收管容量5mL，最小刻度值0.1mL，容量误差小于0.1mL）、分析天平（感量0.1mg）。

② 试剂。甲苯（C_7H_8）或二甲苯（C_8H_{10}）。

③ 甲苯或二甲苯制备。取甲苯或二甲苯，先以水饱和后，分去水层，进行蒸馏，收集馏出液备用。

(2) 样品测定 准确称取适量试样（应使最终蒸出的水在2~5mL，但最多取样量不得超过蒸馏瓶的2/3），放入250mL蒸馏瓶中，加入新蒸馏的甲苯（或二甲苯）75mL，连接冷凝管与水分接收管，从冷凝管顶端注入甲苯，装满水分接收管。同时做甲苯（或二甲苯）的试剂空白。

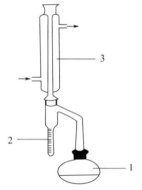

图3-9 蒸馏装置示意图
1—250mL蒸馏瓶；2—水分接收管，有刻度；3—冷凝管

加热慢慢蒸馏，使每秒钟的馏出液为2滴，待大部分水分蒸出后，加速蒸馏约每秒钟4滴，当水分全部蒸出后，接收管内的水分体积不再增加时，从冷凝管顶端加入甲苯冲洗。如冷凝管壁附有水滴，可用附有小橡皮头的铜丝擦下，再蒸馏片刻至接收管上部及冷凝管壁无水滴附着，接收管水平面保持10min不变为蒸馏终点，读取接收管水层的容积。

(3) 结果计算

$$X = \frac{V - V_0}{m} \times 100 \tag{3-16}$$

式中 X——试样中水分的含量，mL/100g，或按水在20℃的相对密度0.998，20g/mL计算质量；

V——接收管内水的体积，mL；

V_0——做试剂空白时，接收管内水的体积，mL；

m——试样的质量，g；

100——单位换算系数。

以重复性条件下获得的两次独立测定结果的算术平均值表示,结果保留三位有效数字。

4. 卡尔·费休法

卡尔·费休法简称费休法或滴定法,是碘量法在非水滴定中的一种应用,对于测定水分选择性好,也是测定水分最为准确的化学方法,1977年首次通过为AOAC方法。

根据碘能与水和二氧化硫发生化学反应,在有吡啶和甲醇共存时,1mol 碘只与 1mol 水作用,反应式如下:

$C_5H_5N·I_2 + C_5H_5N·SO_2 + C_5H_5N + H_2O + CH_3OH \longrightarrow 2C_5H_5N·HI + C_5H_6N[SO_4CH_3]$

卡尔·费休水分测定法又分为库仑法和容量法。其中容量法测定的碘是作为滴定剂加入的,滴定剂中碘的浓度是已知的,根据消耗滴定剂的体积,计算消耗碘的量,从而计量出被测物质水的含量。

(1) 试剂和材料 卡尔·费休试剂、无水甲醇(CH_4O,优级纯)。

(2) 仪器和设备 卡尔·费休水分测定仪、天平(感量为0.1mg)。

(3) 操作方法

① 卡尔·费休试剂的标定(容量法)。在反应瓶中加一定体积(浸没铂电极)的甲醇,在搅拌下用卡尔·费休试剂滴定至终点。加入10mg水(精确至0.0001g),滴定至终点并记录卡尔·费休试剂的用量(V)。

卡尔·费休试剂的滴定度按式(3-17)计算:

$$T = \frac{m}{V} \tag{3-17}$$

式中 T——卡尔·费休试剂的滴定度,mg/mL;

m——水的质量,mg;

V——滴定水消耗的卡尔·费休试剂的用量,mL。

② 样品处理。可粉碎的固体试样要尽量粉碎,使之均匀,不易粉碎的试样可切碎。

③ 样品测定。于反应瓶中加一定体积的甲醇或卡尔·费休测定仪中规定的溶剂浸没铂电极,在搅拌下用卡尔·费休试剂滴定至终点。迅速将易溶于甲醇或卡尔·费休测定仪中规定的溶剂的试样直接加入滴定杯中;对于不易溶解的试样,应采用对滴定杯进行加热或加入已测定水分的其他溶剂辅助溶解后用卡尔·费休试剂滴定至终点。建议采用容量法测定试样中的含水量应大于100μg。对于滴定时,平衡时间较长且引起漂移的试样,需要扣除其漂移量。

④ 漂移量的测定。在滴定杯中加入与测定样品一致的溶剂,并滴定至终点,放置不少于10min后再滴定至终点,两次滴定之间的单位时间内的体积变化即为漂移量(D)。

(4) 结果计算 固体试样中水分的含量按式(3-18)计算,液体试样中水分的含量按式(3-19)进行计算:

$$X = \frac{(V_1 - Dt)T}{m} \times 100 \tag{3-18}$$

$$X = \frac{(V_1 - Dt)T}{V_2\rho} \times 100 \tag{3-19}$$

式中 X——试样中水分的含量,g/100g;

V_1——滴定样品时卡尔·费休试剂体积,mL;

D——漂移量，mL/min；

t——滴定时所消耗的时间，min；

T——卡尔·费休试剂的滴定度，g/mL；

m——样品质量，g；

100——单位换算系数；

V_2——液体样品体积，mL；

ρ——液体样品的密度，g/mL。

水分含量≥1g/100g 时，计算结果保留三位有效数字；水分含量＜1g/100g 时，计算结果保留两位有效数字。

(5) 精密度 在重复性条件下获得的两次独立测定结果的绝对差值不得超过算术平均值的 10%。

【学习活动三】 小组讨论制订计划并汇报任务

任务名称	面包中水分的测定	日期	
小组序号			
一、确定方法			
二、制订工作计划			
1. 准备合适的仪器、设备			
2. 列出所需试剂			
3. 列出样品的制备方法			
4. 画出工作流程简图			

【学习活动四】 讨论工作过程中的注意事项

1. 直接干燥法

（1）除非另有说明，本方法所用试剂均为分析纯，水为 GB/T 6682 规定的三级水。

（2）玻璃称量皿耐酸、碱，不受样品性质的影响，适用于常压干燥法，且样品应平铺于称量皿中部，不超过皿身的 1/3。

（3）加入海砂的目的是增加受热、蒸发面积，防止食品结块。

（4）变色硅胶一旦呈现红色就不能继续使用，应在 130~140℃温度下烘至全部呈蓝色后再用。

（5）两次恒重值在最后计算中，取质量较小的一次称量值。

（6）水分含量≥1g/100g 时，计算结果保留三位有效数字；水分含量＜1g/100g 时，计算结果保留两位有效数字。

2. 减压干燥法

（1）本法适用于胶体、高温易分解及水分较多的样品，如淀粉、豆制品、罐头制品、蜂蜜、水果、味精、蔬菜等；

（2）除非另有说明，本方法所用试剂均为分析纯，水为GB/T 6682规定的三级水；

（3）铝制称量皿导热性好，但不适用于酸性样品，适用于减压干燥法，且同样要求样品应平铺于称量皿中部，不超过皿身的1/3；

（4）实际操作中需根据样品性质和干燥箱耐压能力的不同适当调整压力及温度，如AOAC法测定咖啡的条件为3.3kPa，98～100℃；

（5）变色硅胶一旦呈现红色就不能继续使用，应在130～140℃温度下烘至全部呈蓝色后再用；

（6）两次恒重值在最后计算中，取质量较小的一次称量值。

3. 蒸馏法

（1）本法适用于易氧化、分解、热敏性及含挥发性组分的样品，如谷物、油料、香料等，准确度较高，设备简单、操作方便，是唯一公认的含挥发性组分的水分标准分析法；

（2）蒸馏仪器使用前须清洗干净，蒸馏时加热温度不宜过高；

（3）蒸馏溶剂可采用甲苯或二甲苯，沸点可达110.7℃，如选用苯做蒸馏溶剂，沸点为69.25℃，蒸馏时间较长。

4. 卡尔·费休法

（1）本法为测定食品中微量水分的国际标准方法，适用于巧克力、乳粉、炼乳、人造奶油、糖类及干菜食品中水分的测定；

（2）如食品中含有氧化剂、还原剂等，会干扰组分的反应；

（3）由于碘和二氧化硫的反应是可逆反应，加入吡啶和甲醇可以使反应顺利进行；

（4）碘、二氧化硫、吡啶的比例为1∶3∶10；

（5）新配制的卡尔·费休试剂需要放置一段时间再用，因试剂中的水分影响试剂的有效浓度。

5. 试样的粉碎

水分测定是首先要进行的检测项目。粉碎时，水分可能发生变化，应在空气流动小的室内，尽可能迅速进行粉碎。通常，粉碎一份试样需要20～30s。如果试样全部用于测定，粉碎时水分的变化在0.1%以内。如果粉碎量多而只取一部分用于测定，则试样会不均匀，所以，必须将粉碎后的试样全部混匀后取样。

水分含量在20%以上的试样，如果直接粉碎，可能使水分损失超过0.1%，而且试样易粘在辊子上，会给粉碎带来困难。所以，一般先用整粒试样预干燥后，再进行二次干燥前粉碎。试样粉碎的粒度对于分析结果影响较大，试样粒度越大，误差越容易增大。国标中规定为粉碎至通过40目筛。粉碎试样表面积大，水分变化也快。如不能立即测定，水分在15%以下的试样可以在室温下密闭保存，如需长期保存，则应在低温下（5℃以下）保存。水分在16%以上的试样，最好在低温下保存。特别是在夏季温度高时，若在室温下保存，不仅容易损失水分，还会引起试样变质。

【学习活动五】 完成分析任务，填写报告单

任务名称	面包中水分的测定	日期	
小组序号		成员	
一、数据记录（根据分析内容，自行制订表格）			
二、计算，并进行修约			
三、给出结论			

知识拓展

1. 分析天平的种类

天平是化学实验不可缺少的重要称量仪器，种类繁多，按使用范围大体上可分为工业天平、分析天平、专用天平。按结构可分为等臂双盘阻尼天平、机械加码天平、半自动机械加码电光天平、全自动机械加码电光天平、单臂天平和电子天平。按精密度可分为精密天平、普通天平。各类天平结构各异（见图3-10），但基本原理是一样的，都是根据杠杆原理制成的。现以半自动机械加码电光天平（TG328）为例说明其使用方法。

(a) 半机械加码天平　　(b) 全机械加码天平　　(c) 电子天平

图3-10　各类天平

2. 常用的称量方法

（1）直接称量法　直接称量法用于称取不易吸水、在空气中性质稳定的物质，如称量金属或合金试样。称量时先称出称量纸（硫酸纸）的质量（m_1），加上试样后再称出称量纸与试样的总质量（m_2），则试样质量$=m_2-m_1$。

(2) 减量法称量　此法用于称取粉末状或容易吸水、氧化、与二氧化碳反应的物质。减量法称量应使用称量瓶，称量瓶使用前须清洗干净，干净的称量瓶（盖）不能用手直接拿取，而要用干净的纸条套在称量瓶上夹取。称量时，先将试样装入称量瓶中，在台秤上粗称之后，放入天平中称出称量瓶与试样的总质量（m_1），用纸条夹住取出称量瓶后，按图3-11所示方法小心倾出部分试样后再称出称量瓶和余下的试样的总质量（m_2），试样质量＝m_1-m_2。

图3-11　减量法称量

减量法称量时，应注意不要让试样散落到容器外，当试样接近要求时，将称量瓶缓慢竖起，用瓶盖轻敲瓶口，使沾在瓶口的试样落入称量瓶或容器中。盖好瓶盖，再次称量，直到倾出的试样量符合要求为止。初学者常常掌握不好量的多少，倾出超出要求的试样量，为此，可少量多次，逐渐掌握和建立起量的概念。注意：在每次旋动指数盘和取放称量瓶时，一定要先关好旋钮，使天平横梁托起。

3. 天平使用方法

(1) 拿下防护罩，叠平后放在天平箱上方。检查天平是否正常，如：天平是否水平、秤盘是否洁净等。

(2) 调节零点：接通电源，打开升降旋钮，此时在光屏上可以看到标尺的投影在移动，当标尺稳定后，如果屏幕中央的刻线与标尺上的"0.00"位置不重合，可拨动投影屏调节杆，移动屏的位置，直到屏中刻线恰好与标尺中的"0"线重合。如果屏的位置已移到尽头仍调不到零点，则需关闭天平，调节横梁上的平衡螺丝，再开启天平继续拨动投影屏调节杆，直至调定零点。然后关闭天平，准备称量。

(3) 称量：将欲称物体先在台秤上粗称，然后放到天平左盘中心。根据粗称的数据在天平右盘上加砝码至克位。半开天平，观察标尺移动方向或指针倾斜方向以判断所加砝码是否合适及如何调整。克码调节后，再依次调整百毫克组和十毫克组圈码，每次均从中间量（500mg和50mg）开始调。调圈码至10mg位后，完全开启天平，准备读数。

加减砝码的顺序是由大到小，依次调定。砝码未完全调定时不可完全开启天平，以免横梁过度倾斜，造成错位或吊耳脱落。

(4) 读数：砝码调定，关闭天平门，待标尺停稳后即可读数，被称物的质量等于砝码总量加标尺读数（均以g计）。标尺读数在9～10mg时，可再加10mg圈码，从屏上读取标尺负值，记录时将此读数从砝码总量中减掉。

(5) 复位：称量、记录完毕，随即关闭天平，取出被称物，将砝码夹回盒内，圈码指数盘退回到"000"位，关闭两侧门，盖上防护罩。

4. 使用注意事项

(1) 检查并调整天平至水平位置。

(2) 事先检查电源电压是否匹配（必要时配置稳压器），按仪器要求通电预热至所需时间。

(3) 预热足够时间后打开天平开关，天平则自动进行灵敏度及零点调节。待稳定标志显示后，可进行正式称量。

(4) 放取被称物时要轻、缓，切记不可用力过猛。

(5) 调定零点及记录称量读数后，应随手关闭天平。加被称物必须在天平处于关闭状态下进行。

(6) 称量读数时必须关闭侧门。

(7) 所称物品质量不得超过天平的最大载量，称量读数必须立即记在实验记录本上。

(8) 如发现天平不正常，应及时报告给实验室工作人员，不要自行处理。

(9) 称量完毕应随即将天平复原，并检查天平周围是否清洁。

(10) 称量结束应及时除去称量瓶（纸），关上侧门，关闭天平，切断电源，并做好使用情况登记。

5. 维护

(1) 天平应放置在牢固平稳的水泥台或木台上，室内要求清洁、干燥及较恒定的温度，同时应避免光线直接照射到天平上。

(2) 称量时应从侧门取放物质，读数时应关闭箱门以免空气流动引起天平摆动。前门仅在检修或清除残留物质时使用。

(3) 电子分析天平若长时间不使用，则应定时通电预热，每周一次，每次预热2h，以确保仪器始终处于良好使用状态。

(4) 天平箱内应放置吸潮剂（如硅胶），当吸潮剂吸水变色，应立即高温烘烤更换，以确保吸湿性能。

(5) 挥发性、腐蚀性、强酸强碱类物质应盛于带盖称量瓶内称量，防止腐蚀天平。

任务二 酸度的分析测定

任务准备

1. 酸度的概念

食品酸度是指酸性物质在食品中的实际含量。食品的酸度不仅反映了酸味强度，也反映了其中酸性物质的含量或浓度。酸度在食品分析中涉及几种不同的概念和检测意义。

(1) 总酸度 总酸度是指食品中所有酸性成分的总量，包括未离解的酸的浓度和已离解的酸的浓度，其大小可借标准碱溶液滴定来测定，故也称可滴定酸度。

(2) 有效酸度 有效酸度是指被测溶液中 H^+ 的浓度（准确地说应该是活度），所反映的是已解离的那部分酸的浓度，常用 pH 值表示。其大小可通过酸度计或 pH 试纸来测定。

(3) 挥发酸 挥发酸是指食品中易挥发的有机酸，如甲酸、醋酸及丁酸等低碳链的直链脂肪酸。其含量可通过蒸馏法分离，再通过标准碱溶液滴定来测定。

2. 酸度测定的意义

食品中的酸不仅作为酸味成分，而且在食品的加工、贮运及品质管理等方面被认为是重要的分析内容，测定食品中的酸度具有十分重要的意义。通过测定酸度，可以鉴定某些食品的质量。例如，挥发酸含量的高低是衡量水果发酵制品质量好坏的一项重要技术指标，如果醋酸含量在0.1%以上，则说明制品已经腐败；牛乳及其制品、番茄制品、啤酒、饮料类食品中总酸含量高时，说明这些制品已酸败；在油脂工业中，通过测定游离脂肪酸的含量，可以鉴别油脂的品质和精炼程度。

对鲜肉中有效酸度的测定，可以判断肉的品质：

① 新鲜肉的 pH 值的范围：牲畜屠宰前肌肉的 pH 值为 7.1～7.2，屠宰后，由于肌肉中代谢过程发生改变，肌糖剧烈分解，乳酸和磷酸逐渐聚集，使肉的 pH 值下降。屠宰后 1 小时的热鲜肉 pH 值可降到 6.2～6.3，经过 24h 后，降至 5.6～6.0，此 pH 值在肉品工业中叫做排酸值，它能一直维持到肉品发生分解前。新鲜肉的肉浸液 pH 值一般在 5.8～6.8 的范围内。

② 次鲜肉的 pH 值的范围：随着放置时间的延长，肉表面的细菌开始繁殖，细菌沿肌肉表面扩散，肉表面有潮湿、轻微发黏等感官变化。此时，肌肉中蛋白质在细菌酶的作用下，被分解为氨和胺类化合物等碱性物质，使肉趋于碱性，pH 值显著增高，pH 值在 6.3～6.6 之间，此时的肉品为次新鲜肉。

③ 腐烂肉的 pH 值：如果肉品存放不当，细菌在适当的温度、湿度、酸碱度以及其他适宜条件下迅速繁殖，且沿肌肉间向深部蔓延。肌肉组织逐渐分解，脂肪发生酸败，产生氨、硫化氢、乙硫醇、丁酸等分子，散发出臭气。此时肉品已经变质，其 pH 值在 6.7 以上。

通过测定果蔬中糖和酸的含量，可以判断果蔬的成熟度，确定加工产品的配方，并可通过调整糖酸比获得风味极佳的产品。有机酸在果蔬中的含量，因其成熟度及生长条件不同而异，一般随成熟度的提高，有机酸含量下降，而糖含量增加，糖酸比增大。故测定酸度可判断某些果蔬的成熟度，对于确定果蔬收获期及加工工艺条件有指导意义。

3. 指标要求

牛乳总酸度由外表酸度（固有酸度）和真实酸度（发酵酸度）两部分组成。外表酸度为新鲜牛乳本身所具有的酸度，又称固有酸度，主要来源于鲜牛乳中的酪蛋白、白蛋白、柠檬酸盐、磷酸盐等酸性物质。外表酸度约占牛乳的 0.15%～0.18%（以乳酸计）。真实酸度为牛乳在放置过程中，在乳酸菌作用下，乳糖发酵产生了乳酸而升高的那部分酸度，又称发酵酸度。习惯上把含酸量在 0.20% 以下的牛乳列为新鲜牛乳，而 0.20% 以上的牛乳列为不新鲜的牛乳。外表酸度和真实酸度之和即为牛乳总酸度。但新鲜牛乳总酸度为外表酸度。

【学习活动一】 发布工作任务，明确完成目标

任务名称	生牛乳酸度的测定	日期	
小组序号		成员	
一、任务描述			
散装牛乳因未经杀菌及包装等原因新鲜程度不可控，为规范我市食品药品监督管理，本次抽检各大农贸市场及奶站的新鲜散装牛奶，测定样品的酸度。常见食品酸度指标要求见表 3-2			

表 3-2　常见食品酸度指标要求

食品	项目	指标要求
乳粉（牛乳）	复原乳酸度/°T	≤18
乳粉（羊乳）	复原乳酸度/°T	7～14
生乳、巴氏杀菌乳、灭菌乳（牛乳）	酸度/°T	12～18
生乳、巴氏杀菌乳、灭菌乳（羊乳）	酸度/°T	6～13
食醋	总酸（以乙酸计）(g/100mL)	≥3.5
甜醋	总酸（以乙酸计）(g/100mL)	≥2.5

续表

二、任务目标	
1. 查找合适的国家标准	
2. 查找、讨论食品酸度测定的意义	
3. 查找食品中酸度的种类及分布	
三、完成目标	
能力目标	1. 掌握酸碱滴定的实验技能、计算方法及操作要点； 2. 掌握酸度计的操作技能，标准缓冲溶液的种类及配制方法； 3. 掌握酸度计、电位滴定仪、磁力搅拌器的操作技能
知识目标	1. 了解食品酸度的概念及测定食品酸度的意义； 2. 掌握食品酸度的国标测定方法、检测方法的原理、检测仪器的使用及注意事项
素质目标	1. 培养综合分析和解决问题的能力； 2. 具有安全、节约、环保意识； 3. 具有良好的团队合作精神与竞争意识； 4. 关注全面质量管理； 5. 通过食品酸度的测定实验，培养学生严谨的科学作风和良好的实验素养，树立良好的职业道德品质

【学习活动二】 寻找关键参数，确定分析方法

> 【方法解读】 食品酸度是指食品中所有酸性成分的总量。《食品安全国家标准 食品酸度的测定》（GB 5009.239—2016）中规定，酚酞指示剂法适用于生乳及乳制品、淀粉及其衍生物、粮食及制品酸度的测定，pH 计法适用于乳粉酸度测定，电位滴定仪法适用于乳及其他乳制品酸度的测定。《食品安全国家标准 食品 pH 值的测定》（GB 5009.237—2016）规定了肉及肉制品、水产品中牡蛎（蚝、海蛎子）以及罐头食品 pH 值的测定方法。

1. 酚酞指示剂法

试样经处理后，以酚酞作指示剂，用 0.1000mol/L 氢氧化钠标准溶液滴定至中性，根据滴定时消耗氢氧化钠的体积数，可计算确定试样的酸度。

(1) 仪器与试剂

① 仪器。分析天平（感量为 0.001g）、碱式滴定管（容量 10mL 最小刻度 0.05mL、容量 25mL 刻度 0.1mL）、水浴锅、锥形瓶（100mL、150mL、250mL）、具塞磨口锥形瓶（250mL）、粉碎机（可使粉碎的样品 95% 以上通过 CQ16 筛，粉碎样品时磨膛不应发热）、振荡器（往返式，振荡频率 100 次/min）、中速定性滤纸、移液管（10mL、20mL）、量筒（50mL、250mL）、玻璃漏斗和漏斗架。

② 试剂。氢氧化钠、七水硫酸钴、酚酞、95% 乙醇、乙醚、氮气（纯度为 98%）、三氯甲烷。

③ 试剂配制

a. 氢氧化钠标准溶液（0.1000mol/L）：称取0.75g于105～110℃电烘箱中干燥至恒重的工作基准试剂邻苯二甲酸氢钾，加50mL无二氧化碳的水溶解，加2滴酚酞指示液（10g/L），用配制好的氢氧化钠溶液滴定至溶液呈粉红色，并保持30s，同时做空白试验。

b. 酚酞指示剂：称取0.5g酚酞溶于75mL体积分数为95%的乙醇中，并加入20mL水，然后滴加氢氧化钠溶液至微粉色，加水定容至100mL。

c. 参比溶液：将3g七水硫酸钴溶解于水中，并定容至100mL。

d. 中性乙醇-乙醚混合液：取等体积的乙醇、乙醚混合后加3滴酚酞指示剂，以氢氧化钠标准溶液（0.1000mol/L）滴定至微红色。

e. 不含二氧化碳的蒸馏水：将水煮沸15min，逐出二氧化碳，冷却，密闭。

除非另有说明，本方法所用试剂均为分析纯，水为GB/T 6682规定的三级水。

(2) 分析步骤

① 乳粉

a. 试样制备：将样品全部移入约两倍样品体积的洁净干燥容器中（带密封盖），立即盖紧容器，反复旋转振荡，使样品彻底混合。在此操作过程中，应尽量避免样品暴露在空气中。

b. 测定：称取4g样品（精确到0.01g）于250mL锥形瓶中。用量筒量取96mL约20℃的水，使样品复溶，搅拌，然后静置20min。

向一只装有96mL约20℃的水的锥形瓶中加入2.0mL参比溶液，轻轻转动，使之混合，得到标准参比颜色。如果要测定多个相似的产品，则此参比溶液可用于整个测定过程，但时间不得超过2h。

向另一只装有样品溶液的锥形瓶中加入2.0mL酚酞指示剂，轻轻转动，使之混合。用25mL碱式滴定管向该锥形瓶中滴加氢氧化钠溶液，边滴加边转动烧瓶，直到与参比溶液颜色相似，且5s内不消退，整个滴定过程应在45s内完成。滴定过程中，向锥形瓶中吹氮气，防止溶液吸收空气中的二氧化碳。记录所用氢氧化钠溶液的体积（V_1），精确至0.05mL，代入式(3-20)进行计算。

c. 空白滴定：用96mL水做空白试验，读取所消耗氢氧化钠溶液的体积（V_0）。空白所消耗氢氧化钠的体积不应小于零，否则应重新制备和使用符合要求的蒸馏水。

② 乳及其他乳制品

a. 制备参比溶液：向装有等体积相应溶液的锥形瓶中加入2.0mL参比溶液，轻轻转动，使之混合，得到标准参比颜色。如果要测定多个相似的产品，则此参比溶液可用于整个测定过程，但时间不得超过2h。

b. 巴氏杀菌乳、灭菌乳、生乳、发酵乳：称取10g（精确到0.01g）已混匀的试样于150mL锥形瓶中，加20mL新煮沸冷却至室温的水，混匀，加入2.0mL酚酞指示剂混匀后用氢氧化钠标准溶液滴定，边滴加边转动烧瓶，直到与参比溶液颜色相似，且5s内不消退，整个滴定过程应在45s内完成。滴定过程中，向锥形瓶中吹氮气，防止溶液吸收空气中的二氧化碳。记录所用氢氧化钠溶液的体积（V_2），代入式(3-21)进行计算。

c. 奶油：称取10g（精确到0.01g）已混匀的试样于250mL锥形瓶中，加30mL中性乙醇-乙醚混合液，混匀，加入2.0mL酚酞指示剂混匀后用氢氧化钠标准溶液滴定，边滴加边转动烧瓶，直到与参比溶液颜色相似，且5s内不消退，整个滴定过程应在45s内完成。滴定过程中，向锥形瓶中吹氮气，防止溶液吸收空气中的二氧化碳。记录所用氢氧化钠溶液的体积（V_2），代入式(3-21)进行计算。

d. 炼乳：称取 10g（精确到 0.01g）已混匀的试样于 250mL 锥形瓶中，加 60mL 新煮沸冷却至室温的水，混匀，加入 2.0mL 酚酞指示剂混匀后用氢氧化钠标准溶液滴定，边滴加边转动烧瓶，直到与参比溶液颜色相似，且 5s 内不消退，整个滴定过程应在 45s 内完成。滴定过程中，向锥形瓶中吹氮气，防止溶液吸收空气中的二氧化碳。记录所用氢氧化钠溶液的体积（V_2），代入式(3-21)进行计算。

e. 干酪素：称取 5g（精确到 0.01g）经研磨混匀的试样于锥形瓶中，加 50mL 新煮沸冷却至室温的水，于室温下（18～20℃）放置 4～5h，或在水浴锅中加热到 45℃并在此温度下保持 30min，再加入 50mL 水，混匀后，通过干燥的滤纸过滤。吸取滤液 50mL 于锥形瓶中，加入 2.0mL 酚酞指示剂混匀后用氢氧化钠标准溶液滴定，边滴加边转动烧瓶，直到与参比溶液颜色相似，且 5s 内不消退，整个滴定过程应在 45s 内完成。滴定过程中，向锥形瓶中吹氮气，防止溶液吸收空气中的二氧化碳。记录所用氢氧化钠溶液的体积（V_3），代入式(3-22)进行计算。

f. 空白滴定：奶油试样用 30mL 中性乙醇-乙醚混合液做空白试验，读取所消耗氢氧化钠溶液的体积（V_0）。其他试样用等体积的水做空白试验，读取所消耗氢氧化钠溶液的体积（V_0）。空白所消耗氢氧化钠的体积不应小于零，否则应重新制备和使用符合要求的蒸馏水或中性乙醇-乙醚混合液。

③ 淀粉及其衍生物

a. 称样：称取 10g（精确到 0.01g）充分混匀的试样，移入 250mL 锥形瓶中，加 100mL 新煮沸冷却至室温的水，振荡并混合均匀。

b. 滴定：向一只装有 100mL 约 20℃的水的锥形瓶中加入 2.0mL 参比溶液，轻轻转动，使之混合，得到标准参比颜色。如果要测定多个相似的产品，则此参比溶液可用于整个测定过程，但时间不得超过 2h。

向装有样品溶液的锥形瓶中加入 2～3 滴酚酞指示剂，混合均匀后用氢氧化钠标准溶液滴定，边滴加边转动烧瓶，直到与参比溶液颜色相似，且 5s 内不褪色，整个滴定过程应在 45s 内完成。滴定过程中，向锥形瓶中吹氮气，防止溶液吸收空气中的二氧化碳。记录所用氢氧化钠溶液的体积（V_4），精确至 0.05mL，代入式(3-23)进行计算。

c. 空白滴定：用 100mL 水做空白试验，读取所消耗氢氧化钠溶液的体积（V_0）。空白所消耗氢氧化钠的体积不应小于零，否则应重新制备和使用符合要求的蒸馏水。

④ 粮食及制品

a. 试样制备：取混合均匀的样品 80～100g，用粉碎机粉碎，粉碎细度要求 95% 以上通过 CQ16 筛（孔径为 0.425mm 即 40 目），粉碎后的全部筛分样品充分混合，装入磨口瓶中，制备好的样品应立即测定。

b. 测定：称取 15g 置于 250mL 具塞磨口锥形瓶中，加水 150mL（先加少量水与试样混合成稀糊状，再全部加入），滴入三氯甲烷 5 滴，加塞后摇匀，在室温下放置提取 2h，每隔 15min 摇动 1 次（或置于振荡器上振荡 70min），浸提完毕后静置数分钟用中速定性滤纸过滤，用移液管吸取滤液 10mL，注入 100mL 锥形瓶中，再加水 20mL 和酚酞指示剂 3 滴，混匀后用氢氧化钠标准溶液滴定，边滴加边转动烧瓶，直到与参比溶液颜色相似，且 5s 内不消退，整个滴定过程应在 45s 内完成。滴定过程中，向锥形瓶中吹氮气，防止溶液吸收空气中的二氧化碳。记录所用氢氧化钠溶液的体积（V_1），代入式(3-20)进行计算。

c. 空白滴定：用 30mL 水做空白试验，读取所消耗氢氧化钠溶液的体积（V_0）。

注：三氯甲烷有毒，操作时在通风良好的通风橱内进行。

(3) 结果计算

① 乳粉试样中的酸度按式(3-20)计算：

$$X_1 = \frac{c_1(V_1 - V_0) \times 12}{m_1(1-w) \times 0.1} \tag{3-20}$$

式中 X_1——试样的酸度，°T（以100g干物质为12%的复原乳所消耗0.1mol/L氢氧化钠的体积计，mL/100g）；

c_1——氢氧化钠标准溶液的浓度，mol/L；

V_1——滴定时所消耗氢氧化钠标准溶液的体积，mL；

V_0——空白试验所消耗氢氧化钠标准溶液的体积，mL；

12——12g乳粉相当100mL复原乳；

m_1——称取样品的质量，g；

w——试样中水分的质量分数，g/100g；

0.1——酸度理论定义氢氧化钠的摩尔浓度，mol/L。

以重复性条件下获得的两次独立测定的算术平均值表示，结果保留三位有效数字。

注：若以乳酸含量表示样品的酸度，那么样品的乳酸含量(g/100g)=0.009T。T为样品的滴定酸度；0.009为乳酸的换算系数，即1mL 0.1mol/L的氢氧化钠标准溶液相当于0.009g乳酸。

② 巴氏杀菌乳、灭菌乳、生乳、发酵乳、奶油和炼乳试样中的酸度按式(3-21)计算：

$$X_2 = \frac{c_2(V_2 - V_0) \times 100}{0.1 m_2} \tag{3-21}$$

式中 X_2——试样的酸度，°T（以100g样品所消耗的0.1mol/L氢氧化钠体积计，mL/100g）；

c_2——氢氧化钠标准溶液的浓度，mol/L；

V_2——滴定时所消耗氢氧化钠标准溶液的体积，mL；

V_0——空白试验所消耗氢氧化钠标准溶液的体积，mL；

m_2——称取样品的质量，g；

100——100g试样；

0.1——酸度理论定义氢氧化钠的摩尔浓度，mol/L。

以重复性条件下获得的两次独立测定的算术平均值表示，结果保留三位有效数字。

③ 干酪素试样中的酸度按式(3-22)计算：

$$X_3 = \frac{c_3(V_3 - V_0) \times 100 \times 2}{0.1 m_3} \tag{3-22}$$

式中 X_3——试样的酸度，°T（以100g样品所消耗的0.1mol/L氢氧化钠体积计，mL/100g）；

c_3——氢氧化钠标准溶液的浓度，mol/L；

V_3——滴定时所消耗氢氧化钠标准溶液的体积，mL；

V_0——空白试验所消耗氢氧化钠标准溶液的体积，mL；

m_3——称取样品的质量，g；

100——100g试样；

2——试样的稀释倍数；

0.1——酸度理论定义氢氧化钠的摩尔浓度，mol/L。

以重复性条件下获得的两次独立测定的算术平均值表示，结果保留三位有效数字。

④ 淀粉及其衍生物试样中的酸度按式（3-23）计算：

$$X_4 = \frac{c_4(V_4 - V_0) \times 10}{0.1000 m_4} \quad (3-23)$$

式中 X_4——试样的酸度，°T（以10g样品所消耗的0.1mol/L氢氧化钠体积计，mL/10g）；

c_4——氢氧化钠标准溶液的浓度，mol/L；

V_4——滴定时所消耗氢氧化钠标准溶液的体积，mL；

V_0——空白试验所消耗氢氧化钠标准溶液的体积，mL；

m_4——称取样品的质量，g；

10——10g试样；

0.1000——酸度理论定义氢氧化钠的摩尔浓度，mol/L。

以重复性条件下获得的两次独立测定的算术平均值表示，结果保留三位有效数字。

⑤ 粮食及其制品试样中的酸度按式（3-24）计算：

$$X_5 = (V_5 - V_0) \times \frac{V_{51}}{V_{52}} \times \frac{c_5}{0.1000} \times \frac{10}{m_5} \quad (3-24)$$

式中 X_5——试样的酸度，°T（以10g样品所消耗的0.1mol/L氢氧化钠体积计，mL/10g）；

V_5——滴定时所消耗氢氧化钠标准溶液的体积，mL；

V_0——空白试验所消耗氢氧化钠标准溶液的体积，mL；

V_{51}——浸提试样的水体积，mL；

V_{52}——用于滴定的试样滤液体积，mL；

c_5——氢氧化钠标准溶液的浓度，mol/L；

m_5——称取样品的质量，g；

10——10g试样；

0.1000——酸度理论定义氢氧化钠的摩尔浓度，mol/L。

以重复性条件下获得的两次独立测定的算术平均值表示，结果保留三位有效数字。

（4）精密度 在重复性条件下获得的两次独立测定结果的绝对差值不得超过算术平均值的10%。

2. pH计测定

利用玻璃电极作为指示电极，甘汞电极或银-氯化银电极作为参比电极，当试样或试样溶液中氢离子浓度发生变化时，指示电极和参比电极之间的电动势也随着发生变化而产生直流电势（即电位差），通过前置放大器输入到A/D转换器，以达到pH测量的目的。

（1）仪器与试剂

① 仪器。机械设备（用于试样均质化）、分析天平（感量为0.001g）、碱式滴定管（分刻度0.1mL，可精确至0.05mL，或者自动滴定管满足同样的使用要求）、pH计（准确度为0.01，见图3-12）、复合电极（由玻璃电极和适当参比电极组

图3-12 pH计

装而成)、磁力搅拌器、均质器(转速可达20000r/min)。

② 试剂。邻苯二甲酸氢钾、磷酸二氢钾、磷酸氢二钠、酒石酸氢钾、柠檬酸氢二钠、一水柠檬酸、氢氧化钠、氯化钾、乙醚、乙醇。

③ 试剂配制

a. pH=3.57的缓冲溶液(20℃):酒石酸氢钾在25℃配制的饱和水溶液,此溶液的pH在25℃时为3.56,而在30℃时为3.55。或使用经国家认证并授予标准物质证书的标准溶液。

b. pH=4.00的缓冲溶液(20℃):于110～130℃将邻苯二甲酸氢钾干燥至恒重,并于干燥器内冷却至室温。称取邻苯二甲酸氢钾10.211g(精确到0.001g),加入800mL水溶解,用水定容至1000mL。此溶液的pH在0～10℃时为4.00,在30℃时为4.01。或使用经国家认证并授予标准物质证书的标准溶液。

c. pH=5.00的缓冲溶液(20℃):将柠檬酸氢二钠配制成0.1mol/L的溶液即可。或使用经国家认证并授予标准物质证书的标准溶液。

d. pH=5.45的缓冲溶液(20℃):称取7.010g(精确到0.001g)一水柠檬酸,加入500mL水溶解,加入375mL 1.0mol/L氢氧化钠溶液,用水定容至1000mL。此溶液的pH在10℃时为5.42,在30℃时为5.48。或使用经国家认证并授予标准物质证书的标准溶液。

e. pH=6.88的缓冲溶液(20℃):于110～130℃将无水磷酸二氢钾和无水磷酸氢二钠干燥至恒重,于干燥器内冷却至室温。称取上述磷酸二氢钾3.402g(精确到0.001g)和磷酸氢二钠3.549g(精确到0.001g),溶于水中,用水定容至1000mL。此溶液的pH在0℃时为6.98,在10℃时为6.92,在30℃时为6.85。或使用经国家认证并授予标准物质证书的标准溶液。

f. 氢氧化钠溶液(1.0mol/L):称取40g氢氧化钠,溶于水中,用水稀释至1000mL。或使用经国家认证并授予标准物质证书的标准溶液。

g. 氯化钾溶液(0.1mol/L):称取7.5g氯化钾于1000mL容量瓶中,加水溶解,用水稀释至刻度(若待测试样处在僵硬前的状态,需加入已用氢氧化钠溶液调pH至7.0的925mg/L碘乙酸溶液,以阻止糖酵解)。或使用经国家认证并授予标准物质证书的标准溶液。

除非另有说明,本方法所用试剂均为分析纯,水为GB/T 6682规定的三级水。

(2) 试样制备

① 肉及肉制品

a. 取样:鲜肉取样时,取3～5份胴体或同规格的分割肉上取若干小块混为一份样品,每份样品500～1500g;成堆冻肉取样时,在堆放空间的四角和中间设采样点,每点分上中下三层取若干小块混为一份样品,每份样品500～1500g;包装冻肉随机取3～5包,总量不少于1000g;每件500g以上的肉制品随机从3～5件上取若干小块混合,共500～1500g;每件500g以上的肉制品随机取3～5件混合,总量不少于1000g。实验室所收到的样品要具有代表性且在运输和储藏过程中没有受损或发生变化,取有代表性的样品并根据实际情况使用1～2个不同水的梯度进行溶解。

b. 非均质化的试样:在试样中选取有代表性的pH测试点,进行处理。

c. 均质化的试样：使用机械设备将试样均质。注意避免试样的温度超过25℃。若使用绞肉机，试样至少通过该仪器两次，将试样装入密封的容器里，防止变质和成分变化。试样应尽快进行分析，均质化后最迟不超过24h。

② 水产品中牡蛎（蚝、海蛎子）。称取10g（精确到0.01g）绞碎试样，加新煮沸后冷却的水至100mL，摇匀，浸渍30min后过滤或离心，取约50mL滤液于100mL烧杯中。

③ 罐头食品

a. 液态制品混匀备用，固相和液相分开的制品则取混匀的液相部分备用。

b. 稠厚或半稠厚制品以及难以从中分出汁液的制品（糖浆、果酱、果浆或菜浆类、果冻等），取一部分样品在混合机或研钵中研磨，如果得到的样品仍太稠厚，加入等量的刚煮沸过的水，混匀备用。

(3) 测定

① pH计的校正。用两个已知精确pH的缓冲溶液（尽可能接近待测溶液的pH），在测定温度下用磁力搅拌器搅拌的同时校正pH计。若pH计不带温度补偿系统，应保证缓冲溶液的温度在20℃±2℃范围内。

对于均质化的试样，按③继续操作。对于非均质化的试样，按④继续操作。

② 试样（仅用于肉及肉制品）。在均质化试样中，加入待测试样质量10倍的氯化钾溶液，用均质器进行均质。

③ 均质化试样的测定。取一定量能够浸没或埋置电极的试样，将电极插入试样中，将pH计的温度补偿系统调至试样温度。若pH计不带温度补偿系统，应保证待测试样的温度在20℃±2℃范围内。采用适合于所用pH计的步骤进行测定，读数显示稳定以后，直接读数，准确至0.01。

同一个制备试样至少要进行两次测定。

④ 非均质化试样的测定。用小刀或大头针在试样上打一个孔，以免复合电极破损。

将pH计的温度补偿系统调至试样的温度。若pH计不带温度补偿系统，应保证待测试样的温度在20℃±2℃范围内。采用适合于所用pH计的步骤进行测定，读数显示稳定以后，直接读数，准确至0.01。

鲜肉通常保存于0～5℃之间，测定时需要用带温度补偿系统的pH计。在同一点重复测定。必要时可在试样的不同点重复测定，测定点的数目随试样的性质和大小而定。

同一个制备试样至少要进行两次测定。

⑤ 电极的清洗。用脱脂棉先后蘸乙醚和乙醇擦拭电极，最后用水冲洗并按生产商的要求保存电极。

(4) 结果分析

① 非均质化试样的pH测定。在同一试样上同一点的测定，取两次测定的算术平均值作为结果。pH读数精确至0.05。在同一试样不同点的测定，描述所有的测定点及各自的pH。

② 均质化试样的pH测定。结果精确至0.05。

(5) 精密度 在重复性条件下获得的两次独立测定结果的绝对差值不得超过0.1pH。

【学习活动三】 小组讨论制订计划并汇报任务

任务名称	生牛乳酸度的测定	日期	
小组序号			
一、确定方法			
二、制订工作计划			
1. 准备合适的仪器、设备			
2. 列出所需试剂			
3. 列出样品的制备方法			
4. 画出工作流程简图			

【学习活动四】 讨论工作过程中的注意事项

1. 酚酞指示剂法

（1）样品用水必须是无 CO_2 水，避免影响测定结果。

（2）食品中的有机酸均为弱酸，在用强碱滴定时，其滴定终点偏碱（pH 一般为 8.2 左右），故选用酚酞作终点指示剂。

2. pH 计法

（1）缓冲液一般可保存 2~3 个月，但发现有浑浊、发霉或沉淀等现象时，不能继续使用。

（2）本仪器应置于干燥环境中，无显著振动和强电磁场干扰，并防止灰尘及腐蚀性气体侵入。

（3）每次使用，在校正及测定前后均应用纯化水将电极充分洗净。

（4）测定前校正仪器时，应选择与待测溶液 pH 接近的标准 pH 缓冲液，pH 值相差不应超过 3 个单位。

（5）为了使测定结果可靠，在测定时用标准缓冲液校正仪器后，应再用另一种相差约 3 个 pH 单位的标准缓冲液复校之。

（6）待测溶液、校正液与电极的温度应相同或相近，差值最好不超过 2℃。

（7）酸度计应避免震动与打击，以减少对仪器的损伤。

【学习活动五】 完成分析任务,填写报告单

任务名称	生牛乳酸度的测定	日期	
小组序号		成员	
一、数据记录(根据分析内容,自行制订表格)			
二、计算,并进行修约			
三、给出结论			

项目三　食品中营养成分的分析

任务一　碳水化合物的分析测定

 任务准备

碳水化合物又称为糖类化合物，由碳、氢、氧三种元素组成，由于含有和水一样的氢氧比例，故被称为碳水化合物。它是生物界三大基础物质之一，为生物的生长、运动、繁殖提供主要能源，是人类生存发展必不可少的重要物质之一。食物中的碳水化合物分为人可以吸收利用的有效碳水化合物（如单糖、双糖、多糖）和人不能消化的无效碳水化合物。

根据中国膳食碳水化合物的实际摄入量和世界卫生组织、联合国粮农组织的建议，于2002年重新修订了我国健康人群的碳水化合物供给量为总能量摄入的55%～65%。同时对碳水化合物的来源也作了要求，即应包括复合碳水化合物淀粉、不消化的抗性淀粉、非淀粉多糖和低聚糖等碳水化合物；限制纯能量食物如糖的摄入量，提倡摄入营养素/能量密度高的食物，以保障人体能量和营养素的需要及改善胃肠道环境和预防龋齿的需要。一般说来，对碳水化合物没有特定的饮食要求。主要是应该从碳水化合物中获得合理比例的热量摄入。另外，每天应至少摄入50～100g可消化的碳水化合物以预防碳水化合物缺乏症。

碳水化合物的主要食物来源有糖类、谷物（如水稻、小麦、玉米、大麦、燕麦、高粱等）、水果（如甘蔗、甜瓜、西瓜、香蕉、葡萄等）、干果类、干豆类、根茎蔬菜类（如胡萝卜、番薯等）等。

【学习活动一】　发布工作任务，明确完成目标

任务名称	糕点总糖的分析			日期				
小组序号				成员				
一、任务描述								

今收到本市知名点心企业所售点心及其他送检，抽样市售的糕点样品共计100份，为确保我市粮食产业链、供应链的安全，同时服务小微企业，制订合理检测计划，检查其总糖含量是否合格，合格标准参照表3-3

表3-3　不同类型糕点总糖要求

糕点类型	烘烤糕点		油炸糕点		水蒸糕点		熟粉糕点	
	蛋糕类	其他	萨其马类	其他	蛋糕类	其他	片糕类	其他
总糖/%	≤42.0	≤40.0	≤35.0	≤42.0	≤46.0	≤42.0	≤50.0	≤45.0

续表

二、任务目标	
1. 查找合适的国家标准	
2. 查找、讨论总糖测定的意义	
3. 查找总糖的概念、分类	
三、完成目标	
能力目标	1. 培养对总糖、还原糖的认知能力； 2. 培养查阅并使用国标的能力； 3. 能够根据测定需要，正确选用检测方法； 4. 能够根据试验结果对产品进行正确分析； 5. 能够遵守试验操作规程，正确处理试剂
知识目标	1. 熟悉碳水化合物的分类、性质； 2. 掌握食品中总糖、还原糖测定的意义、原理及方法； 3. 掌握食品中总糖、还原糖测定的操作标准、注意事项
素质目标	1. 培养综合分析和解决问题的能力； 2. 培养在信息化的环境中，通过自主学习、合作探究、展示交流，具备独立测定能力

【学习活动二】 寻找关键参数，确定分析方法

> **【方法解读】** 国家标准《糕点通则》(GB/T 20977—2007)中规定，使用斐林氏容量法对食品总糖进行测定。《食品安全国家标准 食品中还原糖的测定》(GB 5009.7—2016)中的直接滴定法和高锰酸钾滴定法适用于各种食品中还原糖含量的测定，铁氰化钾法适用于小麦粉中还原糖含量的测定。奥氏试剂滴定法适用于糖菜块根中还原糖含量的测定。

1. 食品总糖的测定（参照 GB/T 20977—2007）

斐林溶液甲、乙液混合时，生成的酒石酸钾钠铜被还原性的单糖还原，生成红色的氧化亚铜沉淀。达到终点时，稍微过量的还原性单糖将蓝色的亚甲蓝染色体还原为无色的隐色体而显出氧化亚铜的鲜红色。

(1) 仪器与试剂

① 仪器。锥形瓶（150mL、250mL）、容量瓶（250mL）、糖滴管（25mL）、烧杯、离心机（0~4000r/min）、天平（感量为0.001g，最大量程为200g）、可调温电炉（300W）。

② 试剂。硫酸铜、酒石酸钾钠、氢氧化钠、浓盐酸（12mol/L）、亚甲蓝、葡萄糖。除非另有说明，本方法所用试剂均为分析纯，水为 GB/T 6682 规定的三级水。

③ 试剂配制

a. 斐林溶液甲液：称取 69.3g 硫酸铜，加蒸馏水溶解，定容到 1000mL。

b. 斐林溶液乙液：称取 346g 酒石酸钾钠和 100g 氢氧化钠，加蒸馏水溶解，定容至 1000mL。

c. 1% 亚甲蓝：称取亚甲蓝 1g，加水溶解后，定容到 100mL。

d. 20%氢氧化钠溶液：称取氢氧化钠20g，加水溶解后，定容于100mL。

e. 盐酸（6mol/L）：量取50mL盐酸，缓慢加入到50mL水中。

(2) 斐林溶液标定

① 预标定。在分析天平上精确称取经烘干冷却的分析纯葡萄糖0.4g，用蒸馏水溶解并转入250mL容量瓶中，加水至刻度，摇匀备用。

准确取斐林溶液甲、乙液各2.5mL，放入150mL锥形瓶中，加蒸馏水20mL，置电炉上加热至沸腾，用配好的葡萄糖溶液滴定至溶液变红色时，加入1滴亚甲蓝指示剂，继续滴定至蓝色消失显鲜红色为终点。

② 精确标定。准确取斐林溶液甲、乙液各2.5mL，放入150mL锥形瓶中，加蒸馏水20mL，先加入比预滴时少0.5～1mL的葡萄糖溶液，置电炉上煮沸2min，再加1滴亚甲蓝指示剂，继续用葡萄糖溶液滴定至终点。

③ 根据式(3-25)，计算斐林溶液浓度：

$$A = \frac{mV}{250} \tag{3-25}$$

式中　A——5mL斐林溶液甲、乙液相当于葡萄糖的质量，g；

　　　m——葡萄糖的质量，g；

　　　V——滴定时消耗葡萄糖溶液的体积，mL；

　　　250——葡萄糖溶液的体积，mL。

(3) 试样处理

① 样品分离。在天平上准确称取样品1.5～2.5g，放入100mL烧杯中，用50mL蒸馏水浸泡30min（浸泡时多次搅拌）。转入离心试管，用20mL蒸馏水冲洗烧杯，洗液一并转入离心试管中。将其置离心机上以3000r/min离心10min，上层清液经快速滤纸滤入250mL锥形瓶，用30mL蒸馏水冲洗原烧杯2～3次，再转入离心试管搅洗样渣。再以3000r/min离心10min，上清液经滤纸滤入250mL锥形瓶。浸泡后的试样溶液也可直接用快速滤纸过滤（必要时加沉淀剂）。

② 样品水解。在滤液中加盐酸10mL，置70℃水浴中水解10min。取出迅速冷却后加1滴酚酞指示剂，用20%氢氧化钠溶液中和至溶液呈微红色，转入250mL容量瓶，加水至刻度，摇匀备用。

(4) 试样测定

① 预滴定。准确取斐林溶液甲、乙液各2.5mL，放入150mL锥形瓶中，加蒸馏水20mL，置电炉上加热至沸，用水解好的试样溶液滴定至溶液变红色时，加入1滴亚甲蓝指示剂，继续滴定至蓝色消失显鲜红色为终点。

② 精确滴定。准确取斐林溶液甲、乙液各2.5mL，放入150mL锥形瓶中，加蒸馏水20mL，先加入比预滴时少0.5～1mL的试样溶液，置电炉上煮沸2min，再加1滴亚甲蓝指示剂，继续用试样溶液滴定至终点，记录V。

(5) 结果计算　根据式(3-26)，计算试样中总糖含量：

$$X = \frac{A}{mV/250} \times 100 \tag{3-26}$$

式中　X——样品中总糖含量，以转化糖计，%；

　　　A——5mL斐林溶液甲、乙液相当于葡萄糖的质量，g；

m——样品质量，g；

V——滴定时消耗样品溶液的量，mL；

250——样品稀释后体积，mL；

100——换算系数。

平行测定两个结果间的差数不得大于0.4%。

2. 食品中还原糖的测定——直接滴定法（参照 GB 5009.7—2016）

试样经除去蛋白质后，以亚甲蓝作指示剂，在加热条件下滴定标定过的碱性酒石酸铜溶液（已用还原糖标准溶液标定），根据样品液消耗体积计算还原糖含量。

(1) 仪器与试剂

① 仪器。酸式滴定管（25mL）、可调温电炉、水浴锅、天平（感量为0.1mg）。

② 试剂。盐酸、硫酸铜、亚甲蓝、酒石酸钾钠、氢氧化钠、亚铁氰化钾、乙酸锌、冰醋酸。

③ 标准品。葡萄糖（CAS 50-99-7，纯度≥99%）、果糖（CAS 57-48-7，纯度≥99%）、乳糖（CAS 5989-81-1，纯度≥99%）、蔗糖（CAS 57-50-1，纯度≥99%）

④ 试剂配制

a. 盐酸（1+1）：量取盐酸50mL，加水50mL，混匀。

b. 碱性酒石酸铜甲液：称取硫酸铜15g和亚甲蓝0.05g，溶于水中，并稀释至1000mL。

c. 碱性酒石酸铜乙液：称取酒石酸钾钠50g和氢氧化钠75g，溶于水中，再加亚铁氰化钾4g，完全溶解后，定容到1000mL，贮存于橡胶塞玻璃瓶中。

d. 乙酸锌溶液（219g/L）：称取乙酸锌21.9g，加冰醋酸3mL，加水溶解并定容至100mL。

e. 亚铁氰化钾溶液（106g/L）：称取亚铁氰化钾10.6g，加水溶解并定容到100mL。

f. 氢氧化钠溶液（40g/L）：称取氢氧化钠4g，加水溶解后，放冷，并定容至100mL。

g. 葡萄糖标准溶液（1.0mg/mL）：准确称取经过98~100℃烘箱中干燥2h后的葡萄糖1g，加水溶解后加入盐酸5mL，并用水定容至1000mL。此溶液每毫升相当于1.0mg葡萄糖。

h. 果糖标准溶液（1.0mg/mL）：准确称取经过98~100℃烘箱中干燥2h后的果糖1g，加水溶解后加入盐酸5mL，并用水定容至1000mL。此溶液每毫升相当于1.0mg果糖。

i. 乳糖标准溶液（1.0mg/mL）：准确称取经过94~98℃烘箱中干燥2h后的乳糖（含水）1g，加水溶解后加入盐酸5mL，并用水定容至1000mL。此溶液每毫升相当于1.0mg乳糖（含水）。

j. 转化糖标准溶液（1.0mg/mL）：准确称取1.0526g蔗糖，用100mL水溶解，置于具塞锥形瓶中，加盐酸溶液5mL，在68~70℃水浴中加热15min，放置至室温，转移至1000mL容量瓶中，并加水定容至1000mL。每毫升标准溶液相当于1.0mg转化糖。

(2) 试样处理

① 含淀粉的食品。称取粉碎或混匀后的试样10~20g（精确至0.001g），置250mL容量瓶中，加水200mL，在45℃水浴中加热1h，并时时振摇，冷却后加水至刻度，混匀，静置，沉淀。吸取200.0mL上清液置于另一250mL容量瓶中，缓缓加入5mL乙酸锌溶液和5mL亚铁氰化钾溶液，加水至刻度，混匀，静置30min，用干燥滤纸过滤，弃去初滤液，取后续滤液备用。

② 酒精性饮料。称取约100g试样（精确至0.01g）置于蒸发皿中，用氢氧化钠溶液中

和至中性，水浴上蒸发至原体积的1/4后，移入250mL容量瓶中，缓慢加入5mL乙酸锌溶液和5mL亚铁氰化钾溶液，加水至刻度，混匀，静置30min，用干燥滤纸过滤，弃去初滤液，取后续滤液备用。

③ 碳酸类饮料。称取约100g试样（精确至0.01g）于蒸发皿中，水浴上微热搅拌除去二氧化碳后，移入250mL容量瓶中，用水洗涤蒸发皿，洗液并入容量瓶，加水至刻度，混匀，备用。

④ 其他食品。称取粉碎后的固体试样2.5~5g（精确至0.001g）或混匀后的液体试样5~25g（精确至0.001g），置于250mL容量瓶中，加50mL水，缓慢加入乙酸锌溶液5mL和亚铁氰化钾溶液5mL，加水至刻度，混匀，静置30min，用干燥滤纸过滤，弃去初滤液，取后续滤液备用。

(3) 碱性酒石酸铜溶液的标定　吸取碱性酒石酸铜甲、乙液各5mL于150mL锥形瓶中，加入10mL蒸馏水，玻璃珠2~4粒，从滴定管中加入标准葡萄糖液（或其他糖标液）约9mL，用电炉控制2min内加热至沸，趁热以1滴/2s的速度继续滴加葡萄糖，滴定至蓝色刚好褪去为终点，记录消耗葡萄糖的总体积，同时平行操作三份，取其平均值，计算每10mL（碱性酒石酸甲、乙液各5mL）碱性酒石酸铜溶液相当于葡萄糖的质量。

(4) 测定

① 试样溶液预测。吸取碱性酒石酸铜甲、乙液各5mL于150mL锥形瓶中，加入10mL蒸馏水，玻璃珠2~4粒，放在电炉子上，控制2min加热至沸，保持沸腾，以先快后慢的速度从滴定管中滴加试样，并保持沸腾状态，待溶液颜色变浅时，以1滴/2s的速度滴定，至蓝色刚好褪去为终点，记录消耗样液的体积。

注：当样液中还原糖浓度过高时，应适当稀释后再进行正式测定，使每次滴定消耗样液的体积与标定碱性酒石酸铜溶液时所消耗还原糖标准溶液的体积相近，约10mL，结果按式(3-27)计算；当浓度过低时则直接加入10mL样品液，免去加水10mL，再用还原糖标准溶液滴定至终点，记录消耗的体积与标定时消耗的还原糖标准溶液体积之差相当于10mL样液中所含还原糖的量，结果按式(3-28)计算。

② 试样溶液测定。吸取碱性酒石酸铜甲、乙液各5mL于150mL锥形瓶中，加入10mL蒸馏水，玻璃珠2~4粒，放在电炉子上，从滴定管滴加比预测体积少1mL的试样溶液至锥形瓶中，控制2min内沸腾，保持沸腾以1滴/2s的速度滴定，至蓝色刚好褪去为终点，记录消耗样液的体积，同时平行操作三份，得出平均消耗体积。

(5) 结果计算

① 食品中还原糖的含量计算，见式(3-27)：

$$X = \frac{m_1}{mF \times V/250 \times 1000} \times 100 \tag{3-27}$$

式中　X——试样中还原糖的质量（以某种还原糖计），g/100g；

m_1——碱性酒石酸铜溶液相当于某种还原糖的质量，mg；

m——样品质量，g；

F——系数，含淀粉食品、碳酸饮料和其他食品，F为1；酒精类食品F为0.8；

V——测定时消耗样品溶液的平均体积，mL；

250——定容体积，mL；

1000——换算系数。

② 当浓度过低时，试样中还原糖的含量（以某种还原糖计）按式(3-28)计算：

$$X = \frac{m_2}{mF \times 10/250 \times 1000} \times 100 \tag{3-28}$$

式中　X——试样中还原糖的质量（以某种还原糖计），g/100g；

　　　m_2——标定时体积与加入样品后消耗的还原糖标准溶液体积之差相当于某种还原糖的质量，mg；

　　　m——样品质量，g；

　　　F——系数，含淀粉食品、碳酸饮料和其他食品，F 为 1；酒精类食品 F 为 0.8；

　　　10——样液体积，mL；

　　　250——定容体积，mL；

　　　1000——换算系数。

还原糖含量≥10g/100g 时，计算结果保留三位有效数字；还原糖含量＜10g/100g 时，计算结果保留两位有效数字。

(6) 精密度　在重复性条件下获得的两次独立测定结果的绝对差值不得超过算术平均值的 5%。当称样量为 5g 时，定量限为 0.25g/100g。

【学习活动三】 小组讨论制订计划并汇报任务

任务名称	糕点总糖的分析	日期	
小组序号			
一、确定方法			
二、制订工作计划			
1. 准备合适的仪器、设备			
2. 列出所需试剂			
3. 列出样品的制备方法			
4. 画出工作流程简图			

【学习活动四】 讨论工作过程中的注意事项

1. 总糖的测定

（1）斐林试液要分别配制、分别存放，甲液应避光储存于棕色瓶中，乙液应至少放置 2d 后使用。

（2）总糖测定过程中，还原糖与酒石酸钾钠铜作用较缓慢，须在加热条件下进行，并严格控制时间。

（3）滴定过程中，不可离开热源，要保持液面微沸，让蒸气上升，阻止空气进入。

（4）测定总糖用的指示剂亚甲蓝有氧化性，不能过早加入。

（5）待还原糖完全与酒石酸钾钠铜反应后，过量的一滴才会与指示剂反应，所以，当指示剂蓝色褪去时，表明全部的酒石酸钾钠铜已完全反应。在计算时，指示剂消耗的还原糖已被考虑在误差范围内。

2．食品中还原糖的测定

（1）直接滴定法是目前最常用的测定还原糖的方法，其特点是试剂用量少、操作简单、快速，滴定终点明显，适用于各类食品中还原糖的测定。但测定深色试样（如酱油、深色果汁等）时，因色素干扰，终点难以判断，影响准确性。另外因碱性酒石酸铜的氧化能力较强，可将醛糖和酮糖都氧化，所以本法测得的是总还原糖量，包括葡萄糖、果糖、乳糖、麦芽糖等，只是结果用葡萄糖或其他转化糖的方式表示。

（2）碱性酒石酸铜甲液和乙液应分别配制和贮存，临用时混合。否则酒石酸钾钠铜络合物长期在碱性条件下会慢慢分解析出氧化亚铜沉淀，使试剂有效浓度降低。在碱性酒石酸铜乙液中加入亚铁氰化钾，是为了与Cu_2O红色沉淀形成可溶性的无色络合物，使终点便于观察。

（3）滴定时需保持沸腾状态，一是可以加速还原糖与Cu^{2+}的反应速度；二是反应液沸腾使上升蒸气阻止空气侵入溶液，避免亚甲蓝和氧化亚铜被氧化而增加耗糖量。因为亚甲蓝变色反应是可逆的，无色的还原型亚甲蓝遇空气又会被氧化成蓝色的氧化型亚甲蓝。氧化亚铜也极不稳定，易被空气氧化。

（4）滴定至终点，亚甲蓝被还原糖所还原，蓝色消失，放置一段时间，接触空气中的氧，亚甲蓝被氧化，溶液的颜色又重新变成蓝色，此时不应再滴定。

【学习活动五】 完成分析任务，填写报告单

任务名称	糕点总糖的分析	日期	
小组序号		成员	

一、数据记录（根据分析内容，自行制订表格）

二、计算，并进行修约

三、给出结论

任务二　脂类的分析测定

任务准备

人体内的脂类分为脂肪与类脂两部分。脂肪又称为真脂、中性脂肪及甘油三酯，包括不饱和与饱和两种，动物脂肪以饱和脂肪酸为主，在室温中呈固态。相反，植物脂肪则含较多不饱和脂肪酸，在室温下呈液态。类脂曾作为脂肪以外的溶于脂溶剂的天然化合物的总称来使用，包括胆固醇、脑磷脂、卵磷脂等。脂肪是体内贮存能量的仓库，主要提供热能，保护内脏，维持体温，协助脂溶性维生素的吸收，参与机体各方面的代谢活动等。脂肪存在于人体和动物的皮下组织及植物体中，是生物体的组成部分和储能物质。脂肪是由甘油和脂肪酸组成的三酰甘油酯，其中甘油的分子比较简单，而脂肪酸的种类却不相同。因此脂肪的性质和特点主要取决于脂肪酸，不同食物中的脂肪所含有的脂肪酸种类和含量不一样。自然界有40多种脂肪酸，因此可形成多种脂肪酸甘油三酯。脂肪酸一般由4～24个碳原子组成。

食品中脂肪的存在形式有游离态的，如动物性脂肪及植物性油脂；也有结合态的，如天然存在的磷脂、糖脂、脂蛋白及某些加工食品（如焙烤食品及麦乳精等）中的脂肪，它们与蛋白质或碳水化合物等成分形成结合态。对大多数食品来说，游离态脂肪是主要的，结合态脂肪含量较少。脂类不溶于水，易溶于有机溶剂。测定脂类大多采用有机溶剂萃取法。

【学习活动一】　发布工作任务，明确完成目标

任务名称	方便面中脂肪的分析	日期	
小组序号		成员	
一、任务描述			
我市某农业公司在国家农村振兴等政策支持下,结合地区特色,大力开发农产品,该公司生产以莜麦为原料的方便食品极受消费者欢迎并远销南方各省市。受其公司委托对该系列方便产品进行抽检,本次任务为检验该方便产品油脂含量是否合格。方便面面饼脂肪含量指标见表3-4			

表3-4　方便面面饼脂肪含量

面饼类型	油炸方便面			非油炸方便面
	泡面	干吃面	煮面	
脂肪含量/%	≤24.0	—	≤24.0	—

二、任务目标	
1. 查找合适的国家标准	
2. 查找、讨论脂肪测定的意义	
3. 查找脂肪的概念、分类	

续表

三、完成目标	
能力目标	1. 培养对食品中脂肪的认知能力； 2. 培养正确查阅食品中脂类检测相关标准，并正确选用检测方法； 3. 能够正确和使用安装索氏提取器； 4. 能够正确检测样品中脂肪含量； 5. 能够对实验结果进行记录、分析和处理，并编制报告
知识目标	1. 了解食品中脂肪测定的意义； 2. 掌握食品脂肪测定的方法； 3. 掌握食品中脂肪测定的国标测定方法，检测方法的原理、检测仪器的使用及注意事项
素质目标	1. 培养综合分析和解决问题的能力； 2. 强调操作的规范性，养成严谨的科学态度； 3. 树立实验室安全意识，养成严格遵守实验室规程操作的良好习惯

【学习活动二】 寻找关键参数，确定分析方法

> 【方法解读】《食品安全国家标准 食品中脂肪的测定》（GB 5009.6—2016）中规定索氏抽提法适用于水果、蔬菜及其制品、粮食及粮食制品、肉及肉制品、蛋及蛋制品、水产及其制品、焙烤食品、糖果等食品中游离态脂肪含量的测定；酸水解法适用于水果、蔬菜及其制品、粮食及粮食制品、肉及肉制品、蛋及蛋制品、水产及其制品、焙烤食品、糖果等食品中游离态脂肪及结合态脂肪总量的测定；碱水解法适用于乳及乳制品、婴幼儿配方食品中脂肪的测定；盖勃法适用于乳及乳制品、婴幼儿配方食品中脂肪的测定。

1. 索氏抽提法

脂肪易溶于有机溶剂。试样直接用无水乙醚或石油醚等溶剂抽提后，蒸发除去溶剂，干燥，得到游离态脂肪的含量。

(1) 仪器与试剂

① 仪器及材料。索氏抽提器、恒温水浴锅、分析天平（感量0.001g和0.0001g）、电热鼓风干燥箱、干燥器（内装有效干燥剂，如硅胶）、滤纸筒、蒸发皿、石英砂、脱脂棉。

② 试剂。无水乙醚、石油醚（沸程30~60℃）。

(2) 试样处理

① 固体试样。称取充分混匀后的试样2~5g，准确至0.001g，全部移入滤纸筒内。

② 液体或半固体试样。称取混匀后的试样5~10g，准确至0.001g，置于蒸发皿中，加入约20g石英砂，于沸水浴上蒸干后，在电热鼓风干燥箱中于100℃±5℃干燥30min后，取出，研细，全部移入滤纸筒内。蒸发皿及粘有试样的玻璃棒，均用沾有乙醚的脱脂棉擦净，并将棉花放入滤纸筒内。

(3) 抽提 将滤纸筒放入索氏抽提器的抽提筒内，连接已干燥至恒重的接收瓶，由抽提器冷凝管上端加入无水乙醚或石油醚至瓶内容积的三分之二处，水浴加热，使无水乙醚或石油醚不断回流抽提（6~8次/h），一般抽提6~10h。提取结束时，用磨砂玻璃棒接取1滴提

取液，磨砂玻璃棒上无油斑表明提取完毕。

（4）称量 试样中脂肪的含量按式(3-29)计算：

$$X = \frac{m_1 - m_0}{m_2} \times 100 \tag{3-29}$$

式中　X——试样中脂肪的含量，g/100g；

m_1——恒重后接收瓶和脂肪的含量，g；

m_0——接收瓶的质量，g；

m_2——试样的质量，g；

100——换算系数。

计算结果表示到小数点后一位。

（5）精密度 在重复性条件下获得的两次独立测定结果的绝对差值不得超过算术平均值的10%。

2. 酸水解法

食品中的结合态脂肪必须用强酸使其游离出来，游离出的脂肪易溶于有机溶剂。试样经盐酸水解后用无水乙醚或石油醚提取，除去溶剂即得游离态和结合态脂肪的总含量。

（1）仪器与试剂

① 仪器及材料。恒温水浴锅、电热板（满足200℃高温）、锥形瓶、分析天平（感量为0.1g和0.001g）、电热鼓风干燥箱、蓝色石蕊试纸、脱脂棉、中速滤纸。

② 试剂。盐酸（2mol/L）、乙醇、无水乙醚、石油醚（沸程为30～60℃）、碘（0.05mol/L）、碘化钾。除非另有说明，本方法所用试剂均为分析纯，水为GB/T 6682规定的三级水。

（2）试样酸水解

① 肉制品。称取混匀后的试样3～5g，精确至0.001g，置于锥形瓶（250mL）中，加入50mL 2mol/L盐酸溶液和数粒玻璃细珠，盖上表面皿，于电热板上加热至微沸，保持1h，每10min旋转摇动1次。取下锥形瓶，加入150mL热水，混匀，过滤。锥形瓶和表面皿用热水洗净，热水一并过滤。沉淀用热水洗至中性（用蓝色石蕊试纸检验，中性时试纸不变色）。将沉淀和滤纸置于大表面皿上，于100℃±5℃干燥箱内干燥1h，冷却。

② 淀粉。根据总脂肪含量的估计值，称取混匀后的试样25～50g，精确至0.1g，倒入烧杯并加入100mL水。将100mL盐酸缓慢加到200mL水中，并将该溶液在电热板上煮沸后加入样品液中，加热此混合液至沸腾并维持5min，停止加热后，取几滴混合液于试管中，待冷却后加入1滴碘液，若无蓝色出现，可进行下一步操作。若出现蓝色，应继续煮沸混合液，并用上述方法不断地进行检查，直至确定混合液中不含淀粉为止，再进行下一步操作。将盛有混合液的烧杯置于水浴锅（70～80℃）中30min，不停地搅拌，以确保温度均匀，使脂肪析出。用滤纸过滤冷却后的混合液，并用干滤纸片取出黏附于烧杯内壁的脂肪。为确保定量的准确性，应将冲洗烧杯的水进行过滤。在室温下用水冲洗沉淀和干滤纸片，直至滤液用蓝色石蕊试纸检验不变色。将含有沉淀的滤纸和干滤纸片折叠后，放置于大表面皿上，在100℃±5℃的电热恒温干燥箱内干燥1h。

③ 其他食品。固体试样，称取约2g～5g，精确至0.001g，置于50mL试管内，加入8mL水，混匀后再加10mL盐酸。将试管放入70～80℃水浴中，每隔5min～10min以玻璃棒搅拌1次，至试样消化完全为止，约40～50min；液体试样，称取约10g，精确至

0.001g，置于50mL试管内，加10mL盐酸。其余操作同固体样品。

(3) 抽提

① 肉制品、淀粉。将干燥后的试样装入滤纸筒内，其余抽提步骤同索氏抽提法中抽提操作。

② 其他食品。取出试管，加入10mL乙醇，混合。冷却后将混合物移入100mL具塞量筒中，以25mL无水乙醚分数次洗试管，一并倒入量筒中。待无水乙醚全部倒入量筒后，加塞振摇1min，小心开塞，放出气体，再塞好，静置12min，小心开塞，并用乙醚冲洗塞及量筒口附着的脂肪。静置10～20min，待上部液体清晰，吸出上清液于已恒重的锥形瓶内，再加5mL无水乙醚于具塞量筒内，振摇，静置后，仍将上层乙醚吸出，放入原锥形瓶内。

(4) 称量 方法同索氏抽提法称量操作。

(5) 计算 方法同索氏抽提法计算。

3. 碱水解法

用无水乙醚和石油醚抽提样品的碱（氨水）水解液，通过蒸馏或蒸发去除溶剂，测定溶于溶剂中的抽提物的质量。

(1) 仪器与试剂

① 仪器。分析天平（感量为0.0001g）、离心机（可用于放置抽脂瓶或管，转速为500～600r/min）、电热鼓风干燥箱、恒温水浴锅、干燥器（内装有效干燥剂，如硅胶）、抽脂瓶（抽脂瓶应带有软木塞或其他不影响溶剂使用的瓶塞，如硅胶或聚四氟乙烯。软木塞应先浸泡于乙醚中，后放入60℃或以上的水中保持至少15min，冷却后使用。不用时需浸泡在水中，浸泡用水每天更换1次）。

注：也可使用带虹吸管或洗瓶的抽脂管（或烧瓶），但操作步骤有所不同。接头的内部长支管下端可成勺状。

② 试剂。淀粉酶（酶活力≥1.5U/mg）、氨水（质量分数约25%，可使用比此浓度更高的氨水）、乙醇（体积分数至少为95%）、无水乙醚、石油醚（沸程为30～60℃）、刚果红、盐酸（6mol/L）、碘溶液（0.1mol/L）。除非另有说明，本方法所用试剂均为分析纯，水为GB/T 6682规定的三级水。

(2) 试样碱水解

① 巴氏杀菌乳、灭菌乳、生乳、发酵乳、调制乳。称取充分混匀试样10g（精确至0.0001g）于抽脂瓶中。加入2.0mL氨水，充分混合后立即将抽脂瓶放入65℃±5℃的水浴中，加热15～20min，不时取出振荡。取出后，冷却至室温。静置30s。

② 乳粉和婴幼儿食品。称取混匀后的试样，高脂乳粉、全脂乳粉、全脂加糖乳粉和婴幼儿食品约1g（精确至0.0001g），脱脂乳粉、乳清粉、酪乳粉约1.5g（精确至0.0001g），其余操作同①。

③ 不含淀粉样品。加入10mL 65℃±5℃的水，将试样洗入抽脂瓶的小球，充分混合，直到试样完全分散，放入流动水中冷却。

④ 含淀粉样品。将试样放入抽脂瓶中，加入约0.1g的淀粉酶，混合均匀后，加入8～10mL 45℃的水，注意液面不要太高。盖上瓶塞于搅拌状态下，置65℃±5℃水浴中2h，每隔10min摇混1次。为检验淀粉是否水解完全可加入2滴约0.1mol/L的碘溶液，如无蓝色出现说明水解完全，否则将抽脂瓶重新置于水浴中，直至无蓝色产生。抽脂瓶冷却至室温。其余操作同①。

⑤ 炼乳。脱脂炼乳、全脂炼乳和部分脱脂炼乳称取约 3g～5g，高脂炼乳称取约 1.5g（精确至 0.0001g），用 10mL 水，分次洗入抽脂瓶小球中，充分混合均匀。其余操作同①。

（3）抽提

① 加入 10mL 乙醇，缓和但彻底地进行混合，避免液体太接近瓶颈。如果需要，可加入 2 滴刚果红溶液。

② 加入 25mL 乙醚，塞上瓶塞，将抽脂瓶保持在水平位置，小球的延伸部分朝上夹到摇混器上，按约 100 次/min 振荡 1min，也可采用手动振摇方式。但均应注意避免形成持久乳化液。抽脂瓶冷却后小心地打开塞子，用少量的混合溶剂冲洗塞子和瓶颈，使冲洗液流入抽脂瓶。

③ 加入 25mL 石油醚，塞上重新润湿的塞子，按②所述，轻轻振荡 30s。

④ 将加塞的抽脂瓶放入离心机中，在 500～600r/min 下离心 5min，否则将抽脂瓶静置至少 30min，直到上层液澄清，并明显与水相分离。

⑤ 小心地打开瓶塞，用少量的混合溶剂冲洗塞子和瓶颈内壁，使冲洗液流入抽脂瓶。如果两相界面低于小球与瓶身相接处，则沿瓶壁边缘慢慢地加入水，使液面高于小球和瓶身相接处［见图 3-13(a)］，以便于倾倒。

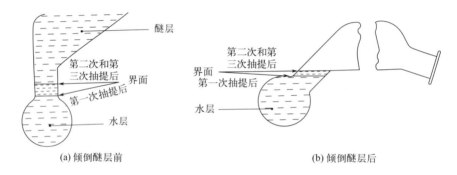

图 3-13 抽提操作

⑥ 将上层液尽可能地倒入已准备好的加入沸石的脂肪收集瓶中，避免倒出水层［图 3-13(b)］。

⑦ 用少量混合溶剂冲洗瓶颈外部，冲洗液收集在脂肪收集瓶中。应防止溶剂溅到抽脂瓶的外面。

⑧ 向抽脂瓶中加入 5mL 乙醇，用乙醇冲洗瓶颈内壁，按①所述进行混合。重复②～⑦操作，用 15mL 无水乙醚和 15mL 石油醚，进行第 2 次抽提。

⑨ 重复②～⑦操作，用 15mL 无水乙醚和 15mL 石油醚，进行第 3 次抽提。

⑩ 空白试验与样品检验同时进行，采用 10mL 水代替试样，使用相同步骤和相同试剂。

（4）称量 合并所有提取液，既可采用蒸馏的方法除去脂肪收集瓶中的溶剂，也可于沸水浴上蒸发至干来除掉溶剂。蒸馏前用少量混合溶剂冲洗瓶颈内部。将脂肪收集瓶放入 100℃±5℃ 的烘箱中干燥 1h，取出后置于干燥器内冷却 0.5h 后称量。重复以上操作直至恒重（直至两次称量的差不超 2mg）。

（5）结果计算 试样中脂肪的含量按式(3-30)计算：

$$X = \frac{(m_1 - m_2) - (m_3 - m_4)}{m} \times 100 \tag{3-30}$$

式中　X——试样中脂肪的含量，g/100g；

　　　m_1——恒重后脂肪收集瓶和脂肪的质量，g；

　　　m_2——脂肪收集瓶的质量，单位为克，g；

　　　m_3——空白试验中，恒重后脂肪收集瓶和抽提物的质量，g；

　　　m_4——空白试验中脂肪收集瓶的质量，g；

　　　m——样品的质量，g；

　　　100——换算系数。

结果保留三位有效数字。

(6) 精密度　在重复性条件下获得的两次独立测定结果的绝对差值不得超过算术平均值的5%。

【学习活动三】 小组讨论制订计划并汇报任务

任务名称	方便面中脂肪的分析	日期	
小组序号			
一、确定方法			
二、制订工作计划			
1. 准备合适的仪器、设备			
2. 列出所需试剂			
3. 列出样品的制备方法			
4. 画出工作流程简图			

【学习活动四】 讨论工作过程中的注意事项

1. 索氏抽提法测定

（1）在选择实验器皿时一定要试漏。

（2）称取样品时要注意不要粘到抽脂瓶瓶口。

（3）在挥发乙醚或石油醚时，切忌直接用火加热，应该用电热套或水浴锅等，烘前应去除全部残余的乙醚，因乙醚易燃，稍有残留，放入烘箱时，有发生爆炸的危险。

（4）反复加热会因脂类氧化而增重。质量增加时，以增重前的质量作为恒重结果。

（5）乙醚是麻醉剂，要注意室内通风。

2. 酸水解法测定

（1）肉可以按其他食品测定；

（2）具塞量筒一定要试漏；

（3）称取样品时要注意不要沾到锥形瓶口；

（4）在样品酸水解过程中一定要保证样品全部水解。

【学习活动五】 完成分析任务，填写报告单

任务名称	方便面中脂肪的分析	日期	
小组序号		成员	
一、数据记录（根据分析内容，自行制订表格）			
二、计算，并进行修约			
三、给出结论			

任务三　蛋白质及氨基酸的分析测定

子任务一　蛋白质的测定

任务准备

　　蛋白质是生命的物质基础，是构成生物体细胞组织的重要成分，是生物体发育及修补组织的原料。一切有生命的活体都含有不同类型的蛋白质。人体内的酸、碱及水分平衡，遗传信息的传递、物质代谢及转运都与蛋白质有关。人和动物只能从食物中得到蛋白质及其分解产物，来构成自身的蛋白质，故蛋白质是人体重要的营养物质，也是食品中重要的营养成分。蛋白质是复杂的含氮有机化合物，分子量大，大部分高达数万至数百万。蛋白质由20种氨基酸通过酰胺键以一定的方式结合起来，并具有一定的空间结构，所含的主要化学元素为C、H、O、N，在某些蛋白质中还含有微量的P、Cu、Fe、I等元素，含氮则是蛋白质区别于其他有机化合物的主要标志。不同蛋白质的氨基酸构成比例及方式不同，故不同蛋白质的含氮量也不同。一般蛋白质含氮量为16%，即1份氮相当于6.25份蛋白质，此数值（6.25）称为蛋白质换算系数。不同种类食品的蛋白质换算系数有所不同，如玉米、荞麦、青豆、鸡蛋等为6.25，花生为5.46，大米为5.95，大豆及其制品为5.71，小麦粉为5.70，牛乳及其制品为6.38。

测定蛋白质的方法可分为两大类：一类是利用蛋白质的共性，即含氮量、肽键和折射率等测定蛋白质含量；另一类是利用蛋白质中特定氨基酸残基、酸性和碱性基因以及芳香基团等测定蛋白质含量。但因食品种类繁多，食品中蛋白质含量各异，特别是其他成分，如碳水化合物、脂肪和维生素等干扰成分很多，因此蛋白质含量测定最常用的方法是凯氏定氮法，也是测定总有机氮最准确和操作较简便的方法之一，在国内外应用普遍。该法是通过测出样品中的总含氮量再乘以相应的蛋白质系数而求出蛋白质含量的，由于样品中常含有少量非蛋白质含氮化合物，故此法的结果称为粗蛋白质含量。此外，双缩脲法、染料结合法、酚试剂法等也常用于蛋白质含量测定，由于方法简便快速，故多用于生产单位质量控制分析。近年来，凯氏定氮法经不断的研究改进，在应用范围、分析结果的准确度、仪器装置及分析操作速度等方面均取得了新的进步。另外，国外采用红外分析仪，利用波长在 $0.75\sim3\mu m$ 范围内的近红外线具有被食品中蛋白质组分吸收及反射的特性，依据红外线的反射强度与食品中蛋白质含量之间存在的函数关系而建立了近红外光谱快速定量方法。

【学习活动一】 发布工作任务，明确完成目标

任务名称	乳粉中蛋白质含量的分析		日期	
小组序号			成员	
一、任务描述				
蛋白质含量是否达标关系到我国各类人群的健康，尤其婴幼儿的健康，同时也是质量强国的关键，为确保我区乳企各类乳及乳制品的质量，受委托检查某企业乳粉蛋白质含量是否达标				
二、任务目标				
1. 查找合适的国家标准				
2. 查找、讨论蛋白质测定的意义				
3. 查找蛋白质的概念、分类				
三、完成目标				
能力目标	1. 培养对蛋白质的认知能力； 2. 培养查看并使用国标的能力			
知识目标	1. 了解蛋白质的组成、种类、性质及对人体的作用； 2. 掌握食品中蛋白质的测定方法、检测方法的原理、检测仪器的使用及注意事项			
素质目标	1. 培养综合分析和解决问题的能力； 2. 培养安全使用凯氏定氮等仪器的能力，增强职业意识			

【学习活动二】 寻找关键参数，确定分析方法

> 【方法解读】《食品安全国家标准 食品中蛋白质的测定》（GB 5009.5—2016）中规定的第一法和第二法适用于各种食品中蛋白质的测定，第三法适用于蛋白质含量在 10g/100g 以上的粮食、豆类奶粉、米粉、蛋白质粉等固体试样的测定。本标准不适用于添加无机含氮物质、有机非蛋白质含氮物质的食品的测定。以下详细介绍凯氏定氮法。

食品中的蛋白质在催化加热条件下被分解，产生的氨与硫酸结合生成硫酸铵，碱化蒸馏使氨游离，用硼酸吸收后以硫酸或盐酸标准滴定溶液滴定，根据酸的消耗量计算氮含量，再乘以换算系数，即为蛋白质的含量。

1. 仪器与试剂

(1) 仪器 天平（感量为1mg）、定氮蒸馏装置、自动凯氏定氮仪。

(2) 试剂 硫酸铜、硫酸钾、硫酸、硼酸（20g/L）、硫酸标准滴定溶液（0.0500mol/L）、氢氧化钠溶液（400g/L）、硫酸标准滴定溶液（0.0500mol/L）或盐酸标准滴定溶液（0.0500mol/L）、甲基红乙醇溶液（1g/L）、亚甲蓝乙醇溶液（1g/L）、溴甲酚绿乙醇溶液（1g/L）、浓硫酸（密度为1.84g/L）、A混合指示液（2份甲基红乙醇溶液与1份亚甲蓝乙醇溶液临用时混合）、B混合指示液（1份甲基红乙醇溶液与5份溴甲酚绿乙醇溶液临用时混合）。

除非另有说明，本方法所用试剂均为分析纯，水为GB/T 6682规定的三级水。

2. 试样处理

称取充分混匀的固体试样0.2~2g、半固体试样2~5g或液体试样10~25g（约相当于30~40mg氮），精确至0.001g，移入干燥的100mL、250mL或500mL定氮瓶中，加入0.4g硫酸铜、6g硫酸钾及20mL硫酸，轻摇后于瓶口放一小漏斗，将瓶以45°角斜支于有小孔的石棉网上。小心加热，待内容物全部碳化，泡沫完全停止后，加强火力，并保持瓶内液体微沸，至液体呈蓝绿色并澄清透明后，继续加热0.5~1h。取下放冷，小心加入20mL水。放冷后移入100mL容量瓶中，并用少量水洗定氮瓶，洗液并入容量瓶中，再加水至刻度，混匀备用。同时做试剂空白试验。

3. 测定

(1) 安装好定氮蒸馏装置，向水蒸气发生器内装水至2/3处，加入数粒玻璃珠，加甲基红乙醇溶液数滴及数毫升硫酸，以保持水呈酸性，加热煮沸水蒸气发生器内的水并保持沸腾。

(2) 向接收瓶内加入10.0mL硼酸溶液及1~2滴A混合指示剂或B混合指示剂，并使冷凝管的下端插入液面下，根据试样中氮含量，准确吸取2.0~10.0mL试样处理液由小玻杯注入反应室，以10mL水洗涤小玻杯并使之流入反应室内，随后塞紧棒状玻塞。将10.0mL氢氧化钠溶液倒入小玻杯，提起玻塞使其缓缓流入反应室，立即将玻塞盖紧，并水封。夹紧螺旋夹，开始蒸馏。蒸馏10min后移动蒸馏液接收瓶，液面离开冷凝管下端，再蒸馏1min。然后用少量水冲洗冷凝管下端外部，取下蒸馏液接收瓶。

(3) 尽快以硫酸或盐酸标准滴定溶液滴定至终点，如用A混合指示剂，终点颜色为灰蓝色；如果用B混合指示剂，终点颜色为浅灰红色。同时做试剂空白。

4. 分析结果的表述

试样中蛋白质的含量按式(3-31)进行计算：

$$X = \frac{(V_1 - V_2)c \times 0.0140}{mV_3 \times 100} \times F \times 100 \tag{3-31}$$

式中 X——试样中蛋白质的含量，g/100g；

V_1——试液消耗硫酸或盐酸标准滴定液的体积，mL；

V_2——试剂空白消耗硫酸或盐酸标准滴定液的体积，mL；

V_3——吸取消化液的体积，mL；

c——硫酸或盐酸标准滴定溶液浓度，mol/L；

0.0140——1.0mL 硫酸 $[c(1/2H_2SO_4)=1.000mol/L]$ 或盐酸 $[c(HCl)=1.000mol/L]$ 标准滴定溶液相当的氮的质量，g；

m——试样的质量，g；

F——氮换算为蛋白质的系数，各种食品中氮转换系数见表3-5；

100——换算系数。

蛋白质含量≥1g/100g 时，结果保留三位有效数字；蛋白质含量<1g/100g 时，结果保留两位有效数字。

表 3-5 常见食物中的氮折算成蛋白质的折算系数

食品种类		折算系数	食品种类		折算系数
小麦	全小麦粉	5.83	大米及米粉		5.95
	麦糠麸皮	6.31	鸡蛋	鸡蛋（全）	6.25
	麦胚芽	5.80		蛋黄	6.12
	麦胚粉、黑麦、普通小麦、面粉	5.70		蛋白	6.32
			肉与肉制品		6.25
燕麦、大麦、黑麦粉		5.83	动物明胶		5.55
小米、裸麦		5.83	纯乳与纯乳制品		6.38
玉米、黑小麦、饲料小麦、高粱		6.25	复合配方食品		6.25
油料	芝麻、棉籽、葵花籽、蓖麻、红花籽	5.30	酪蛋白		6.40
			胶原蛋白		5.79
	其他油料	6.25	豆类	大豆及其粗加工制品	5.71
	菜籽	5.53		大豆蛋白制品	6.25
坚果、种子类	巴西果	5.46	其他食品		6.25
	花生	5.46			
	杏仁	5.18			
	核桃、榛子、椰果等	5.30			

【学习活动三】 小组讨论制订计划并汇报任务

任务名称	乳粉中蛋白质含量的分析	日期	
小组序号			
一、确定方法			
二、制订工作计划			
1. 准备合适的仪器、设备			
2. 列出所需试剂			
3. 列出样品的制备方法			
4. 画出工作流程简图			

【学习活动四】 讨论工作过程中的注意事项

（1）样品应是均匀的，固体样品应预先研细混匀，液体样品应振摇或搅拌均匀。

（2）样品放入定氮瓶内时，不要黏附颈上。如黏附可用少量水冲下，以免被检样消化不完全，结果偏低。

（3）消化时如不容易呈透明溶液，可将定氮瓶放冷后，慢慢加入30%过氧化氢2～3mL，促使氧化。

（4）在整个消化过程中，不要用强火。保持和缓的沸腾，使火力集中在定氮瓶底部，以免附在壁上的蛋白质在无硫酸存在的情况下，使氮有损失。

（5）如硫酸缺少，过多的硫酸钾会引起氨的损失，这样会形成硫酸氢钾，而不与氨作用，因此，当硫酸消耗过多或样品中脂肪含量过高时，要增加硫酸的量。

（6）加入硫酸钾的作用为增加溶液的沸点，硫酸铜为催化剂，硫酸铜在蒸馏时作碱性反应的指示剂。

（7）混合指示剂在碱性溶液中呈绿色，在中性溶液中呈灰色，在酸性溶液中呈红色。如果没有溴甲酚绿，可单独使用0.1%甲基红乙醇溶液。

（8）氨是否完全蒸馏出来，可用pH试纸检测馏出液是否为碱性。

（9）以硼酸为氨的吸收液，可省去标定碱液的操作，且硼酸的体积要求并不严格，亦可免去用移液管，操作比较简便。

（10）向蒸馏瓶中加入浓碱时，往往出现褐色沉淀物，这是由于分解促进碱与加入的硫酸铜反应，生成氢氧化铜，经加热后又分解生成氧化铜的沉淀。有时铜离子与氨作用，生成深蓝色的结合物。

（11）这种测算方法本质是测出氮的含量，再作蛋白质含量的估算。只有在被测物的组成是蛋白质时才能用此方法来估算蛋白质含量。

子任务二 食品中氨基酸态氮的测定

任务准备

鉴于食品中氨基酸成分的复杂性，在一般的常规检验中多测定样品中的氨基酸总量，通常采用酸碱滴定法来完成。色谱技术的发展为各种氨基酸的分离、鉴定及定量提供了有力的工具，近年来世界上已出现了多种氨基酸分析仪，这使得快速鉴定和定量氨基酸的理想成为现实。另外利用近红外反射分析仪，输入各类氨基酸的软件，通过电脑控制进行自动检测和计算，也可以快速、准确地测出各类氨基酸含量。

【学习活动一】 发布工作任务，明确完成目标

任务名称	酱油中氨基酸态氮含量的分析	日期	
小组序号		成员	
一、任务描述			
酱油是我国调料市场消费量较大的调味品之一，酱油中的氨基酸成分的含量决定了酱油的调味程度，因此为确保我区酱油的质量，受委托检查某企业酱油中氨基酸态氮含量是否达标			

续表

二、任务目标	
1. 查找合适的国家标准	
2. 查找、讨论氨基酸态氮测定的意义	
3. 确定氨基酸态氮的检测方法	
三、完成目标	
能力目标	1. 培养对氨基酸态氮的认知能力； 2. 培养查看并使用国标的能力
知识目标	1. 了解氨基酸态氮在食品中的作用； 2. 掌握食品中氨基酸态氮的测定方法，检测方法的原理、检测仪器的使用及注意事项； 3. 掌握食品中氨基酸态氮的国标测定方法，检测方法的原理、检测仪器的使用及注意事项
素质目标	1. 培养综合分析和解决问题的能力； 2. 培养安全使用酸度计的能力，增强职业意识

【学习活动二】 寻找关键参数，确定分析方法

> 【方法解读】《食品安全国家标准　食品中氨基酸态氮的测定》(GB 5009.235—2016) 规定了酱油、酱、黄豆酱中氨基酸态氮的测定方法。本标准第一法（酸度计法）适用于以粮食和其副产品豆饼、麸皮等为原料酿造或配制的酱油，以粮食为原料酿造的酱类，以黄豆、小麦粉为原料酿造的豆酱类食品中氨基酸态氮的测定；第二法（比色法）适用于以粮食和其副产品豆饼、麸皮等为原料酿造或配制的酱油中氨基酸态氮的测定。以下详细介绍酸度计法。

利用氨基酸的两性作用，加入甲醛以固定氨基的碱性，使羧基显示出酸性，用氢氧化钠标准溶液滴定后定量，以酸度计测定终点。

1. 仪器与试剂

(1) 仪器　酸度计（附磁力搅拌器）、10mL 微量碱式滴定管、分析天平（感量 0.1mg）。

(2) 试剂　氢氧化钠、酚酞、乙醇、邻苯二甲酸氢钾（基准物质）、甲醛（36%～38%）。除非另有说明，本方法所用试剂均为分析纯，水为 GB/T 6682 规定的三级水。

(3) 试剂配制

① 氢氧化钠标准滴定溶液 $[c(NaOH)=0.050mol/L]$。称取 110g 氢氧化钠于 250mL 的烧杯中，加 100mL 的水，振摇使之溶解成饱和溶液，冷却后置于聚乙烯的塑料瓶中，密塞，放置数日，澄清后备用。取上层清液 2.7mL，加适量新煮沸过的冷蒸馏水至 1000mL，摇匀。或购买经国家认证并授予标准物质证书的标准滴定溶液。

② 酚酞指示液。称取酚酞 1g，溶于 95% 的乙醇中，用 95% 乙醇稀释至 100mL。

2. 氢氧化钠标准滴定溶液的标定

准确称取约 0.36g 在 105～110℃ 干燥至恒重的基准邻苯二甲酸氢钾，加 80mL 新煮沸

过的水，使之尽量溶解，加 2 滴酚酞指示液（10g/L），用氢氧化钠溶液滴定至溶液呈微红色，30s 不褪色。记下耗用氢氧化钠溶液的体积。同时做空白试验。

氢氧化钠标准滴定溶液的浓度按式（3-32）计算。

$$c = \frac{m}{(V_1 - V_2) \times 0.2042} \tag{3-32}$$

式中　c——氢氧化钠标准滴定溶液的实际浓度，mol/L；

　　　m——基准邻苯二甲酸氢钾的质量，g；

　　　V_1——氢氧化钠标准溶液的用量体积，mL；

　　　V_2——空白实验中氢氧化钠标准溶液的用量体积，mL；

　　0.2042——与 1.00mL 氢氧化钠标准滴定溶液 [c(NaOH)=1.000mol/L] 相当的基准邻苯二甲酸氢钾的质量，g。

3. 样品测定

(1) 酱油试样　称量 5.0g（或吸取 5.0mL）试样于 50mL 的烧杯中，用水分数次洗入 100mL 容量瓶中，加水至刻度，混匀后吸取 20.0mL 置于 200mL 烧杯中，加 60mL 水，开动磁力搅拌器，用氢氧化钠标准溶液 [c(NaOH)=0.050mol/L] 滴定至酸度计指示 pH 为 8.2，记下消耗氢氧化钠标准滴定溶液的体积，可计算总酸含量。加入 10.0mL 甲醛溶液，混匀。再用氢氧化钠标准滴定溶液继续滴定至 pH 为 9.2，记下消耗氢氧化钠标准滴定溶液的体积。同时取 80mL 水，先用氢氧化钠标准溶液 [c(NaOH)=0.050mol/L] 调节至 pH 为 8.2，再加入 10.0mL 甲醛溶液，用氢氧化钠标准滴定溶液滴定至 pH 为 9.2，做试剂空白试验。

(2) 酱及黄豆酱样品　将酱或黄豆酱样品搅拌均匀后，放入研钵中，在 10min 内迅速研磨至无肉眼可见颗粒，装入磨口瓶中备用。用已知重量的称量瓶称取搅拌均匀的样品 5.0g，用 50mL 80℃左右的蒸馏水分数次洗入 100mL 烧杯中，冷却后，转入 100mL 容量瓶中，用少量水分次洗涤烧杯，洗液并入容量瓶中，并加水至刻度，混匀后过滤。吸取滤液 10.0mL，置于 200mL 烧杯中，加 60mL 水，开动磁力搅拌器，用氢氧化钠标准溶液 [c(NaOH)=0.050mol/L] 滴定至酸度计指示 pH 为 8.2，记下消耗氢氧化钠标准滴定溶液的体积，可计算总酸含量。加入 10.0mL 甲醛溶液，混匀。再用氢氧化钠标准滴定溶液继续滴定至 pH 为 9.2，记下消耗氢氧化钠标准滴定溶液的毫升数。同时取 80mL 水，先用氢氧化钠标准溶液 [c(NaOH)=0.050mol/L] 调节至 pH 为 8.2，再加入 10.0mL 甲醛溶液，用氢氧化钠标准滴定溶液滴定至 pH 为 9.2，做试剂空白试验。

4. 结果计算

试样中氨基酸态氮的含量按式（3-33）或式（3-34）进行计算：

$$X_1 = \frac{(V_1 - V_2)c \times 0.0140}{mV_3/V_4} \times 100 \tag{3-33}$$

$$X_2 = \frac{(V_1 - V_2)c \times 0.0140}{VV_3/V_4} \times 100 \tag{3-34}$$

式中　X_1——试样中氨基酸态氮的含量，g/100g；

　　　X_2——试样中氨基酸态氮的含量，g/100mL；

　　　V_1——测定用试样稀释液加入甲醛后消耗氢氧化钠标准滴定溶液的体积，mL；

　　　V_2——试剂空白实验加入甲醛后消耗氢氧化钠标准滴定溶液的体积，mL；

c——氢氧化钠标准滴定溶液的浓度，mol/L；

0.0140——与 1.00mL 氢氧化钠标准滴定溶液 $[c(NaOH)=1.000mol/L]$ 相当的氮的质量，g；

m——称取试样的质量，g；

V——吸取试样的体积，mL；

V_3——试样稀释液的取用量，mL；

V_4——试样稀释液的定容体积，mL；

100——单位换算系数。

计算结果保留两位有效数字。

【学习活动三】 小组讨论制订计划并汇报任务

任务名称	酱油中氨基酸态氮含量的分析	日期	
小组序号			
一、确定方法			
二、制订工作计划			
1. 准备合适的仪器、设备			
2. 列出所需试剂			
3. 列出样品的制备方法			
4. 画出工作流程简图			

【学习活动四】 讨论工作过程中的注意事项

（1）水解管在充氮气状态下封口或拧紧螺钉盖。

（2）参照检定规程《氨基酸分析仪》(JJG 1064—2011) 及仪器说明书，适当调整仪器操作程序及参数和洗脱用缓冲溶液试剂配比，确认仪器操作条件。

【学习活动五】 完成分析任务，填写报告单

任务名称	蛋白质及氨基酸含量的分析	日期	
小组序号		成员	
一、数据记录（根据分析内容，自行制订表格）			

续表

二、计算,并进行修约
三、给出结论

任务四　维生素的分析测定

子任务一　食品中水溶性维生素 B_1 的测定

任务准备

　　维生素又名维他命,即维持生命的物质,是保持人体健康的重要活性物质。维生素不是构成身体组织的原料,也不是能量的来源,而是一类调节物质,在物质代谢中起重要作用。维生素与碳水化合物、脂肪和蛋白质三大物质不同,在食物中含量较少,通常以维生素原的形式存在于食物中。植物和多数微生物都能够合成维生素。许多维生素是体内辅基或辅酶的组成部分,与酶的催化作用有密切关系。

　　维生素是人和动物维持正常的生理功能所必需的一类微量有机物质。维生素在体内的含量很少,但在人体生长、代谢、发育过程中发挥着重要的作用。当体内维生素长期缺乏时,即发生维生素缺乏症。维生素种类有很多,依据其溶解性分类可分为水溶性维生素和脂溶性维生素两类。

　　水溶性维生素是可溶于水而不溶于非极性有机溶剂的一类维生素,包括维生素 B 族和维生素 C。这类维生素除碳、氢氧元素外,有的还含有氮、硫等元素。水溶性维生素在人体内储存较少,依赖食物提供,从肠道吸收后进入人体,通过尿液排出。

　　维生素 B 族是一些维生素的总称,包括维生素 B_1、维生素 B_2、维生素 B_{12}、烟酸、叶酸等。维生素 B 族是推动体内代谢,把糖、脂肪、蛋白质等转化成热量不可缺少的物质。维生素 B 族一般又分为维生素 B_1 与维生素 B_2。

　　维生素 B_1 又称硫胺素,易溶于水,是维持人体生命活动和保持人体健康重要活性物质。维生素 B_1 在人体内不能合成,只能从食物中获取,广泛存在于酵母、谷物及肉类等食物中。维生素 B_1 能促进胃肠蠕动,帮助碳水化合物的消化,有助于缓解疲劳,改善精神状况,保护神经系统,对神经组织、精神状态及记忆力衰退有良好的调节作用。维生素 B_1 缺乏可表现为食欲衰退、乏力、头痛等症状,严重的出现心血管系统与神经系统症状。

维生素 B_2 又称核黄素,为体内黄酶类辅基的组成部分,微溶于水,可溶于氯化钠溶液,易溶于稀氢氧化钠溶液,在酸性溶液中稳定。维生素 B_2 在各类食品中广泛存在,但通常动物性食品的含量要高于植物性食品。维生素 B_2 能够促进发育和细胞的再生,促使皮肤、指甲和毛发的正常生长,影响生物氧化和能量代谢。轻微的缺乏维生素 B_2 通常不会出现明显症状,但严重缺乏维生素 B_2 会导致口腔、皮肤、生殖器的炎症和机能障碍。

【学习活动一】 发布工作任务,明确完成目标

任务名称	不同小麦麸皮中维生素 B_1 含量的分析测定	日期	
小组序号		成员	
一、任务描述			
我国作为粮食大国,粮食总量就养活了全世界约18%的人口。本次任务的被测物为不同产地、不同品种的小麦麦麸,检查其维生素 B_1 的含量是否达标进而评价小麦品质的优良程度,进而推动农产品高质量发展。一般小麦麦麸中维生素 B_1 含量为 0.3~1.5mg/100g			
二、任务目标			
1. 查找合适的国家标准			
2. 查找、讨论小麦麸皮中维生素 B_1 测定的意义			
3. 查找不同谷物的维生素 B_1 含量及其作用			
三、完成目标			
能力目标	1. 培养对B族维生素的认知能力; 2. 培养查看并使用国标的能力		
知识目标	1. 掌握食品中维生素的国标测定方法,检测方法的原理、检测仪器的使用及注意事项; 2. 了解维生素的性质、种类、性质及对人体的作用		
素质目标	1. 培养综合分析和解决问题的能力; 2. 培养安全使用液相色谱等仪器的能力,培养动手能力,培养工匠精神,增强职业意识		

【学习活动二】 寻找关键参数,确定分析方法

> 【方法解读】 食品中维生素 B_1 的含量根据《食品安全国家标准 食品中维生素 B_1 的测定》(GB 5009.84—2016)测定,本标准规定了高效液相色谱法、荧光光度法测定食品中维生素 B_1 的方法,适用于食品中维生素 B_1 含量的测定。以下详细介绍高效液相色谱法。

样品在稀盐酸介质中恒温水解、中和,再酶解,水解液用碱性铁氰化钾溶液衍生,正丁醇萃取后,经 C_{18} 反相色谱柱分离,用高效液相色谱-荧光检测器检测,外标法定量。

1. 仪器与试剂

(1) 仪器 高效液相色谱仪、配置荧光检测器、分析天平（感量为 0.01g 和 0.1mg）、离心机（转速≥4000r/min）、pH 计（精度 0.01）、织捣碎机（最大转速不低于 10000r/min）、电热恒温干燥箱或高压灭菌锅。

(2) 试剂 正丁醇、铁氰化钾（20g/L）、氢氧化钠（100g/L）、盐酸、乙酸钠、冰醋酸、甲醇（色谱纯）、五氧化二磷或者氯化钙、木瓜蛋白酶（应不含维生素 B_1，酶活力≥800U/mg）、淀粉酶（应不含维生素 B_1，酶活力≥3700U/g）。

(3) 试剂配制

① 铁氰化钾溶液（20g/L）。称取 2g 铁氰化钾，用水溶解并定容至 100mL，摇匀。临用前配制。

② 氢氧化钠溶液（100g/L）。称取 25g 氢氧化钠，用水溶解并定容至 250mL，摇匀。

③ 碱性铁氰化钾溶液。将 5mL 铁氰化钾溶液与 200mL 氢氧化钠溶液混合，摇匀。临用前配制。

④ 盐酸溶液（0.1mol/L）。移取 8.5mL 盐酸，加水稀释至 1000mL，摇匀。

⑤ 盐酸溶液（0.01mol/L）。量取 0.1mol/L 盐酸溶液 50mL，用水稀释并定容至 500mL，摇匀。

⑥ 乙酸钠溶液（0.05mol/L）。称取 6.80g 乙酸钠，加 900mL 水溶解，用冰醋酸调 pH 至 4.0~5.0 之间，加水定容至 1000mL。经 0.45μm 微孔滤膜过滤后使用。

⑦ 乙酸钠溶液（2.0mol/L）。称取 27.2g 乙酸钠，用水溶解并定容至 100mL，摇匀。

⑧ 混合酶溶液。称取 1.76g 木瓜蛋白酶、1.27g 淀粉酶，加水定容至 50mL，涡旋，使呈混悬状液体，冷藏保存。临用前再次摇匀后使用。

(4) 标准品

① 维生素 B_1 标准品。盐酸硫胺素（$C_{12}H_{17}ClN_4OS \cdot HCl$），CAS：67038，纯度≥99.0%。

② 维生素 B_1 标准储备液（500μg/mL）。准确称取经五氧化二磷或者氯化钙干燥 24h 的盐酸硫胺素标准品 63.5mg（精确至 0.1mg），相当于 50mg 硫胺素，用 0.01mol/L 盐酸溶液溶解并定容至 100mL，摇匀。置于 0~4℃ 冰箱中，保存期为 3 个月。

③ 维生素 B_1 标准中间液（10.0μg/mL）。准确移取 2.00mL 标准储备液，用水稀释并定容至 100mL，摇匀。临用前配制。

④ 维生素 B_1 标准系列工作液。吸取维生素 B_1 标准中间液 0μL、50.0μL、100μL、200μL、400μL、800μL、1000μL、用水定容 10mL，标准系列工作液中维生素 B_1 的浓度分别为 0μg/mL、0.0500μg/mL、0.100μg/mL、0.200μg/mL、0.400μg/mL、0.800μg/mL、1.00μg/mL。临用时配制。

2. 分析步骤

(1) 试样的制备

① 液体或固体粉末样品。将样品混合均匀后，立即测定或于冰箱中冷藏。

② 新鲜水果、蔬菜和肉类。取 500g 左右样品（肉类取 250g），用匀浆机或者粉碎机将样品均质后，制得均匀性一致的匀浆，立即测定或者冰箱中冷冻保存。

③ 其他含水量较低的固体样品。如含水量在 15% 左右的谷物，取 100g 左右样品，用粉碎机将样品粉碎后，制得均匀性一致的粉末，立即测定或者于冰箱中冷藏保存。

(2) 试样溶液的制备

① 试液提取。称取 3~5g（精确至 0.01g）固体试样或者 10~20g 液体试样于 100mL 锥形瓶中（带有软质塞子），加 60mL 0.1mol/L 盐酸溶液，充分摇匀，塞上软质塞子，高压灭菌锅中 121℃ 保持 30min。水解结束待冷却至 40℃ 以下取出，轻摇数次；用 pH 计指示，用 2.0mol/L 乙酸钠溶液调节 pH 至 4.0 左右，加入 2.0mL（可根据酶活力不同适当调整用量）混合酶溶液，摇匀后，置于培养箱中 37℃ 过夜（约 16h）；将酶解液全部转移至 100mL 容量瓶中，用水定容至刻度，摇匀，离心或者过滤，取上清液备用。

② 试液衍生化。准确移取上述上清液或者滤液 2.0mL 于 10mL 试管中，加入 1.0mL 碱性铁氰化钾溶液，涡旋混匀后，准确加入 2.0mL 正丁醇，再次涡旋混匀 1.5min 后静置约 10min 或者离心，待充分分层后，吸取正丁醇相（上层）经 0.45μm 有机微孔滤膜过滤，取滤液于 2mL 棕色进样瓶中，供分析用。若试液中维生素 B_1 浓度超出线性范围的最高浓度值，应取上清液稀释适宜倍数后，重新衍生后进样。

另取 2.0mL 标准系列工作液，与试液同步进行衍生化。

3. 仪器参考条件

(1) 色谱柱 C_{18} 反相色谱柱（粒径 5μm，250mm×4.6mm）或相当者。

(2) 流动相 0.05mol/L 乙酸钠溶液-甲醇（65+35）。

(3) 流速 0.8mL/min。

(4) 检测波长 激发波长 375nm，发射波长 435nm。

(5) 进样量 20μL。

4. 标准曲线的制作

将标准系列工作液衍生物注入高效液相色谱仪中，测定相应的维生素 B_1 峰面积，以标准工作液的浓度（μg/mL）为横坐标，以峰面积为纵坐标，绘制标准曲线。

5. 试样溶液的测定

将试样衍生物溶液注入高效液相色谱仪中，得到维生素 B_1 的峰面积，根据标准曲线计算得到待测液中维生素 B_1 的浓度。

6. 结果计算

试样中维生素 B_1（以硫胺素计）含量按式(3-35)计算：

$$X = \frac{cVf}{1000m} \times 100 \tag{3-35}$$

式中 X——试样中维生素 B_1（以硫胺素计）的含量，mg/100g；

c——由标准曲线计算得到的试液（提取液）中维生素 B_1 的浓度，μg/mL；

V——试液（提取液）的定容体积，单位为毫升，mL；

f——试液（上清液）衍生前的稀释倍数；

m——试样的质量，单位为克，g。

计算结果以重复性条件下获得的两次独立测定结果的算术平均值表示，结果保留三位有效数字。注：试样中测定的硫胺素含量乘以换算系数 1.121，即得盐酸硫胺素的含量。

7. 精密度

在重复性条件下获得的两次独立测定结果的绝对差值不得超过算术平均值的 10%。

注：当称样量为 10.0g 时，按照本标准方法的定容体积，食品中维生素 B_1 的检出限为 0.03mg/100g，定量限为 0.10mg/100g。

子任务二　食品中维生素 C 的测定

任务准备

水溶性维生素是可溶于水而不溶于非极性有机溶剂的一类维生素，包括维生素 B 族和维生素 C。这类维生素除碳、氢、氧元素外，有的还含有氮、硫等元素。水溶性维生素在人体内储存较少，依赖食物提供，从肠道吸收后进入人体，通过尿液排出。

维生素 C 又称抗坏血酸，因具有防止坏血病的作用而得名，易溶于水，其水溶液具有酸性和较强的还原性。维生素 C 广泛存在于植物组织中，新鲜水果和蔬菜含量较为丰富。大多数哺乳动物能够通过肝脏合成，但人体不能合成，必须通过食物摄取。维生素 C 能促进结缔组织成熟，对维持牙齿、骨骼、肌肉的正常功能起重要作用；能够促进伤口愈合，增强抵抗力；能够加强铁的吸收，预防缺铁性贫血。维生素 C 缺乏初期表现为面色苍白、食欲不振、抑郁等症状，严重后可导致缺铁性贫血、免疫力减退。维生素 C 摄入过量会导致腹泻、皮疹和血管内溶血等症状。

【学习活动一】　发布工作任务，明确完成目标

任务名称	婴幼儿食品中维生素 C 的分析测定		日期	
小组序号			成员	
一、任务描述　在加快建设质量强国的过程中,人民群众舌尖上的安全备受关注,尤其是婴幼儿食品的安全性。维生素 C 的含量是否达标成为了婴幼儿食品竞争力的主要指标。本次送检、抽样的样品为几种婴幼儿食品,检查其维生素 C 含量是否达标				
二、任务目标				
1. 查找合适的国家标准				
2. 查找、讨论维生素 C 测定的意义				
3. 查找维生素 C 对于人生理功能的影响				
三、完成目标				
能力目标	1. 培养对维生素 C 的认知能力； 2. 培养查看并使用国标的能力； 3. 培养了解维生素 C 与抗氧化作用之间的关系			
知识目标	1. 掌握食品中维生素 C 的国标测定方法,检测方法的原理、检测仪器的使用及注意事项； 2. 了解维生素 C 性质及对人体免疫力提高等方面的作用机理			
素质目标	1. 培养综合分析和解决问题的能力； 2. 培养崇尚食品安全的职业精神与职业道德			

【学习活动二】 寻找关键参数，确定分析方法

> 【方法解读】《食品安全国家标准 婴幼儿食品和乳品中维生素C的测定》（GB 5413.18—2010）规定了婴幼儿食品和乳品中维生素C的测定方法。本标准测定的是还原型维生素C和氧化型维生素C的总量。

试样中的抗坏血酸用偏磷酸溶解超声提取后，以离子对试剂为流动相，经反相色谱柱分离，用配有紫外检测器的液相色谱仪（波长245nm）测定。以色谱峰的保留时间定性，外标法定量。

1. 试剂和材料

除非另有规定，本方法所用试剂均为分析纯，水为GB/T 6682规定的三级水。

① 淀粉酶。酶活力1.5U/mg，根据活力单位大小调整用量。

② 偏磷酸-乙酸溶液A。称取15g偏磷酸及40mL乙酸（36%）于200mL水中，溶解后稀释至500mL备用。

③ 偏磷酸-乙酸溶液B。称取15g偏磷酸及40mL乙酸（36%）于100mL水中，溶解后稀释至250mL备用。

④ 酸性活性炭。称取粉状活性炭（化学纯，80～200目）约200g，加入1L体积分数为10%的盐酸，加热至沸腾，真空过滤，取下结块于一个大烧杯中，用水清洗至滤液中无铁离子为止，在110～200℃烘箱中干燥约10h后使用。

检验铁离子的方法：普鲁士蓝反应。将20g/L亚铁氰化钾与体积分数为1%的盐酸等量混合，将上述洗出滤液滴入，如有铁离子则产生蓝色沉淀。

⑤ 乙酸钠溶液。用水溶解500g三水乙酸钠，并稀释至1L。

⑥ 硼酸-乙酸钠溶液。称取3.0g硼酸，用乙酸钠溶液溶解并稀释至100mL，临用前配制。

⑦ 邻苯二胺溶液（400mg/L）。称取40mg邻苯二胺，用水溶解并稀释至100mL，临用前配制。

⑧ 维生素C标准溶液（100μg/mL）。称取0.050g维生素C标准品，用偏磷酸-乙酸溶液A溶解并定容至50mL，再准确吸取10.0mL该溶液用偏磷酸-乙酸溶液A稀释并定容至100mL，临用前配制。

2. 仪器和设备

荧光分光光度计、烘箱（温度可调）、天平（量感0.01mg）、培养箱45℃±1℃。

3. 分析步骤

(1) 试样处理

① 含淀粉的试样。称取约5g（精确至0.0001g）混合均匀的固体试样或约20g（精确至0.0001g）液体试样（含维生素C约2mg）于150mL锥形瓶中，加入0.1g淀粉酶，固体试样加入50mL 45～50℃的蒸馏水，液体试样加入30mL 45～50℃的蒸馏水，混合均匀后，用氮气排出瓶中空气，盖上瓶塞，置于45℃±1℃培养箱内30min，取出冷却至室温，用偏磷

酸-乙酸溶液B转至100mL容量瓶中定容。

② 不含淀粉的试样。称取混合均匀的固体试样约5g（精确至0.0001g），用偏磷酸-乙酸溶液A溶解，定容至100mL。或称取混合均匀的液体试样约50g（精确至0.0001g），用偏磷酸-乙酸溶液B溶解，定容至100mL。

（2）待测液的制备

① 将上述试样及维生素C标准溶液转至放有约2g酸性活性炭的250mL锥形瓶中，剧烈振动，过滤（弃去约5mL最初滤液），即为试样及标准溶液的滤液。然后准确吸取5.0mL试样及标准溶液的滤液分别置于25mL及50mL放有5.0mL硼酸—乙酸钠溶液的容量瓶中，静置30min后，用蒸馏水定容，以此作为试样及标准溶液的空白溶液。

② 在此30min内，再准确吸取5.0mL试样及标准溶液的滤液于另外的25mL及50mL放有5.0mL乙酸钠溶液和约15mL水的容量瓶中，用水稀释至刻度。以此作为试样溶液及标准溶液。

③ 试样待测液。分别准确吸取2.0mL试样溶液及试样的空白溶液于10.0mL试管中，向每支试管中准确加入5.0mL邻苯二胺溶液，摇匀，在避光条件下放置60min后待测。

④ 标准系列待测液。准确吸取上述标准溶0.5mL、1.0mL、1.5mL和2.0mL，分别置于10mL试管中，再用水补充至2.0mL。同时准确吸取标准溶液的空白溶液2.0mL于10mL试管中。向每支试管中准确加入5.0mL邻苯二胺溶液，摇匀，在避光条件下放置60min后待测。

4. 测定

（1）标准曲线的绘制 将标准系列待测液立刻移入荧光分光光度计的石英杯中，于激发波长350nm，发射波长430nm条件下测定其荧光值。以标准系列荧光值分别减去标准空白荧光值为纵坐标，对应的维生素C质量浓度为横坐标，绘制标准曲线。

（2）试样待测液的测定 将试样待测液按标准曲线的方法分别测其荧光值，试样溶液荧光值减去试样空白溶液荧光值后在标准曲线上查得对应的维生素C质量浓度。

5. 结果计算

计算公式与维生素B_1一致，参照式(3-35)。

子任务三 食品中维生素A和维生素E的测定

任务准备

脂溶性维生素不溶于水，易溶于脂肪、丙酮等有机溶剂。维生素A和维生素D在酸性条件下不稳定，但在碱性条件下稳定；维生素E在抗氧化剂或惰性气体保护下能在碱性介质中稳定存在。因此测定脂溶性维生素通常先将样品皂化，用水洗去除类脂物，然后加入有机溶剂提取样品中的脂溶性维生素，经浓缩提纯后用高效液相色谱法或分光光度计法进行测定。

【学习活动一】 发布工作任务，明确完成目标

任务名称	婴儿食品中维生素 A 和维生素 E 含量的测定		日期	
小组序号			成员	
一、任务描述 今收到市面上知名乳品企业所售不同段数的乳粉，送检、抽样各大婴儿超市的乳粉样品共计 50 份。为确保我市乳粉供应链的安全，同时服务小微企业，制订合理检测计划，检查其乳粉中维生素 A 与维生素 E 含量是否与其标签标注一致				
二、任务目标				
1. 查找合适的国家标准				
2. 查找、讨论维生素 A 和维生素 E 测定的意义				
3. 查找维生素 A 和维生素 E 的概念、分类				
三、完成目标				
能力目标	1. 培养对维生素 A 和维生素 E 的认知能力； 2. 培养查看并使用国标的能力			
知识目标	1. 掌握食品中维生素 A 和维生素 D 的国标测定方法，检测方法的原理、检测仪器的使用及注意事项； 2. 了解维生素 A 和维生素 E 的组成、种类、性质及对人体的作用			
素质目标	1. 培养综合分析和解决问题的能力； 2. 培养安全使用反向高效液相色谱的使用； 3. 培养运用皂化、萃取、浓缩等样液制备技术； 4. 培养开拓思维，不断尝试新的方法的能力			

【学习活动二】 寻找关键参数，确定分析方法

> 【方法解读】《食品安全国家标准 食品中维生素 A、D、E 的测定》（GB 5009.82—2016）规定了食品中维生素 A、维生素 E 和维生素 D 的测定方法。本标准第一法（反相高效液相色谱法）适用于食品中维生素 A 和维生素 E 的测定。

试样中的维生素 A 及维生素 E 经皂化（含淀粉先用淀粉酶酶解）、提取、净化、浓缩后，C_{30} 或 PFP 反相液相色谱柱分离，紫外检测器或荧光检测器检测，外标法定量。

1. 试剂及配制

(1) 试剂

① 无水乙醇（C_2H_5OH）。不含醛类物质。

② 抗坏血酸（$C_6H_8O_6$）。

③ 氢氧化钾（KOH）。

④ 乙醚[$(CH_3CH_2)_2O$]：不含过氧化物。

⑤ 石油醚（$C_5H_{12}O_2$）：沸程为 30～60℃。

项目三 食品中营养成分的分析

⑥ 无水硫酸钠（Na_2SO_4）。

⑦ pH试纸：pH范围1～14。

⑧ 甲醇（CH_3OH）：色谱纯。

⑨ 淀粉酶：活力单位≥100U/mg。

⑩ 2,6-二叔丁基对甲酚（$C_{15}H_{24}O$）：简称BHT。

(2) 试剂配制

① 氢氧化钾溶液（50g/100g）。称取50g氢氧化钾，加入50mL水溶解，冷却后，储存于聚乙烯瓶中。

② 石油醚-乙醚溶液（1+1）。量取200mL石油醚，加入200mL乙醚，混匀。

③ 有机系过滤头（孔径为0.22μm）。

2. 标准品

(1) 维生素A标准品 视黄醇（$C_{20}H_{30}O$，CAS号：68-26-8）：纯度≥95%，或经国家认证并授予标准物质证书的标准物质。

(2) 维生素E标准品

① α-生育酚（$C_{29}H_{50}O_2$，CAS号：10191-41-0）。纯度≥95%，或经国家认证并授予标准物质证书的标准物质。

② β-生育酚（$C_{28}H_{48}O_2$，CAS号：148-03-8）。纯度≥95%，或经国家认证并授予标准物质证书的标准物质。

③ γ-生育酚（$C_{28}H_{48}O_2$，CAS号：54-28-4）。纯度≥95%，或经国家认证并授予标准物质证书的标准物质。

④ δ-生育酚（$C_{27}H_{46}O_2$，CAS号：119-13-1）。纯度≥95%，或经国家认证并授予标准物质证书的标准物质。

3. 标准溶液配制

(1) 维生素A标准储备溶液（0.500mg/mL） 准确称取25.0mg维生素A标准品，用无水乙醇溶解后，转移入50mL容量瓶中，定容至刻度，此溶液浓度约为0.500mg/mL。将溶液转移至棕色试剂瓶中，密封后，在-20℃下避光保存，有效期1个月。临用前将溶液回温至20℃，并进行浓度校正。

(2) 维生素E标准储备溶液（1.00mg/mL） 分别准确称取α-生育酚、β-生育酚、γ-生育酚和δ-生育酚各50.0mg，用无水乙醇溶解后，转移入50mL容量瓶中，定容至刻度，此溶液浓度约为1.00mg/mL。将溶液转移至棕色试剂瓶中，密封后，在-20℃下避光保存，有效期6个月。临用前将溶液回温至20℃，并进行浓度校正。

(3) 维生素A和维生素E混合标准溶液中间液 准确吸取维生素A标准储备溶液1.00mL和维生素E标准储备溶液各5.00mL于同一50mL容量瓶中，用甲醇定容至刻度，此溶液中维生素A浓度为10.0μg/mL，维生素E各生育酚浓度为100μg/mL。在-20℃下避光保存，有效期半个月。

(4) 维生素A和维生素E标准系列工作溶液 分别准确吸取维生素A和维生素E混合标准溶液中间液0.20mL、0.50mL、1.00mL、2.00mL、4.00mL、6.00mL于10mL棕色容量瓶中，用甲醇定容至刻度，该标准系列中维生素A浓度为0.20μg/mL、0.50μg/mL、1.00μg/mL、2.00μg/mL、4.00μg/mL、6.00μg/mL，维生素E浓度为2.00μg/mL、

5.00μg/mL、10.0μg/mL、20.0μg/mL、40.0μg/mL、60.0μg/mL。临用前配制。

4. 仪器和设备

分析天平（感量为0.01mg）、恒温水浴振荡器、旋转蒸发仪、氮吹仪、紫外分光光度计、分液漏斗萃取净化振荡器、高效液相色谱仪（带紫外检测器或二极管阵列检测器或荧光检测器）。

5. 分析步骤

(1) 试样制备 将一定数量的样品按要求经过缩分、粉碎均质后，储存于样品瓶中，避光冷藏，尽快测定。

(2) 试样处理

① 皂化

a. 不含淀粉样品：称取2～5g（精确至0.01g）经均质处理的固体试样或50g（精确至0.01g）液体试样于150mL平底烧瓶中，固体试样需加入约20mL温水，混匀，再加入1.0g抗坏血酸和0.1g BHT，混匀，加入30mL无水乙醇，加入10～20mL氢氧化钾溶液，边加边振摇，混匀后于80℃恒温水浴震荡皂化30min，皂化后立即用冷水冷却至室温。

b. 含淀粉样品：称取2～5g（精确至0.01g）经均质处理的固体试样或50g（精确至0.01g）液体样品于150mL平底烧瓶中，固体试样需用约20mL温水混匀，加入0.5～1g淀粉酶，放入60℃水浴避光恒温振荡30min后，取出，向酶解液中加入1.0g抗坏血酸和0.1g BHT，混匀，加入30mL无水乙醇，10～20mL氢氧化钾溶液，边加边振摇，混匀后于80℃恒温水浴振荡皂化30min，皂化后立即用冷水冷却至室温。

② 提取。将皂化液用30mL水转入250mL的分液漏斗中，加入50mL石油醚-乙醚混合液，振荡萃取5min，将下层溶液转移至另一250mL的分液漏斗中，加入50mL的混合醚液再次萃取，合并醚层。

方法中，如只测维生素A与α-生育酚，可用石油醚作提取剂。

③ 洗涤。用约100mL水洗涤醚层，约需重复3次，直至将醚层洗至中性（可用pH试纸检测下层溶液pH值），去除下层水相。

④ 浓缩。将洗涤后的醚层经无水硫酸钠（约3g）滤入250mL旋转蒸发瓶或氮气浓缩管中，用约15mL石油醚冲洗分液漏斗及无水硫酸钠2次，并入蒸发瓶内，并将其接在旋转蒸发仪或气体浓缩仪上，于40℃水浴中减压蒸馏或气流浓缩，待瓶中醚液剩下约2mL时，取下蒸发瓶，立即用氮气吹至近干。用甲醇分次将蒸发瓶中残留物溶解并转移至10mL容量瓶中，定容至刻度。溶液过0.22μm有机系滤膜后供高效液相色谱测定。

6. 色谱参考条件

(1) 色谱柱 C_{30}柱（柱长250mm，内径4.6mm，粒径3μm），或相当者。

(2) 柱温 20℃。

(3) 流动相 A：水；B：甲醇，洗脱梯度见表3-6。

(4) 流速 0.8mL/min。

(5) 紫外检测波长 维生素A为325nm；维生素E为294nm。

(6) 进样量 10μL。

(7) 维生素E标准溶液 色谱图见图3-14。

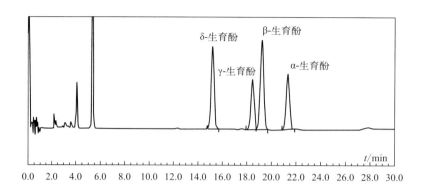

图 3-14 维生素 E 标准溶液 C_{30} 柱反相色谱图

表 3-6 C_{30} 色谱柱-反相高效液相色谱法洗脱梯度参考条件

时间/min	流动相 A/%	流动相 B/%	流速/(mL/min)
0.0	4	96	0.8
13.0	4	96	0.8
20.0	0	100	0.8
24.0	0	100	0.8
24.5	4	96	0.8
30.0	4	96	0.8

7. 标准曲线的制作

本法采用外标法定量。将维生素 A 和维生素 E 标准系列工作溶液分别注入高效液相色谱仪中，测定相应的峰面积，以峰面积为纵坐标，以标准测定液浓度为横坐标绘制标准曲线，计算直线回归方程。

8. 样品测定

试样液经高效液相色谱仪分析，测得峰面积，采用外标法通过上述标准曲线计算其浓度。在测定过程中，建议每测定 10 个样品用同一份标准溶液或标准物质检查仪器的稳定性。

9. 结果计算

试样中维生素 A 或维生素 E 的含量按式(3-36) 计算：

$$X = \frac{\rho V f}{m} \times 100 \tag{3-36}$$

式中 X——试样中维生素 A 或维生素 E 的含量，维生素 A 单位为 μg/100g，维生素 E 单位为 mg/100g；

ρ——根据标准曲线计算得到的试样中维生素 A 或维生素 E 的浓度，μg/mL；

V——定容体积，mL；

f——换算因子（维生素 A：$f=1$；维生素 E：$f=0.001$）；

100——换算系数；

m——试样的称样量，g。

计算结果保留三位有效数字。

10. 精密度

上述两种维生素测定的精密度要求一致。

【学习活动三】 小组讨论制订计划并汇报任务

任务名称	食品中维生素含量的分析	日期	
小组序号			
一、确定方法			
二、制订工作计划			
1. 准备合适的仪器、设备			
2. 列出所需试剂			
3. 列出样品的制备方法			
4. 画出工作流程简图			

【学习活动四】 讨论工作过程中的注意事项

1. 食品中维生素 B_1 的测定

当称样量为 10.0g 时，按照本标准方法的定容体积，食品中维生素 B_1 的检出限为 0.03mg/100g，定量限为 0.10mg/100g。

2. 食品中维生素 C 的测定

实验前，需要注意色谱体系是否平衡；在采样和制备过程中，应注意不要污染样品；整个检测过程尽可能在避光条件下进行。

3. 食品中维生素 A 和维生素 E 的测定

（1）样品处理时，使用的所有器皿不得含有氧化性物质；分液漏斗活塞玻璃表面不得涂油；处理过程应避免紫外光照，尽可能避光操作；提取过程应在通风柜中操作。

（2）样品皂化时，对于不含淀粉的样品，皂化时间一般为 30min，如皂化液冷却后，液面有浮油，需要加入适量氢氧化钾溶液，并适当延长皂化时间。

（3）色谱条件部分：对于如难以将柱温控制在 20℃±2℃，可改用 PFP 柱分离异构体，流动相为水和甲醇梯度洗脱。如样品中只含 α-生育酚，不需分离 β-生育酚和 γ-生育酚，可选用 C_{18} 柱，流动相为甲醇。如有荧光检测器，可选用荧光检测器检测，对生育酚的检测有更高的灵敏度和选择性，可按以下检测波长检测：维生素 A 激发波长 328nm，发射波长 440nm；维生素 E 激发波长 294nm，发射波长 328nm。

（4）维生素 E 的测定结果计算，要用 α-生育酚当量（α-TE）表示，可按下式计算：维生素 E（mg α-TE/100g）= α-生育酚（mg/100g）+ β-生育酚（mg/100g）×0.5 + γ-生育酚

(mg/100g)×0.1+δ-生育酚（mg/100g）×0.01。

（5）根据取样量不同检出限也不同。具体如下，当取样量为 5g，定容 10mL 时，维生素 A 的紫外检出限为 $10\mu g/100g$，定量限为 $30\mu g/100g$；生育酚的紫外检出限为 $40\mu g/100g$，定量限为 $120\mu g/100g$。

【学习活动五】 完成分析任务，填写报告单

任务名称	食品中维生素含量的分析	日期	
小组序号		成员	
一、数据记录（根据分析内容，自行制订表格）			
二、计算，并进行修约			
三、给出结论			

任务五 灰分及矿物元素的分析测定

子任务一 食品中灰分的分析

任务准备

食品中除含有大量有机物质外,还含有较丰富的无机成分。这些无机成分在维持人体的正常生理功能、构成人体组织方面有着十分重要的作用。食品经高温灼烧后所残留的无机物质称为灰分。食品中的灰分主要为矿物盐或无机盐类。

灰分是表示食品中无机成分总量的一项重要指标,但经过高温处理得到的残留物与食品中原来存在的无机成分并不完全相同,食品在灰化时,易挥发元素(氯、碘、铅等)会挥发散失,磷、硫等也能以含氧酸的形式挥发散失,使这些无机成分减少;某些金属氧化物会吸收有机物分解产生的二氧化碳而形成碳酸盐,又使无机成分增多,故灰分并不能准确地表示食品中原来无机成分的总量,通常把食品经高温灼烧后的残留物称为粗灰分。测定食品灰分除总灰分(即粗灰分)外,还包括水溶性灰分(大部分为钾、钠、钙、镁的氧化物和盐类等可溶性盐类)、水不溶性灰分(泥沙和铁、铝等氧化物及碱土金属的碱式磷酸盐等)和酸不溶性灰分(泥沙和食品中原来存在的微量氧化硅等)。

【学习活动一】 发布工作任务,明确完成目标

任务名称	小麦粉灰分的测定		日期	
小组序号			成员	
一、任务描述				
送检、抽样部分超市的小麦粉,检查其精度成分是否合格。不同等级小麦粉灰分含量指标见表3-7				
表3-7 不同等级小麦粉灰分含量				
小麦粉等级	特制一等	特制二等	标准粉	普通粉
灰分含量/%	≤0.70	≤0.85	≤1.10	≤1.40
二、任务目标				
1. 查找合适的国家标准				
2. 查找、讨论灰分测定的意义				
3. 查找灰分的概念、分类				
三、完成目标				
能力目标	1. 培养对灰分以及微量元素的认知能力; 2. 培养查阅并使用国标的能力			

续表

知识目标	1. 了解食品中灰分测定的意义； 2. 掌握食品灰分测定的方法； 3. 掌握食品中微量元素的国标测定方法，检测方法的原理、检测仪器的使用及注意事项
素质目标	1. 培养综合分析和解决问题的能力； 2. 培养安全使用高温炉等仪器的能力，增强职业意识

【学习活动二】 寻找关键参数，确定分析方法

> 【方法解读】《食品安全国家标准 食品中灰分的测定》（GB 5009.4—2016）中规定的第一法适用于食品中灰分的测定（淀粉类灰分的方法适用于灰分质量分数不大于 2% 的淀粉和变性淀粉），第二法适用于食品中水溶性灰分和水不溶性灰分的测定，第三法适用于食品中酸不溶性灰分的测定。

1. 食品中总灰分的测定

食品经灼烧后所残留的无机物质称为灰分。灰分数值系用灼烧、称重后计算得出。

（1）仪器与试剂

① 仪器。高温炉（最高使用温度≥950℃，结构如图 3-15）、分析天平（感量分别为 0.1mg、1mg、0.1g）、石英坩埚或瓷坩埚（图 3-16）、干燥器（内有干燥剂）、电热板、恒温水浴锅（控温精度±2℃）。

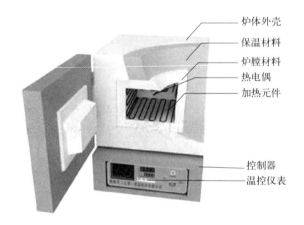

图 3-15 高温炉

图 3-16 坩埚

② 试剂。乙酸镁、浓盐酸、乙酸镁溶液（80g/L）、乙酸镁溶液（240g/L）、10% 盐酸溶液。除非另有说明，本方法所用试剂均为分析纯，水为 GB/T 6682 规定的三级水。

（2）坩埚预处理

① 含磷量较高的食品和其他食品。取大小适宜的石英坩埚或瓷坩埚置于高温炉中，在 550℃±25℃ 下灼烧 30min，冷却至 200℃ 左右，取出，放入干燥器中冷却 30min，准确称量。重复灼烧至前后两次称量相差不超过 0.5mg 为恒重。

② 淀粉类食品。先用沸腾的稀盐酸洗涤，再用大量自来水洗涤，最后用蒸馏水冲洗。将洗净的坩埚置于高温炉内，在900℃±25℃下灼烧30min，并在干燥器内冷却至室温，称重，精确至0.0001g。

(3) 称样

① 含磷量较高的食品和其他食品。灰分大于或等于10g/100g的试样称取2～3g（精确至0.0001g）；灰分小于或等于10g/100g的试样称取3～10g（精确至0.0001g，对于灰分含量更低的样品可适当增加称样量）。

② 淀粉类食品。迅速称取样品2～10g（马铃薯淀粉、小麦淀粉及大米淀粉至少称5g，玉米淀粉和木薯淀粉称10g），精确至0.0001g。将样品均匀分布在坩埚内，不要压紧。

(4) 测定

① 含磷量较高的豆类及其制品、肉禽及其制品、蛋及其制品、水产及其制品、乳及乳制品。

a. 取试样后，加入1.00mL乙酸镁溶液（240g/L）或3.00mL乙酸镁溶液（80g/L），使试样完全润湿。放置10min后，在水浴上将水分蒸干，在电热板上以小火加热使试样充分炭化至无烟，然后置于高温炉中，在550℃±25℃灼烧4h。冷却至200℃左右，取出，放入干燥器中冷却30min，称量前如发现灼烧残渣有炭粒，应向试样中滴入少许水湿润，使结块松散，蒸干水分再次灼烧至无炭粒即表示灰化完全，方可称量。重复灼烧至前后两次称量相差不超过0.5mg为恒重。

b. 吸取3份与a.浓度和体积相同的乙酸镁溶液，做3次试剂空白实验。当3次实验结果的标准偏差小于0.003g时，取算术平均值作为空白值。若标准偏差大于或等于0.003g，应重新做空白值实验。

② 淀粉类食品。将坩埚置于高温炉口或电热板上，半盖坩埚盖，小心加热使样品在通气情况下完全炭化至无烟，立刻将坩埚放入高温炉内，将温度升高至900℃±25℃，保持此温度直至剩余的炭粒全部消失为止，一般1h可灰化完毕，冷却至200℃左右，取出，放入干燥器中冷却30min，称量前如发现灼烧残渣有炭粒，应向试样中滴入少许水湿润，使结块松散，蒸干水分再次灼烧至无炭粒即表示灰化完全，方可称量。重复灼烧至前后两次称量相差不超过0.5mg为恒重。

③ 其他食品。液体和半固体试样应先在沸水浴上蒸干。固体或蒸干后的试样，先在电热板上以小火加热使试样充分炭化至无烟，然后置于高温炉中，在550℃±25℃灼烧4h。冷却至200℃左右，取出，放入干燥器中冷却30min，称量前如发现灼烧残渣有炭粒，应向试样中滴入少许水湿润，使结块松散，蒸干水分再次灼烧至无炭粒即表示灰化完全，方可称量。重复灼烧至前后两次称量相差不超过0.5mg为恒重。

(5) 结果计算

① 以试样质量计，加了乙酸镁溶液的试样中灰分的含量，按式(3-37)计算：

$$X_1 = \frac{m_1 - m_2 - m_0}{m_3 - m_2} \times 100 \tag{3-37}$$

式中 X_1——加了乙酸镁溶液试样中灰分的含量，g/100g；

m_1——坩埚和灰分的质量，g；

m_2——坩埚的质量，g；

m_0——氧化镁（乙酸镁灼烧后生成物）的质量，g；

m_3——坩埚和试样的质量，g；

100——单位换算系数。

② 以试样质量计，未加乙酸镁溶液的试样中灰分的含量，按式(3-38) 计算：

$$X_2=\frac{m_1-m_2}{m_3-m_2}\times 100 \tag{3-38}$$

式中　X_2——未加乙酸镁溶液试样中灰分的含量，g/100g；

m_1——坩埚和灰分的质量，g；

m_2——坩埚的质量，g；

m_3——坩埚和试样的质量，g；

100——单位换算系数。

试样中灰分含量≥10g/100g 时，保留三位有效数字；试样中灰分含量＜10g/100g 时，保留两位有效数字。

(6) 精密度　在重复性条件下获得的两次独立测定结果的绝对差值不得超过算术平均值的 5%。

2. 食品中水溶性灰分和水不溶性灰分的测定

用热水提取总灰分，经无灰滤纸过滤、灼烧、称量残留物，测得水不溶性灰分，由总灰分和水不溶性灰分的质量之差计算水溶性灰分。

(1) 仪器　高温炉（最高使用温度≥950℃）、分析天平（感量分别为 0.1mg、1mg、0.1g）、石英坩埚或瓷坩埚、干燥器（内有干燥剂）、无灰滤纸、漏斗、表面皿（直径6cm）、高型烧杯（容量 100mL）、恒温水浴锅（控温精度±2℃）。

(2) 坩埚预处理　方法见总灰分测定中的坩埚预处理。

(3) 称量　方法见总灰分测定。

(4) 灰分的制备　方法见总灰分测定。

(5) 测定　用约 25mL 热蒸馏水分次将总灰分从坩埚中洗入 100mL 烧杯中，盖上表面皿，用小火加热至微沸，防止溶液溅出。趁热用无灰滤纸过滤，并用热蒸馏水分数次洗涤烧杯中残渣，直至滤液和洗涤体积约达 150mL 为止，将滤纸连同残渣移入原坩埚内，放在沸水浴锅上小心地蒸去水分，然后将坩埚烘干并移入高温炉内，以 550℃±25℃灼烧至无炭粒（一般需要 1h），待炉温降至 200℃ 时，放入干燥器内，冷却至室温，称重（准确至0.0001g）。放入高温炉内，以 550℃±25℃灼烧 30min，冷却并称重。如此重复操作，直至连续两次称重之差不超过 0.5mg 为止，记下最低质量。

(6) 结果计算

① 以试样质量计，水不溶性灰分的含量，按式(3-39) 计算：

$$X_1=\frac{m_1-m_2}{m_3-m_2}\times 100 \tag{3-39}$$

式中　X_1——水不溶性灰分的含量，g/100g；

m_1——坩埚和水不溶性灰分的质量，g；

m_2——坩埚的质量，g；

m_3——坩埚和试样的质量，g；

100——单位换算系数。

② 以试样质量计，水溶性灰分的含量，按式(3-40)计算：

$$X_2 = \frac{m_4 - m_5}{m_0} \times 100 \tag{3-40}$$

式中　X_2——水溶性灰分的含量，g/100g；

　　　m_0——试样的质量，g；

　　　m_4——总灰分的质量，g；

　　　m_5——水不溶性灰分的质量，g；

　　　100——单位换算系数。

试样中灰分含量≥10g/100g 时，保留三位有效数字；试样中灰分含量＜10g/100g 时，保留两位有效数字。

(7) 精密度　在重复性条件下获得的两次独立测定结果的绝对差值不得超过算术平均值的 5%。

3. 食品中酸不溶性灰分的测定

用盐酸溶液处理总灰分，过滤、灼烧、称量残留物。

(1) 仪器与试剂

① 仪器。高温炉（最高使用温度≥950℃）、分析天平（感量分别为 0.1mg、1mg、0.1g）、石英坩埚或瓷坩埚、干燥器（内有干燥剂）、无灰滤纸、漏斗、表面皿（直径 6cm）、高型烧杯（容量 100mL）、恒温水浴锅（控温精度±2℃）。

② 试剂。浓盐酸、10%盐酸溶液。除非另有说明，本方法所用试剂均为分析纯，水为 GB/T 6682 规定的三级水。

(2) 分析步骤

① 按总灰分测定的法坩埚预处理、称样、测定完成操作。

② 用 25mL 10%盐酸溶液将总灰分分次从坩埚中洗入 100mL 烧杯中，盖上表面皿，用小火加热至溶液由浑浊变为透明时，继续加热 5min，趁热用无灰滤纸过滤，并用沸蒸馏水少量反复洗涤烧杯和滤纸上的残留物，直至中性（体积约达 150mL）。将滤纸连同残渣移入原坩埚内，放在沸水浴锅上小心地蒸去水分，然后将坩埚烘干并移入高温炉内，以 550℃±25℃灼烧至无炭粒（一般需要 1h），待炉温降至 200℃时，放入干燥器内，冷却至室温，称重（准确至 0.0001g）。放入高温炉内，以 550℃±25℃灼烧 30min，冷却并称重。如此重复操作，直至连续两次称重之差不超过 0.5mg 为止，记下最低质量。

(3) 结果计算　以试样质量计，酸不溶性灰分的含量，按式(3-41)计算：

$$X_1 = \frac{m_1 - m_2}{m_3 - m_2} \times 100 \tag{3-41}$$

式中　X_1——酸不溶性灰分的含量，g/100g；

　　　m_1——坩埚和水不溶性灰分的质量，g；

　　　m_2——坩埚的质量，g；

　　　m_3——坩埚和试样的质量，g；

100——单位换算系数。

试样中灰分含量≥10g/100g 时,保留三位有效数字;试样中灰分含量<10g/100g 时,保留两位有效数字。

(4) 精密度 在重复性条件下获得的两次独立测定结果的绝对差值不得超过算术平均值的 5%。

【学习活动三】 小组讨论制订计划并汇报任务

任务名称	小麦粉灰分的测定	日期	
小组序号			
一、确定方法			
二、制订工作计划			
1. 准备合适的仪器、设备			
2. 列出所需试剂			
3. 列出样品的制备方法			
4. 画出工作流程简图			

【学习活动四】 讨论工作过程中的注意事项

1. 总灰的测定

(1) 样品炭化时要注意热源强度,防止产生大量泡沫溢出坩埚;只有炭化完全,即不冒烟后才能放入高温电炉中。灼烧空坩埚与灼烧样品的条件应尽量一致,以消除系统误差。

(2) 把坩埚放入高温炉或从炉中取出时,要在炉口停留片刻,使坩埚预热或冷却,防止因温度剧变而使坩埚破裂。

(3) 灼烧后的坩埚应冷却到 200℃以下再移入干燥器中,否则因过热产生对流作用,易造成残灰飞散;且冷却速度慢,冷却后干燥器内会形成较大真空,盖子不易打开。

(4) 对于含糖分、淀粉、蛋白质较高的样品,为防止其发泡溢出,炭化前可加数滴纯植物油。

(5) 新坩埚在使用前须在体积分数为 20%的盐酸溶液中煮沸 1~2h,然后用自来水和蒸馏水分别冲洗干净并烘干。用过的旧坩埚经初步清洗后,可用废盐酸浸泡 20min 左右,再用水冲洗干净。

(6) 反复灼烧至恒重是判断灰化是否完全最可靠的方法。因为有些样品即使灰化完全,残留不一定是白色或灰白色。例如铁含量高的食品,残灰呈褐色;锰、铜含量高的食品,残灰呈蓝绿色;而有时即使灰的表面呈白色或灰白色,但内部仍有碳粒存留。

(7) 灼烧温度不能超过 600℃,否则会造成钾、钠、氯等易挥发成分的损失。

2. 可溶性灰分的测定

（1）如液体样品量过多，可分次在同一坩埚中蒸干，在测定蔬菜、水果这一类含水量高的样品时，应预先测定这些样品的水分，再将其干燥物继续加热灼烧，测定其灰分含量。

（2）灰化后所有残渣可留作 Ca、P、Fe 等无机成分的分析。

（3）用过的坩埚经初步洗刷后，可用粗盐酸浸泡 10~20min，再用水冲洗干净。

【学习活动五】 完成分析任务，填写报告单

任务名称	小麦粉灰分的测定	日期	
小组序号		成员	
一、数据记录（根据分析内容，自行制订表格）			
二、计算，并进行修约			
三、给出结论			

子任务二　食品中钙的分析

任务准备

矿物质是指维持人体正常生理功能所必需的无机化学元素，包括钙、磷、钠、氯、镁、钾、硫、铁、硒、锌、铜、碘等，其中铁、硒、锌、铜、碘等在人体内总含量小于体重的万分之一或每日摄入量在 100mg 以下，属于微量元素。矿物质元素在人体内起着重要的生理作用，是不可缺少的。例如，铁是血红细胞形成的必需元素，对血红蛋白的产生是必需的，在氧的转运和细胞呼吸中起重要作用；锌存在于至少 25 个食物消化营养代谢的酶中，对于保证机体免疫系统的完整性起着重要作用，锌有助于改善食欲，是儿童生长发育的必需元素；钙可促进体内某些酶的活性，许多生理功能也需要钙的参与，钙也是骨骼和牙齿的主要成分，可维持骨密度；镁是能量代谢、组织形成和骨骼发育的重要成分；碘是甲状腺发挥正常功能所必需的元素；钠能调节机体水分，维持酸碱平衡，成人每日食盐的摄入量不超过 6g，钠的摄入较高是引发高血压等慢性病的主要因素。食品中的矿物质有些是由自然条件所决定、食物本身天然存在的，有些是为营养强化而添加到食品中的。准确测定矿物质含量

有助于评价食品的营养价值，有利于食品加工工艺的改进和食品质量的提高，对开发和生产强化食品具有指导意义。

【学习活动一】 发布工作任务，明确完成目标

任务名称	乳粉中钙含量的分析	日期	
小组序号		成员	
一、任务描述			
某药品食品职业学院食品检测中心收到来自市场监督管理局抽检的样品约 200 批。其中涉及 5 家乳粉企业的各类乳粉产品，请各位检验工设计乳粉中钙含量的检验方案			
二、任务目标			
1. 查找合适的国家标准			
2. 讨论测定钙的意义及方法			
3. 详细学习矿物质的分类，测定意义			
三、完成目标			
能力目标	1. 培养对矿物质的认知能力； 2. 培养查阅并使用国标的能力		
知识目标	1. 了解食品中矿物质测定的意义； 2. 掌握食品中钙的测定方法、检测方法的原理、检测仪器的使用及注意事项		
素质目标	1. 培养综合分析和解决问题的能力； 2. 培养安全使用原子吸收光谱仪等仪器的能力，增强职业意识		

【学习活动二】 寻找关键参数，确定分析方法

> 【方法解读】《食品安全国家标准 食品中钙的测定》（GB 5009.92—2016）代替《食品中钙的测定》（GB/T 5009.92—2003）、《食品安全国家标准 婴幼儿食品和乳品中钙、铁、锌、钠、钾、镁、铜和锰的测定》（GB 5413.21—2010）、《蔬菜及其制品中铜、铁、锌、钙、镁、磷的测定》（GB/T 23375—2009）、《粮油检验 谷物及其制品中铜、铁、锰、锌、钙、镁的测定 火焰原子吸收光谱法》（GB/T 14609—2008）、《粮油检验谷物及制品中钙的测定》（GB/T 14610—2008）、《肉与肉制品 钙含量测定》（GB/T 9695.13—2009）和《果汁测定方法 钙和镁的测定》（NY 82.19—1988）中钙的测定方法。本标准增加了微波消解、压力罐消解；修改了火焰原子吸收光谱法和 EDTA 滴定法；增加了电感耦合等离子体发射光谱法；增加了电感耦合等离子体质谱法。以下详细介绍火焰原子吸收光谱法。

试样经消解处理后，加入镧溶液作为释放剂，经原子吸收火焰原子化，在 422.7nm 处测定的吸光度值在一定浓度范围内与钙含量成正比，与标准系列比较定量。

1. 仪器与试剂

(1) 试剂 硝酸、高氯酸、盐酸、氧化镧、碳酸钙（纯度＞99.99%，或经国家认证并

授予标准物质证书的一定浓度的钙标准溶液）。

(2) 仪器 原子吸收分光光度计（附有钙阴极灯）、分析天平（感量0.1mg）、微波消解系统（配聚四氟乙烯消解内罐）、可调式电热炉、可调式电热板、马弗炉、压力消解罐（配聚四氟乙烯消解内罐）、恒温干燥箱。

(3) 试剂配制

① 硝酸溶液（5+95）。量取50mL硝酸，加入950mL水，混匀。

② 硝酸溶液（1+1）。量取500mL硝酸，与500mL水混合均匀。

③ 盐酸溶液（1+1）。量取500mL盐酸与500mL水混合均匀。

④ 镧溶液（20g/L）。称取23.45g氧化镧，先用少量水湿润后再加入75mL盐酸溶液（1+1）溶解，转入1000mL容量瓶中，加水定容至刻度，混匀。

⑤ 钙标准储备液（1000mg/L）。准确称取2.4963g(精确至0.0001g)碳酸钙，加盐酸溶液（1+1）溶解，移入1000mL容量瓶中，加水定容至刻度，混匀。

⑥ 钙标准中间液（100mg/L）。准确吸取钙标准储备液（1000mg/L）10mL于100mL容量瓶中，加硝酸溶液（5+95）至刻度，混匀。

⑦ 钙标准系列溶液。分别吸取钙标准中间液（100mg/L）0mL、0.500mL、1.00mL、2.00mL、4.00mL、6.00mL于100mL容量瓶中，另在各容量瓶中加入5mL镧溶液（20g/L），最后加硝酸溶液（5+95）定容至刻度，混匀。此钙标准系列溶液中钙的质量浓度分别为0mg/L、0.500mg/L、1.00mg/L、2.00mg/L、4.00mg/L和6.00mg/L。

2. 试样制备

(1) 粮食、豆类样品 样品去除杂物后，粉碎，储于塑料瓶中。

(2) 蔬菜、水果、鱼类、肉类等样品 样品用水洗净，晾干，取可食部分，制成匀浆，储于塑料瓶中。

(3) 饮料、酒、醋、酱油、食用植物油、液态乳等液体样品 将样品摇匀。

3. 试样消解（湿法）

准确称取固体试样2~3g(精确至0.0001g)或准确移取液体试样0.500~5.00mL于带刻度消化管中，加入10mL硝酸、0.5mL高氯酸，在可调式电热炉上消解（参考条件120℃/0.5h~120℃/1h升至180℃/2h~180℃/4h升至200~220℃）。若消化液呈棕褐色，再加硝酸，消解至冒白烟，消化液呈无色透明或略带黄色。取出消化管，冷却后用水定容至25mL，再根据实际测定需要稀释，并在稀释液中加入一定体积的镧溶液（20g/L），使其在最终稀释液中的浓度为1g/L，混匀备用，此为试样。

4. 标准曲线的制作

将钙标准系列溶液按浓度由低到高的顺序分别导入火焰原子化器，测定吸光度值，以标准系列溶液中钙的质量浓度为横坐标，相应的吸光度值为纵坐标，制作标准曲线。

5. 试样溶液的测定

在与测定标准溶液相同的实验条件下，将空白溶液和试样待测液分别导入原子化器，测定相应的吸光度值，与标准系列比较定量。

6. 结果计算

试样中钙的含量按式(3-42)计算：

$$X = \frac{(\rho - \rho_0) f V}{m} \tag{3-42}$$

式中　X——试样中钙的含量，mg/kg 或 mg/L；

　　　ρ——试样待测液中钙的质量浓度，mg/L；

　　　ρ_0——空白溶液中钙的质量浓度，mg/L；

　　　f——试样消化液的稀释倍数；

　　　V——试样消化液的定容体积，mL；

　　　m——试样质量或移取体积，g 或 mL。

当钙含量≥10.0mg/kg 或 10.0mg/L 时，计算结果保留三位有效数字，当钙含量＜10.0mg/kg 或 10.0mg/L 时，计算结果保留两位有效数字。

【学习活动三】 小组讨论制订计划并汇报任务

任务名称	乳粉中钙含量的分析	日期	
小组序号			
一、确定方法			
二、制订工作计划			
1. 准备合适的仪器、设备			
2. 列出所需试剂			
3. 列出样品的制备方法			
4. 画出工作流程简图			

【学习活动四】 讨论工作过程中的注意事项

（1）由于食品中矿物质含量低，在测定过程中尤其应该注意以下几点：

① 样品处理过程中所用酸为优级纯；

② 样品制备过程中防止污染；

③ 所用试剂为优级纯，水为去离子水或同等纯度的水；

④ 所有玻璃器皿及聚四氟乙烯消解内罐均需用硝酸溶液浸泡，用自来水反复冲洗，最后用去离子水冲洗干净；

⑤ 标准贮备液和标准使用液应使用聚乙烯瓶贮存，4℃保存。

（2）目前通常采用湿法消化、干法灰化、微波消解等手段，将食品中的有机物质破坏并除去后，使样品中的矿物质留在消解液或灰化后的残渣中，然后根据待测物质在食品中的大概含量和实验室条件，选择适当的测定方法。矿物质的测定方法很多，有比色法、原子吸收光谱法、电感耦合等离子体发射光谱法等。

（3）所有玻璃器皿及聚四氧乙烯消解内罐均需硝酸溶液（1+5）浸泡过夜，用自来水反复冲洗，最后用水冲洗干净。在采样和试样制备过程中，应避免试样污染。可根据仪器的灵敏度及样品中钙的实际含量确定标准溶液系列中元素的具体浓度。

项目四　食品中有害成分的分析

任务一　有害元素的分析测定

 任务准备

有害元素污染是影响食品安全的重要因素之一，长期摄入受污染的食品会对人体产生潜在危害，严重甚至危害生命。食品中有害元素主要包括铅、镉、汞、砷、锡、镍、铬等元素。《食品安全国家标准　食品中污染物限量》（GB 2762—2022）规定了食品中有害元素在食品原料和（或）食品成品可食用部分中允许的最大含量水平。在实际生产过程中，食品生产和加工者均应采取有效措施，使食品中有害元素的含量达到最低水平。

铅是一种蓄积性的有害元素，广泛分布于自然界。铅主要通过两种方式进入人体：一是人体通过呼吸将空气中的铅颗粒物吸入人体；二是人体摄入被铅污染的食品。进入人体的铅经血液循环可以到达人体的各系统和器官，会对人体各功能造成全面危害，更为严重的是铅在人体内几乎无法代谢排出。人体中的铅大约有 90% 是来自于食品。食品中铅的来源有四个方面：工业污染、食品容器和包装材料、自然本底以及食品添加剂、农药的不合理使用。铅的主要危害是阻碍血液的合成，导致人体贫血，出现头痛、眩晕、乏力、困倦、便秘和肢体酸痛等症状，动脉硬化和消化道溃疡等疾病也与铅中毒有关。

汞即水银，是一种液体金属，在常温下即可蒸发，相对密度为 13.595，其蒸气相对密度为 6.9。汞在自然界中常见的形态有单质汞（水银）、无机汞和有机汞等几种，其中有机汞对人体健康危害最大，在水体中无机汞离子可以转变成有机汞，使无机汞的毒性增强。《食品安全国家标准　食品中污染物限量》（GB 2762—2022）规定了食品中总汞及甲基汞的最大含量。总汞即包括无机汞和有机汞的全部汞，对于制定了甲基汞限量的食品可先测定总汞，当总汞含量不超过甲基汞限量值时，可判定符合限量要求而不必测定甲基汞；否则，应测定甲基汞含量再作判定。人类受汞污染伤害的途径有很多，食物链对汞有强大的富集能力，大多数人是因为食用了被汞污染的鱼类和海洋哺乳动物。汞在人体内能与蛋白质分子的氨基、羧基等结合，干扰色素氧化酶、琥珀酸脱氢酶、丙酮酸激酶的活性，阻碍人体细胞的正常代谢，对人体器官造成不可逆的损伤。有机汞还可以影响胎儿并可导致胎儿畸形。

砷是影响食品安全的有害元素之一，尽管其在食物中的含量相对较低，但长时间低剂量的摄入，如农药的施用、冶金、半导体的生产、某些医药及纺织染色等，都会对环境及涉及行业从业人员的健康造成一定影响。低剂量不会造成急性中毒，但会诱发很多疾病，如皮肤癌、膀胱癌、肾癌等。砷以多种化合物形式存在于自然界，主要包括无机砷和有机砷。食品中砷主要来自于食品生产的原料——农作物，农作物在生长过程中与环境接触就会引入微量的砷；此外食品在加工、贮藏、包装、运输过程中的污染，也是引入砷的重要来源。砷及其化合物的毒性主要是由于进入体内的砷酸盐与体内磷酸盐间的拮抗作用，抑制了呼吸链的氧化磷酸化，进而降低了细胞内的呼吸能力。此外，无机砷化物还能与酶分子中的巯基（—SH）作用，抑制酶的活性。砷的测定分为总砷和无机砷两种方式，对于制定了无机砷限量的食品可先测定其总砷，当总砷含量不超过无机砷限量值时，可判定符合限量要求而不必测定无机砷；否则，应测定无机砷含量再作判定。

镉在自然界中常以化合物状态存在，一般含量很低。但是镉在人体中的半衰期可达10~30年，少量的镉摄入依然会对机体造成损伤，导致镉慢性中毒。人体中镉的主要来源于饮食和呼吸，经过消化道和呼吸道进入机体，进而对全身器官产生作用。镉在体内可与含羟基、氨基、硫基的蛋白质分子结合，使许多酶系统受到抑制，从而影响肝、肾器官中酶系统的正常功能。由于镉会损伤肾小管，还容易出现糖尿、蛋白尿和氨基酸尿等症状。镉还会使骨骼的代谢受阻，造成骨质疏松、萎缩、变形等。

【学习活动一】 发布工作任务，明确完成目标

任务名称	大米中有害元素含量的测定		日期	
小组序号			成员	
一、任务描述				
为保障食品安全，推动食品治理方法创新及食品产业高质量发展，完善食品安全监管体系。现抽检部分大米，检查其铅、汞、砷、镉含量是否符合国家标准。各元素含量的国家标准限量见表3-8				

表3-8 大米中铅、汞、砷、镉含量国家限量标准

有害元素	铅（以 Pb 计）	总汞（以 Hg 计）	镉（以 Cd 计）	无机砷（以 As 计）
限量标准/(mg/kg)	0.2	0.02	0.2	0.2

二、任务目标	
1. 查找合适的食品国家安全标准，选择合适的测试方法	
2. 查找《食品安全国家标准 食品中污染物限量》(GB 2762—2022)，查看不同食品中铅、汞、砷、镉含量国家限量标准	
3. 讨论铅、汞、砷、镉等有害元素进入人体的途径以及对人体的危害	
三、完成目标	
能力目标	1. 培养对食品中有害元素的认知能力； 2. 培养查阅并使用国家标准的能力
知识目标	1. 了解食品中铅、汞、砷、镉等有害元素测定的意义； 2. 掌握食品中主要有害元素测定的方法； 3. 掌握食品中主要有害元素的检测原理、检测仪器的使用及注意事项
素质目标	1. 培养爱岗敬业、勇于创新的职业精神； 2. 培养正确使用常见分析仪器（如液相色谱仪、原子荧光光谱仪、石墨炉原子吸收分光光度计）的能力

【学习活动二】 寻找关键参数，确定分析方法

> **【方法解读】**《食品安全国家标准 食品中铅的测定》（GB 5009.12—2023）中规定的测定方法有石墨炉原子吸收光谱法、电感耦合等离子体质谱法、火焰原子吸收光谱法。食品中汞的测定方法主要遵循《食品安全国家标准 食品中总汞及有机汞的测定》（GB 5009.17—2021），其中总汞的测定方法包括原子荧光光谱法、直接进样测汞法、电感耦合等离子体质谱法和冷原子吸收光谱法，有机汞的测定方法包括液相色谱-原子荧光光谱联用法、液相色谱-电感耦合等离子体质谱联用法。食品中砷的测定方法的标准主要遵循《食品安全国家标准 食品中总砷及无机砷的测定》（GB 5009.11—2014），规定总砷的测定方法有电感耦合等离子体质谱法、氢化物发生原子荧光光谱法、银盐法，无机砷测定方法有液相色谱-原子荧光光谱法（LC-AFS）和液相色谱-电感耦合等离子质谱法（LC-ICP-MS）。食品中镉的测定主要遵循《食品安全国家标准 食品中镉的测定》（GB 5009.15—2023），规定测定镉的方法有石墨炉原子吸收光谱法和电感耦合等离子质谱法。

1. 食品中铅的测定——石墨炉原子吸收光谱法

样品经消解处理后，注入石墨炉原子吸收分光光度计中，经石墨炉原子化后，在283.3nm处测定吸光度。在一定浓度范围内，铅的吸光度值与铅含量成正比，与标准系列比较定量。

（1）仪器与试剂

① 仪器。原子吸收分光光度计（附石墨炉原子化器及铅空心阴极灯）、分析天平（感量0.1mg）、可调式电热板或可调式电炉、微波消解系统（配聚四氟乙烯消解内罐）、恒温干燥箱、压力消解罐（配聚四氟乙烯消解内罐）。

② 试剂。硝酸、高氯酸、磷酸二氢铵、硝酸钯、硝酸铅（纯度≥99%）。

③ 试剂配制

a. 硝酸溶液（5+95）：量取50mL硝酸，缓慢加入950mL水中，混匀。

b. 硝酸溶液（1+9）：量取50mL硝酸，缓慢加入450mL水中，混匀。

c. 硝酸溶液（1+99）：量取10mL硝酸，缓慢加入990mL水中，混匀。

d. 磷酸二氢铵-硝酸钯溶液：称取0.02g硝酸钯，加少量硝酸溶液（1+9）溶解后，再加入2g磷酸二氢铵，溶解后用硝酸溶液（5+95）定容至100mL，混匀。

e. 铅标准储备液（1000mg/L）：准确称取1.5985g（精确至0.0001g）硝酸铅，用少量硝酸溶液（1+9）溶解，移入1000mL容量瓶中，加水至刻度，混匀。

f. 铅标准中间液（10.0mg/L）：准确吸取铅标准储备液（1000mg/L）1.00mL于100mL容量瓶中，并加硝酸溶液（5+95）至刻度，混匀。

g. 铅标准使用液（1.00mg/L）：准确吸取铅标准中间液（10.0mg/L）10mL于100mL容量瓶中，并加硝酸溶液（5+95）至刻度，混匀。

h. 铅标准系列溶液：分别吸取铅标准使用液（1.00mg/L）0mL、0.2mL、0.5mL、1mL、2mL、4mL于100mL容量瓶中，用硝酸溶液（5+95）定容，混匀。此铅标准系列溶液浓度为0μg/L、2μg/L、5μg/L、10μg/L、20μg/L和40μg/L。

(2) 试样制备

① 干样。豆类、谷物、菌类、茶叶、干制水果、坚果、焙烤食品等低含水量样品，取可食部分，必要时用高速粉碎机粉碎均匀；对于固体乳制品、蛋白粉、面粉等呈均匀状的粉状样品，混匀。

② 鲜样。蔬菜、水果、水产品等含水量高的样品必要时洗净、晾干，取可食部分匀浆均匀；对于肉类、蛋类等样品，取可食部分匀浆均匀。

③ 速冻及罐头食品。经解冻的速冻食品及罐头样品，取可食部分匀浆均匀。

④ 液体样品。软饮料、酒类、调味品等样品摇匀。

⑤ 半固体样品。搅拌均匀。

(3) 样品预处理

① 湿法消解。称取固体试样0.2～3g(精确至0.001g)或准确移取液体试样0.500～5.00mL于带刻度的消化管中，含乙醇或二氧化碳的样品先在电热板上低温加热除去乙醇或二氧化碳，加入10mL硝酸和0.5mL高氯酸，放数粒玻璃珠，在可调式电热炉上消解（参考条件：120℃保持0.5～1h，升至180℃保持2～4h，升至200～220℃）。若消化液呈棕褐色，再加少量硝酸，消解至冒白烟，消化液呈无色透明或略带黄色，赶酸至近干，停止消解，冷却后用水定容至10mL或25mL，混匀备用。同时做试剂空白试验。亦可采用锥形瓶，于可调式电热板上，按上述操作方法进行湿法消解。

② 微波消解。称取固体试样0.2～2g(精确至0.001g)或准确移取液体试样0.500～3.00mL于微波消解罐中，含乙醇或二氧化碳的样品先在电热板上低温加热除去乙醇或二氧化碳，加入5～10mL硝酸，按照微波消解的操作步骤消解试样，消解条件参考表3-9。冷却后取出消解罐，在电热板上于140～160℃赶酸至近干。消解罐放冷后，将消化液转移至10mL或25mL容量瓶中，用少量水洗涤消解罐2～3次，合并洗涤液于容量瓶中并用水定容至刻度，混匀备用。同时做试剂空白试验。

表3-9 铅的微波消解条件

步骤	设定温度/℃	升温时间/min	恒温时间/min
1	120	5	5
2	160	5	10
3	180	5	10

③ 压力消解罐消解法。称取固体试样0.2～2g(精确至0.001g)样品或准确移取液体试样0.500～5.00mL于消解内罐中，含乙醇或二氧化碳的样品先在电热板上低温加热除去乙醇或二氧化碳，加硝酸5～10mL（可根据试样的称样量、性质调整硝酸用量）。盖好内盖，旋紧不锈钢外套，放入恒温干燥箱，于140～160℃下保持4～5h。冷却后缓慢旋松外罐，取出消解内罐，放在可调式电热板上于140～160℃赶酸至近干。冷却后将消化液转移至10mL或25mL容量瓶中，用少量水洗涤内罐和内盖2～3次，合并洗涤液于容量瓶中并用水定容至刻度，混匀备用。同时做试剂空白试验。

食盐、酱油、腌渍食品、火锅底料和方便面盐包等高盐食品可采用除盐操作。

(4) 仪器参考条件 根据各自仪器性能调至最佳状态，详见表3-10。

表3-10 石墨炉原子吸收仪器参考条件

波长/nm	狭缝/nm	灯电流/mA	干燥温度,时间/(℃,s)	灰化温度,时间/(℃,s)	原子化温度,时间/(℃,s)
283.3	0.5	8~12	85~120,40~50	750,20~30	2300,4~5

(5) 标准系列的制备 按质量浓度由低到高的顺序分别将10μL铅标准系列溶液和5μL磷酸二氢铵-硝酸钯溶液（可根据所使用的仪器确定最佳进样量、最佳基体改进剂，过固相萃取柱的样品可不加基体改进剂）同时注入石墨炉，原子化后测其吸光度值，以质量浓度为横坐标，吸光度值为纵坐标，制作标准曲线。

(6) 样品测定 在与测定标准溶液相同的实验条件下，将10μL空白溶液或试样溶液与5μL磷酸二氢铵-硝酸钯溶液（可根据所使用的仪器确定最佳进样量，过固相萃取柱的样品可不加基体改进剂）同时注入石墨炉，原子化后测其吸光度值，与标准系列比较定量。

(7) 基体改进剂的使用 实验中添加的磷酸二氢铵-硝酸钯溶液为基体改进剂。对于有干扰样品，通常注入适量的基体改进剂，常用的基体改进剂有磷酸二氢铵、硝酸镁、磷酸铵、硝酸钯等。

(8) 结果计算 试样中铅的含量按式（3-43）计算：

$$X = \frac{(\rho - \rho_0) \times V}{m \times 1000} \tag{3-43}$$

式中 X——样品中铅含量，mg/kg或mg/L；
ρ——试样溶液中铅的质量浓度，μg/L；
ρ_0——空白溶液中铅的质量浓度，μg/L；
V——试样消化液定容体积，mL；
m——样品质量或移取样品体积，g或mL；
1000——换算系数。

(9) 精密度 样品中铅含量大于1mg/kg，在重复性条件下获得的两次独立测定结果的绝对差值不得超过算术平均值的10%；小于或等于1mg/kg且大于0.1mg/kg，在重复性条件下获得的两次独立测定结果的绝对差值不得超过算术平均值15%；小于或等于0.1mg/kg，在重复性条件下获得的两次独立测定结果的绝对差值不得超过算术平均值的20%；

2. 食品中镉的测定——石墨炉原子吸收光谱法

样品消解处理后，经石墨炉原子化后，在228.8nm处测得吸光度，在一定浓度范围镉的吸光度值与镉含量成正比，与标准系列溶液比较定量。

(1) 仪器与试剂

① 仪器。原子吸收分光光度计（附石墨炉原子化器及镉空心阴极灯）、电子天平（感量0.1mg）、可调式电热板或可调式电炉、微波消解系统（配聚四氟乙烯消解内罐）、压力罐消解系统（配聚四氟乙烯消解内罐）、恒温干燥箱、样品粉碎设备；

② 试剂。硝酸（优级纯）、高氯酸（优级纯）、磷酸二氢铵（优级纯）、硝酸钯（优级纯）、氯化镉（纯度99.99%以上或经国家认证并授予标准物质证书的标准品）。

③ 试剂配制

a. 硝酸溶液（5+95）：量取50mL硝酸缓慢加入950mL水中，混匀。

b. 硝酸溶液（1+9）：量取 50mL 硝酸缓慢加入 450mL 水中，混匀。

c. 磷酸二氢铵溶液-硝酸钯混合溶液：称取 0.02g 硝酸钯，加少量硝酸溶液（1+9）溶解后，再加入 2g 磷酸二氢铵，溶解后用硝酸溶液（5+95）定容至 100mL，混匀。

d. 镉标准储备液（100mg/L）：准确称取 0.2032g 氯化镉，用少量硝酸（1+9）溶解，移入 1000mL 容量瓶中，加水至刻度，混匀。此溶液镉的质量浓度为 100mg/L。

e. 镉标准使用液（100μg/L）：吸取镉标准储备液（100mg/L）1.0mL 于 10mL 容量瓶中，用硝酸（5+95）定容至刻度，混匀。再准确吸取上述溶液 1.0mL 于 100mL 容量瓶中，加硝酸溶液（5+95）至刻度，混匀。此溶液镉的质量浓度为 100μg/L。

f. 镉标准系列溶液：准确吸取镉标准使用液 0mL、0.2mL、0.5mL、1.0mL、2.0mL、4.0mL 于 100mL 容量瓶中，用硝酸（5+95）定容至刻度，混匀。此系列溶液镉含量分别为 0μg/mL、0.2μg/mL、0.5μg/mL、1.0μg/mL、2.0μg/mL、4.0μg/mL。临用现配。

(2) 试样制备

① 干样。豆类、谷物、菌类、茶叶、干制水果、焙烤食品等低含水量样品，取可食部分，必要时用高速粉碎机粉碎均匀；固体乳制品、蛋白粉、面粉等呈均匀状的粉状样品，摇匀。

② 鲜样。蔬菜、水果、水产品等含水量高的样品必要时洗净、晾干，取可食部分匀浆均匀；肉类、蛋类等样品，取可食部分匀浆均匀。

③ 速冻及罐头食品。经解冻的速冻食品及罐头样品，取可食部分匀浆均匀。

④ 液体样品。软饮料、调味品等样品摇匀。

⑤ 半固体样品。搅拌均匀。

(3) 样品消化

① 湿法消解。称取固体试样 0.2～3g（精确至 0.001g）或准确移取液体试样 0.500～5.00mL 于带刻度消化管中，含乙醇或二氧化碳的样品先低温加热除去乙醇或二氧化碳，加入 10mL 硝酸和 0.5mL 高氯酸，在可调式电热炉上消解（参考条件：120℃保持 0.5～1h，升至 180℃保持 2～4h，升至 200～220℃）。若消化液呈棕褐色，冷却后，再加少量硝酸，消解至冒白烟，消化液呈无色透明或略带黄色，赶酸至 1mL 左右取出消化管，冷却后用水定容至 10mL 或 25mL，混匀备用。同时做空白试验。亦可采用锥形瓶，于可调式电热板上，按上述操作方法进行湿法消解。

② 微波消解。称取固体试样 0.2～0.5g（精确至 0.001g，含水量较多的样品可适当增加取样量至 1g）或准确移取液体试样 0.500～3.00mL 于微波消解罐中，含乙醇或二氧化碳的样品先低温加热除去乙醇或二氧化碳，加入 5～10mL 硝酸，按照微波消解的操作步骤消解试样，必要时，可加酸后加盖放置 1h 或过夜后再根据微波消解的操作步骤消解试样。冷却后取出消解罐，于 140～160℃赶酸至 1mL 左右。消解罐放冷后，将消化液转移至 10mL 或 25mL 容量瓶中，用少量水洗涤消解罐 2～3 次，合并洗涤液于容量瓶中并用水定容至刻度，混匀备用。同时做空白试验。

③ 压力罐消解法。固体试样称取 0.2～1g（精确至 0.001g，含水量较多的样品可适当增加取样量至 2g）或准确移取液体试样 0.500～5.00mL 于消解内罐中，含乙醇或二氧化碳的样品先低温加热除去乙醇或二氧化碳，加入 5～10mL 硝酸，盖好内盖，旋紧不锈钢外套，放入恒温干燥箱中，于 140～160℃下保持 4～5h，必要时，可加酸后加盖放置 1h 或过夜后再旋紧不锈钢外套，放入恒温干燥箱中消解试样。冷却后缓慢旋松不锈钢外套取出消解内

罐，于 140~160℃ 赶酸至 1mL 左右。冷却后将消解液转移至 10mL 或 25mL 容量瓶中，用少量水洗涤消解内罐和内盖 2~3 次，合并洗涤液于容量瓶中并用水定容至刻度，混匀备用。同时做试剂空白试验。

(4) 仪器参考条件　根据各自仪器性能调至最佳状态，原子吸收分光光度计参考条件见表 3-11。

表 3-11　原子吸收分光光度计参考条件

仪器设置	波长/nm	狭缝/nm	灯电流/mA	干燥温度/℃	干燥时间/s
参考条件	228.8	0.8	5~7	85~120	30~50
仪器设置	灰化温度/℃	灰化时间/s	原子化温度/℃	原子化时间/s	元素
参考条件	450~650	15~30	1500~2000	4~5	镉

(5) 标准曲线绘制　按质量浓度由低到高的顺序分别取 10μL 系列标准溶液、5μL 磷酸二氢铵-硝酸钯混合溶液（可根据使用仪器选择最佳进样量）同时注入石墨炉，原子化后测其吸光度值，以质量浓度为横坐标，相应的吸光度值为纵坐标，绘制标准曲线。

(6) 样品测定　在测定标准曲线溶液相同的实验条件下，吸取 10μL 空白溶液或样品消化液、5μL 磷酸二氢铵-硝酸钯混合溶液（可根据使用仪器选择最佳进样量），注入石墨炉，原子化后测其吸光度值。根据标准曲线得到待测液中镉的质量浓度。若测定结果超出标准曲线范围，用硝酸溶液（5+95）稀释后测定。

(7) 结果计算　试样中镉含量按式（3-44）计算。

$$X = \frac{(\rho_1 - \rho_0)Vf}{m \times 1000} \tag{3-44}$$

式中　X——样品中镉含量，mg/kg 或 mg/L；

ρ_1——测定样品消化液中镉的质量浓度，μg/L；

ρ_0——空白溶液中镉的质量浓度，μg/L；

V——样品消化液定容体积，mL；

f——稀释倍数；

m——样品质量或体积，g 或 mL。

(8) 精密度　样品中镉含量大于 1mg/kg（mg/L）时，在重复性条件下获得的两次独立测定结果的绝对差值不得超过算术平均值的 10%；小于或等于 1mg/kg（mg/L）且大于 0.1mg/kg（mg/L）时，在重复性条件下获得的两次独立测定结果的绝对差值不得超过算术平均值 15%；小于或等于 0.1mg/kg（mg/L）时，在重复性条件下获得的两次独立测定结果的绝对差值不得超过算术平均值的 20%。

3. 食品中总汞的测定——原子荧光光谱法

试样经酸加热消解后，在酸性介质中，试样中汞被硼氢化钾或硼氢化钠还原成原子态汞，由载气（氩气）带入原子化器中，在汞空心阴极灯照射下，基态汞原子被激发至高能态，在由高能态回到基态时，发射出特征波长的荧光，其荧光强度与汞含量成正比，与标准系列溶液比较定量。

(1) 仪器与试剂

① 仪器。原子荧光光谱仪（配汞空心阴极灯）、天平（感量为 0.1mg 和 1mg）、微波

消解系统、压力消解器、恒温干燥箱（50～300℃）、控温电热板（50～200℃）、超声水浴箱、匀浆机、高速粉碎机。

② 试剂。硝酸、过氧化氢、硫酸、氢氧化钾、硼氢化钾（分析纯）、重铬酸钾、氯化汞（纯度≥99%）。

③ 溶液配制

a. 硝酸溶液（1+9）：量取 50mL 硝酸，缓缓加入 450mL 水中，混匀。

b. 硝酸溶液（5+95）：量取 50mL 硝酸，缓缓加入 950mL 水中，混匀。

c. 氢氧化钾溶液（5g/L）：称取 5.0 g 氢氧化钾，用水溶解并稀释至 1000mL，混匀。

d. 硼氢化钾溶液（5g/L）：称取 5.0 g 硼氢化钾，用氢氧化钾溶液（5g/L）溶解并稀释至 1000mL，混匀，临用现配。

e. 重铬酸钾的硝酸溶液（0.5g/L）：称取 0.5g 重铬酸钾，用硝酸溶液（5+95）溶解并稀释至 1000mL，混匀。

f. 汞标准储备液（1000 mg/L）：准确称取 0.1354 g 经干燥过的氯化汞，用重铬酸钾的硝酸溶液（0.5g/L）溶解并转移至 100mL 容量瓶，稀释至刻度，混匀。于 2～8℃ 冰箱中避光保存，可保存 2 年。或购买经国家认证并授予标准物质证书的汞标准溶液。

g. 汞标准中间液（10 mg/L）：吸取 1.00mL 汞标准储备液（1000 mg/L）于 100mL 容量瓶中，用重铬酸钾的硝酸溶液（0.5g/L）稀释至刻度，混匀，此溶液浓度为 10 mg/L 于 2～8℃ 冰箱中避光保存，可保存 1 年。

h. 汞标准使用液（50 μg/L）：吸取 1mL 汞标准中间液（10 mg/L）于 200mL 容量瓶中，用 0.5g/L 重铬酸钾的硝酸溶液稀释至刻度，混匀，现用现配。

i. 汞标准系列溶液：分别吸取汞标准使用液（50 μg/L）0.00mL、0.20mL、0.50mL、1.00mL、1.50mL、2.00mL、2.50mL 于 50mL 容量瓶中，用硝酸（1+9）稀释并定容至刻度，混匀。此标准系列溶液汞浓度为 0.00 μg/L、0.20 μg/L、0.50 μg/L、1.00 μg/L、1.50 μg/L、2.00 μg/L、2.50 μg/L。现用现配。

(2) 样品制备

① 粮食、豆类等样品。取可食部分粉碎均匀，装入洁净聚乙烯瓶中，密封保存备用。

② 蔬菜、水果、鱼类、肉类及蛋类等新鲜样品。洗净晾干，取可食部分匀浆，装入洁净聚乙烯瓶中，密封，于 2～8℃ 冰箱冷藏备用。

③ 乳及乳制品。匀浆或均质后装入洁净聚乙烯瓶中，密封于 2～8℃ 冰箱冷藏备用。

(3) 样品消化

① 微波消解法。称取固体试样 0.2～0.5g(精确到 0.001g，含水分较多的样品可适当增加取样量至 0.8 g) 或准确称取液体试样 1.0～3.0 g(精确到 0.001g)，对于植物油等难消解的样品称取 0.2～0.5g(精确到 0.001g)，置于消解罐中，加入 5～8mL 硝酸，加盖放置 1h，对于难消解的样品再加入 0.5～1mL 过氧化氢，旋紧罐盖，按照微波消解仪的标准操作步骤进行消解（微波消解参考条件见表 3-12）。冷却后取出，缓慢打开罐盖排气，用少量水冲洗内盖，将消解罐放在控温电热板上或超声水浴箱中，80℃ 下加热或超声脱气 3～6min，赶去棕色气体，取出消解内罐，将消化液转移至 25mL 塑料容量瓶中，用少量水分 3 次洗涤内罐，洗涤液合并于容量瓶中并定容至刻度，混匀备用；同时做空白

试验。

表 3-12　总汞的微波消解条件

步骤	设定温度/℃	升温时间/min	恒温时间/min
1	120	5	5
2	160	5	10
3	190	5	25

② 压力罐消解法。称取固体试样 0.2～1.0 g（精确到 0.001g，含水分较多的样品可适当增加取样量至 2g），或准确称取液体试样 1.0～5.0g（精确到 0.001g），对于植物油等难消解的样品称取 0.2～0.5g（精确到 0.001g），置于消解内罐中，加入 5mL 硝酸，放置 1h 或过夜，盖好内盖，旋紧不锈钢外套，放入恒温干燥箱，140～160℃下保持 4～5h，在箱内自然冷却至室温，缓慢旋松不锈钢外套，将消解内罐取出，用少量水冲洗内盖，将消解罐放在控温电热板上或超声水浴箱中，80℃下加热或超声脱气 3～6min 赶去棕色气体。取出消解内罐，将消化液转移至 25mL 容量瓶中，用少量水分 3 次洗涤内罐，洗涤液合并于容量瓶中并定容至刻度，混匀备用；同时做空白试验。

③ 回流消解法

a. 粮食：称取 1.0～4.0g（精确到 0.001g）试样，置于消化装置锥形瓶中，加玻璃珠数粒，加 45mL 硝酸、10mL 硫酸，转动锥形瓶防止局部炭化。装上冷凝管后，小火加热，待开始发泡即停止加热，发泡停止后，加热回流 2 h。如加热过程中溶液变棕色，再加 5mL 硝酸，继续回流 2h，消解到样品完全溶解，一般呈淡黄色或无色，放冷后从冷凝管上端小心加 20mL 水，继续加热回流 10min，放置冷却后，用适量水冲洗冷凝管，冲洗液并入消化液中，将消化液经玻璃棉过滤于 100mL 容量瓶内，用少量水洗涤锥形瓶、滤器，洗涤液并入容量瓶内，加水至刻度，混匀。同时做空白试验。

b. 植物油及动物油脂：称取 1.0～3.0g（精确到 0.001g）试样，置于消化装置锥形瓶，加玻璃珠数粒，加入 7mL 硫酸，小心混匀至溶液颜色变为棕色，然后加 40mL 硝酸。以下按 a. "装上冷凝管后，小火加热……同时做空白试验"步骤操作。

c. 薯类、豆制品：称取 1.0～4.0g（精确到 0.001g），置于消化装置锥形瓶中，加玻璃珠数粒及 30mL 硝酸、5mL 硫酸，转动锥形瓶防止局部炭化。以下按 a. "装上冷凝管后，小火加热……同时做空白试验"步骤操作。

d. 肉、蛋类：称取 0.5～2.0g（精确到 0.001g），置于消化装置锥形瓶中，加玻璃珠数粒及 30mL 硝酸、5mL 硫酸，转动锥形瓶防止局部炭化。以下按 a. "装上冷凝管后，小火加热……同时做空白试验"步骤操作。

e. 乳及乳制品：称取 1.0～4.0g（精确到 0.001g）乳或乳制品，置于消化装置锥形瓶，加玻璃珠数粒及 30mL 硝酸，乳加 10mL 硫酸，乳制品加 5mL 硫酸，转动锥形瓶防止局部炭化。以下 a. "装上冷凝管后，小火加热……同时做空白试验"步骤操作。

（4）仪器参考条件　将仪器性能调至最佳状态，详见表 3-13。

表 3-13　原子荧光光谱仪参考条件（总汞）

光电倍增管负高压/V	汞空心阴极灯电流/mA	原子化器温度/℃	载气流速/(mL/min)	屏蔽气流速/(mL/min)
240	30	200	500	1000

(5) 标准曲线制作 设定好仪器最佳条件，连续用硝酸溶液（1+9）进样，待读数稳定之后，转入标准系列溶液测量，由低到高浓度顺序测定标准溶液的荧光强度，以汞的质量浓度为横坐标，荧光强度为纵坐标，绘制标准曲线。可根据仪器的灵敏度及样品中汞的实际含量微调标准溶液中汞的质量浓度范围。

(6) 试样溶液的测定 转入试样测量，先用硝酸溶液（1+9）进样，使读数基本回零，再分别测定试样空白和试样消化液，每测不同的试样前都应清洗进样器。

(7) 结果计算 试样中汞含量按式(3-45)计算：

$$X = \frac{(\rho - \rho_0) \times V \times 1000}{m \times 1000 \times 1000} \tag{3-45}$$

式中 X——试样中汞的含量，mg/kg；

ρ——测定样液中汞含量，μg/L；

ρ_0——空白液中汞含量，μg/L；

V——试样消化液定容总体积，mL；

1000——换算系数；

m——试样质量，g。

(8) 精密度 样品中汞含量大于1mg/kg时，在重复性条件下获得的两次独立测定结果的绝对差值不得超过算术平均值的10%；小于或等于1mg/kg且大于0.1mg/kg时，在重复性条件下获得的两次独立测定结果的绝对差值不得超过算术平均值15%；小于或等于0.1mg/kg时，在重复性条件下获得的两次独立测定结果的绝对差值不得超过算术平均值的20%。

4. 食品中甲基汞的测定——液相色谱-原子荧光光谱联用法

食品中甲基汞经超声波辅助5 mol/L 盐酸溶液提取后，使用 C_{18} 反相色谱柱分离，色谱流出液进入在线紫外消解系统，在紫外光照射下与强氧化剂过硫酸钾反应，甲基汞转变为无机汞。酸性环境下，无机汞与硼氢化钾在线反应生成汞蒸气，由原子荧光光谱仪测定。由保留时间定性，外标法峰面积定量。

(1) 仪器与试剂

① 仪器。液相色谱-原子荧光光谱联用仪（简称 LC-AFS，由液相色谱仪、在线紫外消解系统及原子荧光光谱仪组成）、电子天平（感量0.01mg）、匀浆机、高速粉碎机、冷冻离心机（转速≥8000r/min）、超声波清洗器、有机系滤膜（0.45μm）、筛网（粒径≤425μm或筛孔≥40目）。

② 试剂。甲醇（色谱纯）、氢氧化钠、氢氧化钾、硼氢化钾、过硫酸钾、乙酸铵、盐酸（优级纯）、硝酸（优级纯）、重铬酸钾、L-半胱氨酸（生化试剂，≥98.5%）、氯化汞（纯度≥99%）、氯化甲基汞（纯度≥99%）、氯化乙基汞（纯度≥99%）。

③ 试剂配制

a. 盐酸溶液（5 mol/L）：量取 208mL 盐酸，加水稀释至 500mL。

b. 盐酸溶液（1+9）：量取 100mL 盐酸，加水稀释至 1000mL。

c. 氢氧化钾溶液（2g/L）：称取 2.0 g 氢氧化钾，加水溶解并稀释至 1000mL。

d. 氢氧化钠溶液（6 mol/L）：称取 24 g 氢氧化钠，加水溶解，冷却后稀释至 100mL。

e. 硼氢化钾溶液（2g/L）：称取 2.0 g 硼氢化钾，用氢氧化钾溶液（2g/L）溶解并稀释至1000mL。临用现配。

f. 过硫酸钾溶液（2g/L）：称取1.0g过硫酸钾，用氢氧化钾溶液（2g/L）溶解并稀释至500mL。临用现配。

g. 硝酸溶液（5+95）：量取5mL硝酸，缓缓倒入95mL水中，混匀。

h. 重铬酸钾的硝酸溶液（0.5g/L）：称取0.5g重铬酸钾，用硝酸溶液（5+95）溶解并稀释至1000mL，混匀。

i. L-半胱氨酸溶液（10g/L）：称取0.1g L-半胱氨酸，加10mL水溶解，混匀。临用现配。

j. 醇水溶液（1+1）：量取甲醇100mL，加100mL水，混匀。

k. 流动相（3%甲醇+0.04mol/L乙酸铵+1g/L L-半胱氨酸）：称取0.5g L-半胱氨酸、1.6g乙酸铵，用100mL水溶解，加入15mL甲醇，用水稀释至500mL。经0.45μm有机系滤膜过滤后，于超声水浴中超声脱气30min。临用现配。

l. 汞标准储备液（200mg/L，以Hg计）：准确称取0.0270g氯化汞，用0.5g/L重铬酸钾的硝酸溶液溶解，并稀释定容至100mL。于2~8℃冰箱中避光保存，可保存1年。或购买经国家认证并授予标准物质证书的标准溶液物质。

m. 甲基汞标准储备液（200mg/L，以Hg计）：准确称取0.0250g氯化甲基汞，加少量甲醇溶解，用甲醇水溶液（1+1）稀释并定容至100mL。于2~8℃冰箱中避光保存，可保存1年。或购买经国家认证并授予标准物质证书的标准溶液物质。

n. 乙基汞标准储备液（200mg/L，以Hg计）：准确称取0.0265g氯化乙基汞，加少量甲醇溶解，用甲醇水溶液（1+1）稀释并定容至100mL。于2~8℃冰箱中避光保存，可保存1年。或购买经国家认证并授予标准物质证书的标准溶液物质。

o. 混合标准使用液（1.0mg/L，以Hg计）：准确移取汞标准储备液、甲基汞标准储备液和乙基汞标准储备液各0.5mL，置于100mL容量瓶，以流动相稀释定容至刻度，摇匀。现用现配。

p. 混合标准溶液（10.0μg/L，以Hg计）：准确移取0.25mL混合标准使用液（1.0mg/L）于25mL容量瓶中，以流动相稀释定容至刻度，摇匀。现用现配。

q. 甲基汞标准使用液（1.0mg/L，以Hg计）：准确吸取甲基汞标准储备液（200mg/L）于100mL容量瓶中，以流动相稀释定容至刻度，摇匀。现用现配。

r. 甲基汞标准系列溶液：分别准确吸取甲基汞标准使用液（1.0mg/L）0.00mL、0.01mL、0.05mL、0.10mL、0.30mL、0.50mL于10mL容量瓶中，用流动相稀释并定容至刻度。此标准系列溶液的浓度分别为0.0μg/L、1.0μg/L、5.0μg/L、10.0μg/L、30.0μg/L、50.0μg/L。临用现配。

（2）试样制备

① 大米、食用菌、水产动物及其制品的干剂样品。取可食部分粉碎均匀，粒径达425μm以下（相当于40目以上），装入洁净聚乙烯瓶中，密封保存备用。

② 食用菌、水产动物等湿剂样品。洗净晾干，取可食部分匀浆至均质，装入洁净聚乙烯瓶中，密封，于2~8℃冰箱冷藏备用。

在采样和制备过程中，应注意避免试样污染。

（3）试样提取 称取固体样品0.20~1.0g或新鲜样品0.5~2.0g（精确至0.001g），置于15mL塑料离心管中，加入10mL的盐酸溶液（5mol/L）。室温下超声水浴提取60min，超声水浴期间振摇数次。4℃下以 8000r/mm 转速离心 15min。准确吸取 2.0mL 上清液至 5mL 容量瓶或刻度试管中,逐滴加入氢氧化钠溶液(6mol/L),使样液 pH 为 3～7。加入 0.1mL 的 L-半胱氨酸溶液(10g/L),最后用水定容至刻度。经 0.45μm 有机系滤膜过滤,待测。同时做空白试验。

(4) 仪器参考条件 液相色谱参考条件见表 3-14,原子荧光光谱仪参考条件见表 3-15。

表 3-14 液相色谱参考条件

色谱柱	流速/(mL/min)	进样体积/μL	流动相
C_{18} 分析柱(柱长 150mm,内径 4.6mm,粒径 5μm),C_{18} 预柱(柱长 10mm,内径 4.6mm,粒径 5μm)	1.0	100	3%甲醇+0.04mol/L 乙酸铵+1g/L L-半胱氨酸

表 3-15 原子荧光光谱仪参考条件(甲基汞)

负高压/V	汞灯电流/mA	原子化方式	载液	载液流速/(mL/min)
300	30	冷原子	盐酸(1+9)	4.0
还原剂	还原剂流速/(mL/min)	氧化剂	载气流速/(mL/min)	辅助气流速/(mL/min)
2g/L 硼氢化钾溶液	4.0	2g/L 过硫酸钾溶液,氧化剂流速 1.6mL/min	500	600

(5) 绘制标准曲线 设定仪器最佳条件,待基线稳定后,测定汞形态混合标准溶液(10μg/L),确定各汞形态的分离度,待分离度达到要求($R>1.5$)后,将甲基汞标准系列溶液按质量浓度由低到高分别注入液相色谱-原子荧光光谱联用仪中进行测定,以标准系列溶液中目标化合物的浓度为横坐标,以色谱峰面积为纵坐标,制作标准曲线。

(6) 试样溶液的测定 依次将空白溶液和试样溶液注入液相色谱-原子荧光光谱联用仪中,得到色谱图,以保留时间定性。根据标准曲线得到试样溶液中甲基汞的浓度。

(7) 计算 试样中甲基汞含量按式(3-46)计算。

$$X = \frac{d \times (\rho - \rho_0) \times V \times 1000}{m \times 1000 \times 1000} \tag{3-46}$$

式中 X——试样中甲基汞的含量(以 Hg 计),mg/kg;

d——稀释因子,2.5;

ρ——经标准曲线得到的测定液中甲基汞的浓度,μg/L;

ρ_0——经标准曲线得到的空白溶液甲基汞的浓度,μg/L;

V——加入提取试剂的体积,mL;

m——试样称样量,g;

1000——换算系数。

(8) 精密度 样品中汞含量大于 1mg/kg 时,在重复性条件下获得的两次独立测定结果的绝对差值不得超过算术平均值的 10%;小于或等于 1mg/kg 且大于 0.1mg/kg 时,在重复性条件下获得的两次独立测定结果的绝对差值不得超过算术平均值 15%;小于或等于 0.1mg/kg 时,在重复性条件下获得的两次独立测定结果的绝对差值不得超过算术平均值的 20%。

5. 食品中总砷的测定——电感耦合等离子质谱法

样品经酸消解处理为样品溶液，样品溶液经雾化由载气送入 ICP 炬管中，经过蒸发、解离、原子化和离子化等过程，转化为带电荷的离子，经离子采集系统进入质谱仪，质谱仪根据荷质比进行分离。对于一定的质荷比，质谱的信号强度与进入质谱仪的离子数成正比，即样品浓度与信号强度成正比，通过测量质谱的信号强度对试样溶液中砷元素进行测定。

（1）仪器与试剂

① 仪器。电感耦合等离子体质谱仪（ICP-MS）、微波消解系统、压力消解器、恒温干燥箱（50~300℃）、控温电热板（50~200℃）、超声水浴箱、天平（感量为 0.1 mg 和 1 mg）。

② 试剂。硝酸 [MOS 级电子工业专用高纯化学品、BV(Ⅲ)级]、过氧化氢、氢氧化钠、内标储备液（Ge，浓度为 100μg/mL）、质谱调谐液（Li、Y、Ce、Ti、Co，推荐使用浓度为 10ng/mL）、三氧化二砷标准品（纯度≥99.5%）。

③ 试剂配制

a. 硝酸溶液（2+98）：量取 20mL 硝酸，缓缓倒入 980mL 水，混匀。

b. 内标溶液 Ge(1.0μg/mL)：取 1.0mL 内标溶液，用硝酸溶液（2+98）稀释并定容至 100mL。

c. 氢氧化钠溶液（100g/L）：称取 10.0 g 氢氧化钠，用水溶解和定容至 100mL。

d. 砷标准储备液（100 mg/L，按 As 计）：准确称取于 100℃ 干燥 2 h 的三氧化二砷 0.0132 g，加 1mL 氢氧化钠溶液（100g/L）和少量水溶解，转入 100mL 容量瓶，加入适量盐酸调整其酸度近中性，用水稀释至刻度。4℃ 避光保存，保存期 1 年。或购买经国家认证并授予标准物质证书的标准溶液物质。

e. 砷标准使用液（1.00 mg/L，按 As 计）：准确吸取 1.00mL 砷标准储备液（100 mg/L）于 100mL 容量瓶，用硝酸溶液（2+98）稀释定容至刻度。现用现配。

（2）试样制备

① 粮食、豆类等样品。去杂物后粉碎均匀，装入洁净聚乙烯瓶中，密封保存备用；

② 蔬菜、水果、鱼类、肉类及蛋类等新鲜样品。洗净晾干，取可食部分匀浆，装入洁净聚乙烯瓶密封，于 4℃ 冰箱冷藏备用。

（3）试样消解

① 微波消解法。蔬菜、水果等含水分高的样品，称取 2.0~4.0g(精确至 0.001g) 样品于消解罐中，加入 5mL 硝酸，放置 30min；粮食、肉类、鱼类等样品，称取 0.2~0.5g(精确至 0.001g) 样品于消解罐中，加入 5mL 硝酸，放置 30min，盖好安全阀，将消解罐放入微波消解系统中，根据不同类型的样品，设置适宜的微波消解程序（以粮食、蔬菜为例，见表 3-16），按相关步骤进行消解，消解完全后赶酸，将消化液转移至 25mL 容量瓶或比色管中，用少量水洗涤内罐 3 次，合并洗涤液并定容至刻度，混匀。同时做空白试验。

表 3-16 粮食、蔬菜类试样微波消解参考条件

步骤	功率		升温时间/min	控制温度/℃	保持时间/min
1	1200W	100%	5	120	6
2	1200W	100%	5	160	6
3	1200W	100%	5	190	20

② 高压密闭消解法。称取固体试样 0.20～1.0 g（精确至 0.001g），湿样 1.0～5.0 g（精确至 0.001g）或取液体试样 2.00～5.00mL 于消解内罐中，加入 5mL 硝酸浸泡过夜。盖好内盖，旋紧不锈钢外套，放入恒温干燥箱，140～160℃保持 3～4h，自然冷却至室温，然后缓慢旋松不锈钢外套，将消解内罐取出，用少量水冲洗内盖，放在控温电热板上于 120℃赶去棕色气体。取出消解内罐，将消化液转移至 25mL 容量瓶或比色管中，用少量水洗涤内罐 3 次，合并洗涤液并定容至刻度，混匀。同时做空白试验。

(4) 仪器参考条件　RF 功率 1550 W；载气流速 1.14 L/min；采样深度 7mm；雾化室温度 2℃；Ni 采样锥，Ni 截取锥。

质谱干扰主要来源于同量异位素、多原子、双电荷离子等，可采用最优化仪器条件、干扰校正方程校正或采用碰撞池、动态反应池技术方法消除干扰。砷的干扰校正方程为：$^{75}As = {}^{75}As - {}^{77}M(3.127) + {}^{82}M(2.733) - {}^{83}M(2.757)$；采用内标校正、稀释样品等方法校正非质谱干扰。砷的质荷比为 75，选 ^{72}Ge 为内标元素；推荐使用碰撞/反应池技术，在没有碰撞/反应池技术的情况下使用干扰方程消除干扰的影响。

(5) 标准曲线的绘制　吸取适量砷标准使用液（1.00mg/L），用硝酸溶液（2+98）配制砷浓度分别为 0.00ng/mL、1.0ng/mL、5.0ng/mL、10ng/mL、50ng/mL 和 100ng/mL 的标准系列溶液。

当仪器真空度达到要求时，用调谐液调整仪器灵敏度、氧化物、双电荷、分辨率等各项指标，当仪器各项指标达到测定要求，编辑测定方法、选择相关消除干扰方法，引入内标，观测内标灵敏度、脉冲与拟模式的线性拟合，符合要求后，将标准系列引入仪器。进行相关数据处理，绘制标准曲线并计算回归方程。

(6) 试样溶液的测定　相同条件下，将试剂空白、样品溶液分别引入仪器进行测定。根据回归方程计算出样品砷元素的浓度。

(7) 计算　试样中的砷含量按式(3-47)计算。

$$X = \frac{(\rho - \rho_0) \times V \times 1000}{m \times 1000 \times 1000} \quad (3-47)$$

式中　X——试样的砷含量，mg/kg 或 mg/L；
　　　ρ——试样消化液中砷的浓度，ng/mL；
　　　ρ_0——试剂空白消化液中砷的浓度，ng/mL；
　　　m——试样的质量或体积，g 或 mL；
　　　V——试样消化液总体积，mL；
　　　1000——换算系数。

(8) 精密度　在重复条件下获得的两次独立测定结果的绝对差值不得超过算术平均值的 20%。

6. 食品中无机砷的测定——液相色谱-原子荧光光谱联用法

食品中无机砷经稀硝酸提取后，以液相色谱进行分离，分离后的目标化合物在酸性环境下与 KBH_4 反应，生成气态砷化合物，以原子荧光光谱仪进行测定。按保留时间定性，外标法定量。

(1) 仪器与试剂

① 仪器。液相色谱-原子荧光光谱联用仪［简称 LC-AFS，由液相色谱仪（包括液相色

谱泵和手动进样阀）与原子荧光光谱仪组成]、组织匀浆器、高速粉碎机、冷冻干燥机、离心机（转速≥8000r/min）、pH 计（精度为 0.01）、分析天平（感量为 0.1mg 和 1mg）、恒温干燥箱（50~300℃）、C_{18}净化小柱或等效柱。

② 试剂。磷酸二氢铵（分析纯）、硼氢化钾（分析纯）、氢氧化钾、硝酸、盐酸、氨水、正己烷、三氧化二砷（标准品，纯度≥99.5%）、砷酸二氢钾（标准品，纯度≥99.5%）。

③ 试剂配制

a. 盐酸溶液（体积分数为 20%）：量取 200mL 盐酸，溶于水并稀释至 1000mL。

b. 硝酸溶液（0.15mol/L）：量取 10mL 硝酸，溶于水并稀释至 1000mL。

c. 氢氧化钾溶液（100g/L）：称取 10g 氢氧化钾，溶于水并稀释至 100mL。

d. 氢氧化钾溶液（5g/L）：称取 5g 氢氧化钾，溶于水并稀释至 1000mL。

e. 硼氢化钾溶液（30g/L）：称取 30g 硼氢化钾，用 5g/L 氢氧化钾溶液溶解并定容至 1000mL。现用现配。

f. 磷酸二氢铵溶液（20mmol/L）：称取 2.3g 磷酸二氢铵，溶于 1000mL 水，以氨水调节 pH 至 8.0，经 0.45μm 水系滤膜过滤后，于超声水浴中超声脱气 30min，备用。

g. 磷酸二氢铵溶液（1mmol/L）：量取 20mmol/L 磷酸二氢铵溶液 50mL，水稀释至 1000mL，以氨水调 pH 至 9.0，经 0.45μm 水系滤膜过滤后，于超声水浴中超声脱气 30min，备用。

h. 磷酸二氢铵溶液（15mmol/L）：称取 1.7g 磷酸二氢铵，溶于 1000mL 水中，以氨水调节 pH 至 6.0，经 0.45μm 水系滤膜过滤后，于超声水浴中超声脱气 30min，备用。

i. 亚砷酸盐[As(Ⅲ)]标准储备液（100mg/L，按 As 计）：准确称取三氧化二砷 0.0132g，加 100g/L 氢氧化钾溶液 1mL 和少量水溶解，转入 100mL 容量瓶，加入适量盐酸调整其酸度近中性，加水稀释至刻度。4℃保存，保存期 1 年。或购买经国家认证并授予标准物质证书的标准溶液物质。

j. 砷酸盐[As(Ⅴ)]标准储备液（100mg/L，按 As 计）：准确称取砷酸二氢钾 0.0240g，加水溶解，转入 100mL 容量瓶，用水稀释至刻度。4℃保存，保存期 1 年。或购买经国家认证并授予标准物质证书的标准溶液物质。

k. As(Ⅲ)、As(Ⅴ) 混合标准使用液（1.00mg/L，按 As 计）：分别准确吸取 1.0mL As(Ⅲ) 标准储备液（100mg/L），1.0mL As(Ⅴ) 标准储备液（100mg/L）于 100mL 容量瓶，加水稀释并定容至刻度。现用现配。

(2) 试样预处理 同总砷的测定。

(3) 试样提取

① 稻米样品。称取约 1.0g 稻米试样（准确至 0.001g）于 50mL 塑料离心管中，加入 20mL 0.15mol/L 硝酸溶液，放置过夜。于 90℃恒温箱中热浸提 2.5h，每 0.5h 振摇 1min。提取完毕，取出冷却至室温，8000r/min 离心 15min，取上层清液，经 0.45μm 有机滤膜过滤后进样测定。按同一方法做空白试验。

② 水产动物样品。称取约 1.0g 水产动物湿样（准确至 0.001g），置于 50mL 塑料离心管中，加入 20mL 0.15mol/L 硝酸溶液，放置过夜。于 90℃恒温箱中热浸提 2.5h，每 0.5h 振摇 1min。提取完毕，取出冷却至室温，8000r/min 离心 15min。取 5mL 上清液置于离心管中，加入 5mL 正己烷，振摇 1min 后，8000r/min 离心 15min，弃去上层正己烷。按此过程重复一次。吸取下层清液，经 0.45μm 有机滤膜过滤及 C_{18}小柱净化后进样。按同一操作

方法作空白试验。

③ 婴幼儿辅助食品样品。称取婴幼儿辅助食品约 1.0g（准确至 0.001g）于 15mL 塑料离心管中，加入 10mL 0.15mol/L 硝酸溶液，放置过夜。于 90℃恒温箱中热浸提 2.5h，每 0.5h 振摇 1min。提取完毕，取出冷却至室温，8000r/min 离心 15min。取 5mL 上清液置于离心管中，加入 5mL 正己烷，振摇 1min，8000r/min 离心 15min，弃去上层正己烷。按此过程重复一次。吸取下层清液，经 0.45μm 有机滤膜过滤及 C_{18} 小柱净化后进样。按同一操作方法作空白试验。

（4）仪器参考条件

① 液相色谱参考条件。阴离子交换色谱柱（柱长 250mm，内径 4mm），或等效柱。阴离子交换色谱保护柱（柱长 10mm，内径 4mm），或等效柱。

流动相组成：

a. 等度洗脱流动相：15mmol/L 磷酸二氢铵溶液（pH=6.0）。流动相洗脱方式：等度洗脱。流动相流速：1.0mL/min。进样体积：100μL。等度洗脱适用于稻米及稻米加工食品。

b. 梯度洗脱：流动相 A 为 1mmol/L 磷酸二氢铵溶液（pH=9.0）；流动相 B 为 20mmol/L 磷酸二氢铵溶液（pH=8.0）（梯度洗脱程序见表 3-17）。流动相流速：1.0mL/min。进样体积：100μL。梯度洗脱适用于水产动物样品、含水产动物组成的样品、含藻类等海产植物的样品以及婴幼儿食品。

表 3-17 流动相梯度洗脱程序

时间/min	0	8	10	20	22	32
流动相 A/%	100	100	0	0	100	100
流动相 B/%	0	0	100	100	0	0

② 原子荧光检测参考条件见表 3-18。

表 3-18 原子荧光检测参考条件

仪器设置	负高压/V	砷灯总电流/mA	主电流/辅助电流	原子化方式	原子化器温度
参考条件	320	90	55/35	火焰原子化	中温
仪器设置	载液,流速/(mL/min)	还原剂	还原剂流速/(mL/min)	载气流速/(mL/min)	辅助气流速/(mL/min)
参考条件	20%盐酸溶液,4	30g/L 硼氢化钾溶液	4	400	400

（5）标准曲线制作 取 7 支 10mL 容量瓶，分别准确加入 1.00mg/L 混合标准使用液 0.00mL、0.05mL、0.10mL、0.20mL、0.30mL、0.50mL 和 1.0mL，加水稀释至刻度，此标准系列溶液的浓度分别为 0.0ng/mL、5.0ng/mL、10ng/mL、20ng/mL、30ng/mL、50ng/mL 和 100ng/mL。

吸取标准系列溶液 100μL 注入液相色谱-原子荧光光谱联用仪进行分析，得到色谱图，以保留时间定性。以标准系列溶液中目标化合物的浓度为横坐标，色谱峰面积为纵坐标，绘制标准曲线。标准溶液色谱图见图 3-17 和图 3-18。

（6）试样溶液的测定 吸取试样溶液 100μL 注入液相色谱-原子荧光光谱联用仪中，得到色谱图，以保留时间定性。根据标准曲线得到试样溶液 As(Ⅲ)与 As(Ⅴ)含量，As(Ⅲ)

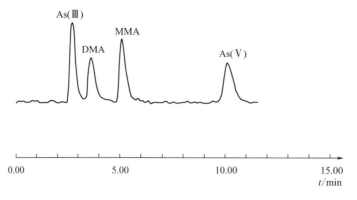

图 3-17　LC-AFS法测定砷标准溶液色谱图（等度洗脱）

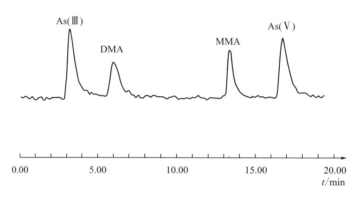

图 3-18　LC-AFS法测定砷标准溶液色谱图（梯度洗脱）

与 As(Ⅴ) 含量的加和为总无机砷含量，平行测定两次。

（7）计算　试样中无机砷的含量按式(3-48)计算：

$$X=\frac{(\rho-\rho_0)\times V\times 1000}{m\times 1000\times 1000} \tag{3-48}$$

式中　X——样品中无机砷的含量（以 As 计），mg/kg；

ρ——测定溶液中无机砷化合物浓度，ng/mL；

ρ_0——空白溶液中无机砷化合物浓度，ng/mL；

m——样品质量，g；

V——样品消化液的总体积，mL。

（8）精密度　在重复性条件下获得的两次独立测量结果的绝对差值不得超过算术平均值的 20%。

【学习活动三】 小组讨论制订计划并汇报任务

任务名称	大米中有害元素含量的测定	日期	
小组序号			
一、确定方法			

续表

二、制订工作计划	
1. 准备合适的仪器、设备	
2. 列出所需试剂	
3. 列出样品的制备方法	
4. 画出工作流程简图	

【学习活动四】 讨论工作过程中的注意事项

1. 食品中铅的测定

（1）样品处理过程中，应做试剂空白。试剂空白与样品所用试剂的纯度和容器的洁净度有关。铅广泛存在于自然界，因此铅的检测是易污染、限量低的痕量分析，空白越低，准确度越高。

（2）当称样量为 0.5g（或 0.5mL），定容体积为 10mL 时，方法的检出限为 0.02mg/kg（或 0.02mg/L），定量限为 0.04mg/kg（或 0.04mg/L）。

（3）实验中所用的玻璃器皿及聚四氟乙烯消解内罐均需硝酸溶液（1+5）浸泡过夜，用自来水反复冲洗，最后用蒸馏水冲洗干净。本实验所用试剂均为优级纯，蒸馏水为 GB/T 6682 规定的二级水。

（4）每周至少清洁一次石墨炉炉头，取出石墨管，观察石墨炉的所有部件，用棉签擦拭样品沉积物和石墨管碎片，轻轻擦拭石墨炉头外部的石英窗和温度控制窗。

（5）使用石墨炉原子吸收光度计时，需要严格控制环境的温度和湿度。高温和高湿度可能会对仪器的性能和稳定性产生不良影响。

2. 食品中总汞的测定

（1）当样品称样量为 0.5g，定容体积为 25mL 时，方法检出限 0.003mg/kg，方法定量限 0.01mg/kg。

（2）除另有说明，本次实验所用的试剂均为优级纯，水为 GB/T 6682 规定的一级水。

（3）除使用硼氢化钾作为还原剂外也可采用硼氢化钠作为还原剂。

（4）玻璃仪器及聚四氟乙烯消解内罐均需以硝酸（1+4）浸泡 24h，并用自来水反复冲洗，最后用一级水冲洗干净。

3. 食品中有机汞的测定

（1）除另有说明，本次实验所用的试剂均为分析纯，水为 GB/T 6682 规定的一级水。

（2）实验中可根据样品中甲基汞的实际含量适当调整标准系列溶液中甲基汞的质量浓度范围。

(3) 玻璃仪器均需以硝酸（1+4）浸泡 24h，并用自来水反复冲洗，最后用一级水冲洗干净。

(4) 滴加氢氧化钠溶液（6mol/L）时应缓慢逐滴加入，避免酸碱中和产生的热量来不及扩散，使温度很快升高，导致汞化合物挥发，造成测定值偏低。

(5) 当样品称样量为 1g，定容体积为 10mL，稀释因子为 2.5 时，方法检出限为 0.008mg/kg，方法定量限为 0.03mg/kg。

(6) 有机汞的测定方法适用于水产动物及其制品、大米、食用菌等。

4. 食品中总砷的测定

(1) 玻璃仪器及聚四氟乙烯消解内罐均需以硝酸（1+4）浸泡 24h，并用自来水反复冲洗，最后用去离子水冲洗干净。

(2) 除另有说明，本次实验所用的试剂均为优级纯，水为 GB/T 6682 规定的一级水。

(3) 当样品称样量为 1g，定容体积为 25mL 时，方法检出限为 0.003mg/kg，方法定量限为 0.010mg/kg。

(4) 使用 ICP-MS 时，避免频繁启动和反复开关机，仪器温度保持在 18～26℃，相对湿度要小于 60%，最好配备一台除湿机。

5. 食品中无机砷的测定

(1) 除非另有说明，本方法所用试剂均为优级纯，水为 GB/T 6682 规定的一级水。

(2) 所用玻璃器皿均需以硝酸溶液（1+4）浸泡 24h，用水反复冲洗，最后用去离子水冲洗干净。

(3) 总无机砷含量等于 As(Ⅲ) 含量与 As(Ⅴ) 含量的加和。

(4) 方法检出限为：取样量为 1g，定容体积为 20mL 时，稻米 0.02mg/kg，水产动物 0.03mg/kg，婴幼儿辅助食品 0.02mg/kg。

6. 食品中镉的测定

(1) 除非另有说明，本方法所用试剂均为分析纯，水为 GB/T 6682 规定的二级水。

(2) 所用玻璃器皿均需以硝酸溶液（1+5）浸泡 24h，用水反复冲洗，最后用去离子水冲洗干净。

(3) 实验要在通风良好的通风橱进行。对含油脂的样品尽量避免用湿式消解法消化，最好用干法灰化。如必须采用湿式消解法消化，样品的最大取样量不得超过 1g。

(4) 当取样量为 0.5g 或 2mL，定容体积为 10mL 时，方法检出限为 0.002mg/kg 或 0.0005mg/L，定量限为 0.004mg/kg 或 0.001mg/L。

(5) 在采样和制备过程中，应注意不使样品污染。

【学习活动五】 完成分析任务，填写报告单

任务名称	大米中有害元素含量的测定	日期	
小组序号		成员	
一、数据记录(根据分析内容,自行制订表格)			

	续表
二、计算,并进行修约	
三、给出结论	

任务二　农药残留的分析测定

子任务一　食品中菊酯类农药残留量的测定

 任务准备

农药是一种用于预防、控制或消灭有害生物的化学物质。然而,当这些化学物质没有被完全分解或从农作物上彻底清除时,就会残留在食物中。长期食用含有农药残留的食物可能会对人类健康产生负面影响,包括神经系统损伤、内分泌紊乱,甚至引发癌症等严重疾病。

随着当前国民消费水平的日益提高,食品原料的安全越来越多地受到社会重视,故对各种农药最高生物残留量和限量的标准也日益严格,联合国食品法典委员会对各种食品原料中的农药最高残留量作出了严格的限定。食品中菊酯类农药的残留会对人体造成很多伤害。有机杀虫剂的化学残留物在延长贮藏期的过程中会继续分解,但随着分解速度的降低,在贮藏一段时间后仍可能存在化学残留物含量过高的问题。此外,少量有机农药的化学残余物可以长期储存和集中在人体内,对人们的健康造成严重的危害。因此,必须注意严格控制食品中的农药残留。

国家卫健委、农业农村部及市场监管总局联合发布的 GB 2763—2021《食品安全国家标准　食品中农药最大残留限量》中明确规定了 11 种菊酯类农药及其同分异构体在蔬菜水果中的使用范围和最大使用量。即使国家强制标准中已有限量要求,但是食用农产品中菊酯类农药的残留量超标事件一直屡禁不止,数据显示菊酯类农药经常被使用于韭菜、芹菜、青椒、豇豆、梨、柑橘,且不合格率的问题较为突出。因此,对于日常的蔬菜等农产品中农药残留的检测的意义非常重大,这与人们舌尖上的安全息息相关。

【学习活动一】 发布工作任务，明确完成目标

任务名称	蜂王浆中多种菊酯类农药残留量的分析	日期	
小组序号		成员	

一、任务描述

蜂王浆有助于提升蜂王的繁殖力，可以有效促进神经保护系统相关神经元的转录和免疫反应活性，作为保健食品受到消费者的青睐。本次送检，抽样不同药店的蜂王浆，检查其多种菊酯类农药残留量是否超标。消费者作为自身的第一健康负责人，食品安全意识日益提高，这一提升促使检测行业的检测技术不断精准且快速发展，使得我国达成健康中国、科技中国的目标越来越近。食品中联苯菊酯类农药限量指标见表3-19

表3-19 食品中联苯菊酯类农药限量指标

食品类别	名称	最大残留限量值/(mg/kg)
谷物及其制品	棉花籽油	0.2
蔬菜	韭菜	0.5
	结球甘蓝	0.5
	花椰菜	0.5
	菠菜	0.5
	普通白菜	0.5
	芹菜	0.5
	大白菜	0.5
	稻谷以糙米计	

二、任务目标

1. 查找合适的国家标准	
2. 查找、讨论菊酯类农药残留量测定的意义	
3. 查找菊酯类农药测定的方法和过程	

三、完成目标

能力目标	1. 培养对菊酯类农药的认知能力； 2. 培养查阅并使用国家标准的能力； 3. 培养正确使用气相色谱仪等精密分析仪器的操作能力
知识目标	1. 了解食品中菊酯类农药测定的意义； 2. 掌握食品菊酯类农药测定的方法； 3. 掌握食品中菊酯类农药的测定方法、检测方法的原理、检测仪器的使用及注意事项
素质目标	1. 培养综合分析和解决问题的能力； 2. 培养安全使用气相色谱、氮吹仪等仪器的能力，增强对于检测行业的职业认知

【学习活动二】 寻找关键参数，确定分析方法

> **【方法解读】**《食品安全国家标准　食品中农药最大残留限量》(GB 2763—2021) 中明确规定了 11 种菊酯类农药及其同分异构体在蔬菜水果中的使用范围和最大使用量。食品中菊酯类农药残留量的测定方法主要遵循 GB 2763—2021，《食品安全国家标准　蜂王浆中多种菊酯类农药残留量的测定　气相色谱法》(GB 23200.100—2016) 规定了蜂王浆中多种菊酯类农药残留量的测定方法。

试样中的菊酯类农药残留经正己烷+丙酮（1+1，V/V）混合溶剂提取，用弗罗里硅土固相萃取柱净化，气相色谱-电子俘获测定器测定，外标法定量。

1. 试剂

乙醚（$C_4H_{10}O$）：色谱纯。正己烷（C_6H_{14}）：色谱纯。丙酮（C_3H_6O）：色谱纯。氯化钠（NaCl）。无水硫酸钠（Na_2SO_4）：650℃灼烧 4h，在干燥器内冷却至室温，贮于密封瓶中备用。

2. 标准品

联苯菊酯、甲氰菊酯、高效氯氟氰菊酯、氯菊酯、氟氯氰菊酯、氯氰菊酯、氟胺氰菊酯、氰戊菊酯、溴氰菊酯标准物质：纯度≥99%，见 GB 23200.100—2016 附录 A。

3. 标准溶液配制

联苯菊酯、甲氰菊酯、高效氯氟氰菊酯、氯菊酯、氟氯氰菊酯、氯氰菊酯、氟胺氰菊酯、氰戊菊酯、溴氰菊酯标准溶液：分别准确称取适量标准物质，用正己烷配成浓度为 100g/mL 的标准储备液。

根据需要用正己烷稀释混合至适当浓度的混合标准工作液。保存于 4℃冰箱内。

4. 材料

弗罗里硅土固相萃取柱（6mL，1g）或相当者。使用前柱内填约 10mm 高无水硫酸钠层，用 5mL 正己烷淋洗活化固相萃取柱。

5. 仪器和设备

气相色谱仪：配电子俘获测定器（ECD）。分析天平：感量 0.01g 和 0.0001g。旋涡混匀器。离心机：转速大于 5000r/min。氮吹仪。旋转蒸发器。

6. 试样制备与保存

取代表性样品约 500g，取样部位按 GB 2763 附录 A 执行，将其用力搅拌均匀，装入洁净容器内密封，并标明标记。于-18℃以下保存。在制样的操作过程中，应防止样品污染或发生残留物含量的变化。

7. 分析步骤

(1) 提取 称取 2g 试样（精确到 0.01g）于 50mL 离心管中，加 10mL 水涡旋混匀 1min，静置 5min。加入 20mL 正己烷+丙酮（1+1，体积比）混合溶剂，涡旋混匀 1min，以 4000r/min 离心 3min，将上层有机相转移入浓缩瓶中。残渣中再加入 10mL 正己烷+丙

酮（1+1）混合溶剂，重复提取一次，合并上层有机相，在45℃以下水浴减压浓缩至近干，待净化。

（2）净化 浓缩瓶中残留物用3mL正己烷溶解洗涤二次，转移到弗罗里硅土固相萃取柱中。用5mL正己烷淋洗，弃去流出液，用10mL正己烷+乙醚（9+1，体积比）混合溶剂洗脱。收集洗脱液于10mL玻璃离心管中，在45℃水浴中用氮吹仪缓缓吹至近干，用正己烷溶解并定容至0.5mL，供气相色谱测定。

（3）测定

气相色谱参考条件如下。

a. 色谱柱：HP-50+石英毛细管柱，30m×0.32mm（内径）×0.25μm（膜厚），或相当者；

b. 色谱柱温度：70℃保持1min，以20℃/min的升温速率升至270℃，保持1min，以2℃/min的升温速率升至280℃，保持10min；

c. 进样口温度：270℃；

d. 测定器温度：325℃；

e. 载气：氮气，纯度99.999%，流速2.0mL/min，尾吹60mL/min；

f. 进样量：2μL；

g. 进样方式：不分流进样，开阀时间0.75min。

（4）色谱测定 根据样液中各种菊酯含量的情况，选定含量相近的标准工作溶液。标准工作溶液和样液中各种菊酯的响应值均应在仪器测定的线性范围内。标准工作溶液和样液等体积穿插进样测定。在上述色谱条件下，联苯菊酯的保留时间约为12.9min；甲氰菊酯的保留时间约为13.6min；高效氯氟氰菊酯的保留时间约为14.0min；氯菊酯各异构体的保留时间约为16.0min、16.2min；氟氯氰菊酯各异构体的保留时间约为16.6min、16.7min、16.9min；氯氰菊酯各异构体的保留时间约为17.5min、17.6min、17.8min；氟胺氰菊酯各异构体的保留时间约为18.6min、18.8min；氰戊菊酯各异构体的保留时间约为19.9min、20.5min；溴氰菊酯的保留时间约为23.0min。标准品的色谱图参见图3-19。

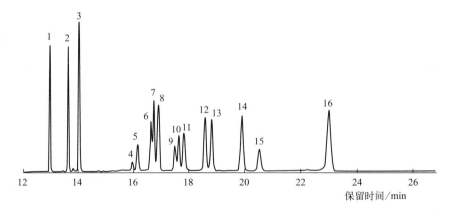

图3-19 菊酯类农药标准物质气相色谱图

1—联苯菊酯；2—甲氰菊酯；3—高效氯氟氰菊酯；4—氯菊酯Ⅰ；5—氯菊酯Ⅱ；6—氟氯氰菊酯Ⅰ；7—氟氯氰菊酯Ⅱ；8—氟氯氰菊酯Ⅲ；9—氯氰菊酯Ⅰ；10—氯氰菊酯Ⅱ；11—氯氰菊酯Ⅲ；12—氟胺氰菊酯Ⅰ；13—氟胺氰菊酯Ⅱ；14—氰戊菊酯Ⅰ；15—氰戊菊酯Ⅱ；16—溴氰菊酯

(5) 空白试验　除不加试样外，均按上述测定步骤进行。

8．结果计算

用色谱数据处理软件或按式(3-49)计算试样中各种菊酯的残留含量：

$$X = \frac{A_i c_i V}{A_{Si} m} \tag{3-49}$$

式中　X——试样中各种菊酯残留的数值，mg/kg；

A_i——样液中各种菊酯峰面积（有异构体的菊酯须计算各异构体的峰面积之和）；

c_i——标准工作液中各种菊酯的浓度，g/mL；

V——最终样液定容体积，mL；

A_{Si}——标准工作液中各种菊酯峰面积（有异构体的菊酯须计算各异构体的峰面积和）；

m——最终样液所代表的试样量，g。

注：计算结果须扣除空白值，测定结果用平行测定的算术平均值表示，保留两位有效数字。

9．精密度

在重复性条件下获得的两次独立测定结果的绝对差值与其算术平均值的比值（百分率），应符合 GB 23200.100—2016 附录 D 的要求。

在再现性条件下获得的两次独立测定结果的绝对差值与其算术平均值的比值（百分率），应符合 GB 23200.100—2016 附录 E 的要求。

10．定量限和回收率

本方法的定量限为 0.01mg/kg。样品的回收率添加浓度及回收率的实验数据见 GB 23200.100—2016 附录 C。

【学习活动三】　小组讨论制订计划并汇报任务

任务名称	蜂王浆中多种菊酯类农药残留量的分析		日期	
小组序号				
一、确定方法				
二、制订工作计划				
1. 准备合适的仪器、设备				
2. 列出所需试剂				

项目四　食品中有害成分的分析

续表

3. 列出样品的制备方法	
4. 画出工作流程简图	

【学习活动四】 讨论工作过程中的注意事项

(1) 菊酯类农药的测定一定要在通风橱中操作，戴口罩和手套，尽量减少暴露，同时全部采样器具均应使用玻璃制品，避免与塑料或橡胶接触。检测过程中，部分样品步骤必须更换手套以防交叉污染，对从事实验过程的整个区域桌面和器具进行有效清理。如已污染了皮肤，应采用10%次氯酸钠水溶液浸泡和洗刷，在紫外光下观察皮肤上有无蓝紫色斑点，直到蓝色斑点消失为止。

(2) 标准溶液是对样品中的目标物定性定量的重要参考物，标准溶液的采购、保存、溶剂和配制过程也是保证实验结果准确非常重要的因素。应采购正规的、能够附有被认可的证书的标准溶液或标准品（纯度≥99%），并且避光保存在0～5℃的冰箱中。标准工作液应临用现配。标准储备液放置一段时间后浓度会有所改变，每次用之前应与之前的、同样浓度的标准溶液图谱进行比较，检查其同样浓度的标准溶液峰面积是否有较大的变化，若变化较大应重新采购新的标准溶液或标准物质重新配制。

(3) 样品制备是样品预处理中至关重要的步骤，对后续样品提取和净化起到基石性的作用。一定要取可食用部分，去除杂质，固体样品要打碎均匀或绞碎均匀，保存在样品瓶中，注意样品编号、检测状态和保存温度，待称取用。

(4) 正己烷特别容易挥发，称取好样品的离心管加入正己烷后须尽快拧紧离心管盖。

(5) 日常工作中用的固相萃取柱，在正式投入使用前要进行验收，确保为合格品。先加二氯甲烷再加正己烷逐次活化柱子，加二氯甲烷的目的是去除固相萃取柱中的残留物，且需注意一定要使用色谱纯的二氯甲烷不能用分析纯二氯甲烷。收集净化液再在水浴温度40℃氮吹蒸发吹干，切记在氮吹前一定要用酒精棉擦洗氮吹管，且氮吹管不得离净化液面过近，以防污染样品。

(6) 色谱柱一定要按标准要求选择或性能相当者。柱子过短易造成分离不开、假阳性等问题。实验用水一定为GB/T 6682—2008《分析实验室用水规格和试验方法》规定的一级水。荧光检测器应先预热，最好是检测器灯打开，基线平稳至少30min后再采集进样。

【学习活动五】 完成分析任务，填写报告单

任务名称	蜂王浆中多种菊酯类农药残留的分析		日期	
小组序号			成员	
一、数据记录（根据分析内容，自行制订表格）				
二、计算，并进行修约				
三、给出结论				

子任务二 食品中有机氯农药多组分残留量的测定

任务准备

有机氯农药是典型的持久性有机污染物，具有亲脂性、难降解性、半挥发性等特征，大部分有机氯农药都具有"三致"作用，即致癌、致畸以及致突变，因此，这类物质对人类健康及生态环境危害极大。由于具有持久性和生物蓄积性，有机氯农药进入海洋以后会在生物体内积累并在食物链中传递，并且随着营养级水平升高出现浓度增大的现象，因此食用受有机氯农药污染的食品带来的人体健康风险受到人们的广泛关注。

【学习活动一】 发布工作任务，明确完成目标

任务名称	马铃薯中有机氯农药残留量的分析测定		日期	
小组序号			成员	
一、任务描述				

内蒙古乌兰察布作为"马铃薯之都"，在"两品一标"的食品认证体系下，"乌兰察布马铃薯"作为全国农产品地理标志，引领着全自治区马铃薯产业高质量发展。本次抽检任务针对大型农贸市场的散装马铃薯以及大型超市的马铃薯产品展开质量抽检，抽检100份样品送检，检查其有机氯农药残留量是否超标。将抽检样品的质量与内蒙古优质马铃薯的质量进行对比。通过检测数据的分析，评判采样地马铃薯的安全性，督促全国马铃薯生产基地绿色健康发展。马铃薯中有机氯农药最大残留限量为20mg/kg（以四氯硝基苯为例）

项目四　食品中有害成分的分析

续表

二、任务目标	
1. 查找合适的国家标准	
2. 查找、讨论有机氯农药测定的意义	
3. 查找有机氯农药测定的方法和过程	
三、完成目标	
能力目标	1. 培养对有机氯农药的认知能力； 2. 培养查阅并使用国标的能力
知识目标	1. 了解食品中有机氯农药测定的意义； 2. 掌握食品中有机氯农药测定的方法； 3. 掌握食品中有机氯农药测仪器的使用及注意事项
素质目标	1. 培养综合分析和解决问题的能力； 2. 培养安全使用毛细管柱色-电子捕获器的操作能力,增强职业意识

【学习活动二】 寻找关键参数，确定分析方法

> 【方法解读】《食品安全国家标准 食品中农药残留量最大残留限量》（GB 2763—2021）中规定了各类食品中有机氯农药残留量的最大限量值。《食品中有机氯农药多组分残留量的测定》（GB/T 5009.19—2008）规定了食品中机氯农药残留的测定可以采用第一法毛细管柱气相色谱-电子捕获检测器法与第二法填充柱气相色谱-电子捕获检测器法来进行食品中多组分有机氯农药残留的测定。以下详细介绍第一法。

试样中有机氯农药组分经有机溶剂提取、凝胶色谱层析净化，用毛细管柱气相色谱分离，电子捕获检测器检测，以保留时间定性，外标法定量。

1. 试剂

(1) 常规试剂 丙酮（CH_3COCH_3），分析纯，重蒸；石油醚，沸程 30~60℃，分析纯，重蒸；乙酸乙酯（$CH_3COOC_2H_5$），分析纯，重蒸；环己烷（C_6H_{12}），分析纯，重蒸；正己烷（$n\text{-}C_6H_{14}$），分析纯，重蒸；氯化钠（NaCl），分析纯；无水硫酸钠（Na_2SO_4），分析纯，将无水硫酸钠置干燥箱中，于 120℃ 干燥 4h，冷却后，密闭保存；聚苯乙烯凝胶（Bio-Beads S-X3），200~400 目，或同类产品。

(2) 农药标准品 α-六六六（α-HCH）、六氯苯（HCB）、β-六六六（β-HCH）、γ-六六六（γ-HCH）、五氯硝基苯（PCNB）、δ-六六六（δ-HCH）、五氯苯胺（PCA）、七氯（heptachlor）、五氯苯基硫醚（PCPs）、艾氏剂（aldrin）、氧氯丹（oxychlordane）、环氧七氯（heptachlor epoxide）、反氯丹（*trans*-chlordane）、α-硫丹（α-endosulfan）、顺氯丹（*cis*-chlordane）、p,p'-滴滴伊（p,p'-DDE）、狄氏剂（dieldrin）、异狄氏剂（endrin）、β-硫丹（β-endosulfan）、p,p'-滴滴滴（p,p'-DDD）、o,p'-滴滴涕（o,p'-DDT）、异狄氏剂醛（endrin aldehyde）、硫丹硫酸盐（endosulfan sulfate）、p,p'-滴滴涕（p,p'-

DDT)、异狄氏剂酮（endrin ketone）、灭蚁灵（mirex），纯度均应不低于98%。

2. 标准溶液的配制

分别准确称取或量取上述农药标准品适量，用少量苯溶解，再用正己烷稀释成一定浓度的标准储备溶液。量取适量标准储备溶液，用正己烷稀释为系列混合标准溶液。

3. 仪器

气相色谱仪（GC）：配有电子捕获检测器（ECD）。

凝胶净化柱：长30cm，内径2.3~2.5cm，具活塞玻璃层析柱，柱底垫少许玻璃棉。用洗脱剂乙酸乙酯-环己烷（1+1）浸泡的凝胶，以湿法装入柱中，柱床高约26cm，凝胶始终保持在洗脱剂中。

全自动凝胶色谱系统：带有固定波长（254nm）紫外检测器，供选择使用。

旋转蒸发仪；组织匀浆器；振荡器；氮气浓缩器。

4. 分析步骤

(1) 试样制备 蛋品去壳，制成匀浆；肉品去筋后，切成小块，制成肉糜；乳品混匀待用。

(2) 提取与分配

① 蛋类。称取试样20g(精确到0.01g)于200mL具塞三角瓶中，加水5mL（视试样水分含量加水，使总水量约为20g通常鲜蛋水分含量约为75%，加水5mL即可），再加入40mL丙酮，振摇30min后，加入氯化钠6g，充分摇匀，再加入30mL石油醚，振摇30min。静置分层后，将有机相全部转移至100mL具塞三角瓶中经无水硫酸钠干燥，并量取35mL于旋转蒸发瓶中，浓缩至约1mL，加入2mL乙酸乙酯-环己烷（1+1）溶液再浓缩，如此重复3次，浓缩至约1mL，供凝胶色谱层析净化使用，或将浓缩液转移至全自动凝胶渗透色谱系统配套的进样试管中，用乙酸乙酯-环己烷（1+1）溶液洗涤旋转蒸发瓶数次，将洗涤液合并至试管中，定容至10mL。

② 肉类。称取试样20g(精确到0.01g)，加水15mL（视试样水分含量加水，使总水量约20g）。加40mL丙酮，振摇30min，以下按照蛋类试样的提取、分配步骤处理。

③ 乳类。称取试样20g(精确到0.01g)，鲜乳不需要加水，直接加丙酮提取。以下按照蛋类试样的提取、分配步骤处理。

④ 大豆油。称取试样g(精确到0.01g)，直接加入30mL石油醚，振摇30min后，将有机相全部转移至旋转蒸发瓶中，浓缩至约1mL，加2mL乙酸乙酯-环己烷（1+1）溶液再浓缩，如此重复3次，浓缩至约1mL，供凝胶色谱层析净化使用，或将浓缩液转移至全自动凝胶渗透色谱系统配套的进样试管中，用乙酸乙酯-环己烷（1+1）溶液洗涤旋转蒸发瓶数次，将洗涤液合并至试管中，定容至10mL。

⑤ 植物类。称取试样匀浆20g，加水5mL（视其水分含量加水，使总水量约20mL），加丙酮40mL，振荡30min，加氯化钠6g，摇匀。加石油醚30mL，再振荡30min，以下按照蛋类试样的提取、分配步骤处理。

(3) 净化 选择手动或全自动净化方法的任何一种进行。

① 手动凝胶色谱柱净化。将试样浓缩液经凝胶柱以乙酸乙酯-环己烷（1+1）溶液洗脱，弃去0~35mL流分，收集35~70mL流分。将其旋转蒸发浓缩至约1mL，再经凝胶柱净化收集35~70mL流分，蒸发浓缩，用氮气吹除溶剂，用正己烷定容至1mL，留待GC

分析。

② 全自动凝胶渗透色谱系统净化。试样由 5mL 试样环注入凝胶渗透色谱（GPC）柱，泵流速 5.0mL/min，以乙酸乙酯-环己烷（1+1）溶液洗脱，弃去 0~7.5min 流分，收集 7.5~15min 流分，15~20min 冲洗 GPC 柱。将收集的流分旋转蒸发浓缩至约 1mL，用氮气吹至近干，用正己烷定容至 1mL，留待 GC 分析。

(4) 测定 气相色谱参考条件如下：

① 色谱柱。DM-5 石英弹性毛细管柱，长 30m、内径 0.32mm、膜厚 0.25μm；或等效柱。

② 柱温。程序升温 90℃（1min）以 40℃/min 的速率升温达到 170℃，再由 2.3/min 的速率升温至 230℃维持 5min，随后以 40℃/min 的速率升温至 280℃维持 5min。

③ 进样口温度。280℃。不分流进样，进样量 1μL。

④ 检测器。电子捕获检测器（ECD），温度 300℃。

⑤ 载气流速。氮气（N_2），流速 1mL/min；尾吹，25mL/min。

⑥ 柱前压。0.5MPa。

(5) 色谱分析 分别吸取 1μL 混合标准液及试样净化液注入气相色谱仪中，记录色谱图，以保留时间定性，以试样和标准的峰高或峰面积比较定量。

(6) 色谱图 见图 3-20。

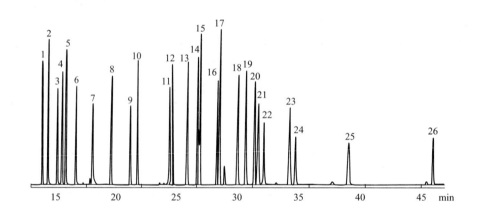

图 3-20 有机氯农药混合标准溶液色谱图

1—α-六六六；2—六氯苯；3—β-六六六；4—γ-六六六；5—五氯硝基苯；6—δ-六六六；
7—五氯苯胺；8—七氯；9—五氯苯基硫醚；10—艾氏剂；11—氧氯丹；12—环氧七氯；13—反氯丹；
14—α-硫丹；15—顺氯丹；16—p，p'-滴滴伊；17—狄氏剂；18—异狄氏剂；
19—β-硫丹；20—p，p'-滴滴滴；21—o，p'-滴滴涕；
22—异狄氏剂醛；23—硫丹硫酸盐；24—p，p'-滴滴涕；
25—异狄氏剂酮；26—灭蚁灵

5. 结果计算

试样中各农药的含量按式(3-50)进行计算：

$$X = \frac{1000 m_1 V_1 f}{1000 m V_2} \tag{3-50}$$

式中　　X——试样中各农药的含量，mg/kg；
　　　　m_1——被测样液中各农药的含量，ng；
　　　　V_1——样液进样体积，μL；
　　　　f——稀释因子；
　　　　m——试样质量，g；
　　　　V_2——样液最后定容体积，mL。

计算结果保留两位有效数字。

6. 精密度

在重复性条件下获得的两次独立测定结果的绝对差值不得超过算术平均值的20%，方法测定不确定度参见 GB/T 5009.19—2008 附录 C。

【学习活动三】 小组讨论制订计划并汇报任务

任务名称	马铃薯中有机氯农药残留量的测定		日期	
小组序号				
一、确定方法					
二、制订工作计划					
	1. 准备合适的仪器、设备			
	2. 列出所需试剂			
	3. 列出样品的制备方法			
	4. 画出工作流程简图			

【学习活动四】 讨论工作过程中的注意事项

（1）食品中有机氯农药多组分残留量测定结果在判定时，不同基质试样的检出限不同，对于数据的查找要准确。

（2）样品制备是样品预处理中至关重要的步骤，对后续样品提取和净化起到基石性的作用。一定要取可食用部分，去除杂质，固体样品要打碎均匀或绞碎均匀，保存在样品瓶中，注意样品编号、检测状态和保存温度，待称取用；对于蔬菜样品的处理时，尽量选取较为洁净的蔬菜。如有泥土混杂时，也不可用水冲洗来进行去除杂质，以免影响检测结果。

（3）结果分析时，色谱图的出峰时间以及出峰顺序要依照附录正确判定。

【学习活动五】 完成分析任务，填写报告单

任务名称	马铃薯中有机氯农药残留量的测定	日期	
小组序号		成员	
一、数据记录（根据分析内容，自行制订表格）			
二、计算，并进行修约			
三、给出结论			

子任务三　食品中有机磷农药残留量的测定

任务准备

有机磷农药因种类多、毒性高、环境中持久性低等特点替代了有机氯而成为农业生产中使用最为广泛的一类农药，不仅使用量成倍增长，使用范围也逐渐从控制农作物病虫害的杀虫剂扩展到杀菌剂、杀软体动物剂、杀鼠剂、除草剂、脱叶剂和植物生长调节剂等。随着有机磷农药的大量使用，引发了一系列的世界性问题。有机磷农药对环境中地下水、地表水等水资源和土壤的污染间接地影响着食物的安全。

【学习活动一】 发布工作任务，明确完成目标

任务名称	韭菜中有机磷农药残留量的测定		日期	
小组序号			成员	
一、任务描述				

《中国居民膳食指南(2022)》中，成人每人每天的新鲜蔬菜的摄入量要不低于300g。我国人口居多，为了保障居民基本营养需求，蔬菜的产量与质量保障成了种植主体的艰巨的任务。因此强化农产品安全监管、建立有效监督机制的过程中对于检测机构蔬菜检测水平的要求越来越高。本次任务对叶菜类蔬菜中有机磷的残留进行检测，送检、抽样部分蔬菜大棚种植的叶菜，检查其有机磷农药残留量是否超标。部分食品中二嗪磷农药限量指标见表3-20。

表 3-20 食品中二嗪磷(diazinon)农药限量指标

食品类别	名称	最大残留限量值/(mg/kg)
谷物	稻谷	0.1
	小麦	0.1
	玉米	0.02
蔬菜	洋葱	0.05
	葱	1
	结球甘蓝	0.5
	球茎甘蓝	0.2
	羽衣甘蓝	0.05
	花椰菜	1
	青花菜	0.5
	菠菜	0.5
	普通白菜	0.2
	叶用莴苣	0.5
	结球莴苣	0.5
	大白菜	0.05
水果	仁果类水果	0.3
	桃	0.2
	李子	1
	樱桃	1
	黑莓	0.1
	越橘	0.2
	加仑子	0.2
	醋栗	0.2
	波森莓	0.1
	猕猴桃	0.2
	草莓	0.1
	菠萝	0.1
	哈密瓜	0.2

续表

二、任务目标	
1. 查找合适的国家标准	
2. 查找、讨论有机磷农药残留量测定的意义	
3. 查找有机磷农药测定的方法和过程	
三、完成目标	
能力目标	1. 培养对有机磷农药的认知能力； 2. 培养查阅并使用国标的能力； 3. 培养气相色谱仪等精密分析仪器的操作能力
知识目标	1. 了解食品中有机磷农药测定的意义； 2. 掌握食品有机磷农药测定的方法； 3. 掌握食品中有机磷农药的测定方法、检测方法的原理、检测仪器的使用及注意事项
素质目标	1. 培养综合分析和解决问题的能力； 2. 培养安全使用气相色谱、氮吹仪等仪器的能力，增强职业意识。 3. 增强对于各种杀虫剂以及除草剂规范使用的意识

【学习活动二】 寻找关键参数，确定分析方法

> 【方法解读】 植物性食品比如日常生活中吃的谷物类主食与蔬菜水果中由于杀虫剂以及除草剂的使用会有有机磷农药残留的情况。GB/T 14553—2003 规定了粮食（大米、小麦、玉米）、水果（苹果、梨、桃等）、蔬菜（黄瓜、大白菜、番茄等）中速灭磷（mevinphos）、甲拌磷（phorate）、二嗪磷（diazinon）、异稻瘟净（iprobenfos）、甲基对硫磷（parathion-methyl）、杀螟硫磷（fenitrothion）、溴硫磷（bromophos）、水胺硫磷（isocarbophos）、稻丰散（phenthoate）杀扑磷（methidathion）等多组分残留量的测定方法，适用于粮食、水果、蔬菜等作物中有机磷农药的残留量的测定。

样品中有机磷农药残留量用有机溶剂提取，再经液液分配和凝结净化等步骤除去干扰物，用气相色谱氮磷检测器（NPD）或火焰光度检测器（FPD）检测，根据色谱峰的保留时间定性，外标法定量。

1. 载气和辅助气体

载气：氮气，纯度≥99.99%。燃气：氢气。助燃气：空气。

2. 配制标准样品和试样分析的试剂和材料

(1) 农药标准品 速灭磷等有机磷农药，纯度为 95.0%～99.0%。

① 农药标准溶液的制备。准确称取一定量的农药标准样品（准确到±0.0001g），用丙酮为溶剂，分别配制浓度为 0.5mg/mL 的速灭磷、甲拌磷、二嗪磷、水胺硫磷、甲基对硫磷、稻丰散储备液，浓度为 0.7mg/mL 的杀螟硫磷、异稻瘟净、溴硫磷、杀扑磷储备液，

在冰箱中存放。

② 农药标准中间溶液的配制。用移液管准确量取一定量的上述 10 种储备液于 50mL 容量瓶中用丙酮定容至刻度，则配制成浓度为 50μg/mL 的速灭磷、甲拌磷、二嗪磷、水胺硫磷、甲基对硫磷、稻丰散和 100μg/mL 的杀螟硫磷、异稻瘟净、溴硫磷、杀扑磷标准中间溶液。

③ 农药标准工作溶液的配制。分别用移液管吸取上述标准中间溶液每种 10mL，于 100mL 容量瓶中，用丙酮定容至刻度，得混合标准工作溶液。标准工作溶液在冰箱中存放。

(2) 二氯甲烷（CH_2Cl_2） 重蒸。丙酮（CH_3COCH_3）：重蒸。石油醚：60～90℃沸程，重蒸。乙酸乙酯（$CH_3COOCH_2CH_3$）。磷酸（H_3PO_4）：85%。氯化铵（NH_4Cl）。氯化钠（NaCl）。无水硫酸钠（Na_2SO_4）：在 300℃下烘 4h 后放入干燥器备用。助滤剂：Celite545。凝结液：20g 氯化铵和 85%磷酸 40mL，溶于 400mL 蒸馏水中，用蒸馏水定容至 2000mL，备用。所使用的试剂除另有规定外均系分析纯。

3. 仪器

旋转蒸发仪；振荡器；万能粉碎机；组织捣碎机；真空泵；水浴锅；气相色谱仪（带 NPD 检测器或 FPD 检测器）。

4. 样品

(1) 样品性状

① 样品种类。粮食、水果和蔬菜。

② 样品状态。固体。

③ 样品的稳定性。在各种样品中的有机磷农药不稳定，易分解。

(2) 样品的采集与贮存方法

① 样品的采集。按 NY/T 398—2000《农、畜、水产品污染监测技术规范》采集。

a. 粮食：采取 500g 具代表性的（小麦、稻米、玉米等）样品粉碎过 40 目筛，混匀备用（装入样品瓶中，另取 20.0g 测定含水量）。

b. 水果、蔬菜：取具代表性的新鲜水果和蔬菜的可食部位 1000g，切碎，装入塑料袋，供试验用。

② 样品的保存：粮食、水果和蔬菜样：在-18℃冷冻箱中保存。

5. 分析步骤

(1) 水果、蔬菜样品的提取及 A 法净化 准确称取水果、蔬菜样品 50g（准确到±0.1g）于组织捣碎缸中，加水，使加入的水量与 50g 样品中的水分含量之和为 50mL，再加 100mL 丙酮，捣碎 2min，浆液经铺有两层滤纸及一薄层助滤剂的布式漏斗减压抽滤，取 100mL，滤液（相当于三分之二样品），倒入 500mL 分液漏斗中，加入用 $c(KOH)=$ 0.5mol/L 的氢氧化钾（KOH）溶液调 pH 值为 4.5～5.0 的凝结液 10～15mL 和 1g 助滤剂，振摇 20 次，静置 3min，过滤入另一 500mL 分液漏斗，按上述步骤再处理 2～3 次。在滤液中加 3g 氯化钠，用 50mL、50mL、30mL 二氯甲烷萃取三次，合并有机相，过一装有 1g 无水硫酸钠和 1g 助滤剂的筒形漏斗干燥，收集于 250mL 平底烧瓶中，加入 0.5mL 乙酸乙酯，先用旋转蒸发器浓缩至 5mL，在室温下用氮气或空气吹至近干，用丙酮定容 5mL，供气相色谱测定。

(2) 粮食样的提取及净化 准确称取已测含水量粮食样 20g（准确到±0.1g），置于 300mL 具塞锥形瓶中，加水，使加入的水量与 20g 样品中水分含量之和为 20mL，摇匀后静置 10min，加 100mL 含 20% 水分的丙酮，浸泡 6～8h 后振荡 1h，下述步骤除取滤液 80mL 外，其余同上。

6. 气相色谱测定

(1) 测定条件 A

① 柱

a. 玻璃柱 1.0m×2mm（内径），填充涂有 5% OV-17 的 Chrom Q，80～100 目的担体。

b. 玻璃柱 1.0m×2mm（内径），填充涂有 5% OV-101 的 Chromsorb W-HP，100～120 目的担体。

② 温度。柱箱 200℃，汽化室 230℃，检测器 250℃。

③ 气体流速。氮气（N_2）36～40mL/min；氢气（H_2）4.5～6mL/min；空气 60～80mL/min。

④ 检测器。氮磷检测器（NPD）。

(2) 色谱中使用标准样品的条件 标准样品的进样体积与试样进样体积相同，标准样品的响应值接近试样的响应值。当一个标样连续注射两次，其峰高（或峰面积）相对偏差不大于 7%，即认为仪器处于稳定状态。在实际测定时标准样品与试样应交叉进样分析。

(3) 进样试验 进样方式为注射器进样；进样量 1～4μL。

(4) 色谱图考察 测定条件 A 的色谱见图 3-21。

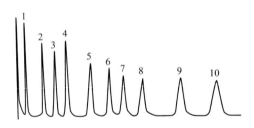

图 3-21 采用填充柱 a 和 NPD 检测器的色谱图
1—速灭磷；2—甲拌磷；3—二嗪磷；4—异稻瘟净；5—甲基对硫磷；6—杀螟硫磷；
7—水胺硫磷；8—溴硫磷；9—稻丰散；10—杀扑磷

测定条件 B 和 C 参照 GB/T 14553-2003。

7. 定性分析

组分出峰次序：速灭磷、甲拌磷、二嗪磷、异稻瘟净、甲基对硫磷、杀螟硫磷、水胺硫磷、溴硫磷、稻丰散、杀扑磷。

检验可能存在的干扰：用 5% OV-17 的 ChromQ，80～100 目色谱柱测定后，再用 5% OV-101 的 Chromsorb W-HP，100～120 目色谱柱在相同条件下进行确证检验色谱分析，可确定各有机磷农药的组分及杂质干扰状况。

8. 定量分析

吸收 1μL 混合标准溶液注入气相色谱仪，记录色谱峰的保留时间和峰高（或峰面积）。

再吸取 1μL 试样，注入气相色谱仪，记录色谱峰的保留时间和峰高（或峰面积），根据色谱峰的保留时间和峰高（或峰面积）采用外标法定性和定量。

9．结果计算

按照式(3-51)计算：

$$X=\frac{\rho_{is}V_{is}H_i(S_i)V}{V_iH_{is}(S_{is})m} \tag{3-51}$$

式中　X——样本中农药残留量，mg/kg；

ρ_{is}——标准溶液中 i 组分农药浓度，μg/mL；

V_{is}——标准溶液进样体积，μL；

V——样本溶液最终定容体积，mL；

V_i——样本溶液进样体积，μL；

$H_{is}(S_{is})$——标准溶液中 i 组分农药的峰高，mm(或峰面积，mm^2)；

$H_i(S_i)$——样本溶液中 i 组分农药的峰高，mm(或峰面积，mm^2)；

m——称样质量，g(这里只用提取液的 2/3，应乘 2/3)。

10．结果的表示

(1) 定性结果　根据标准样品色谱图中各组分的保留时间来确定被测试样中各有机磷农药的组分名称。

(2) 定量结果　含量表示方法是根据计算出的各组分的含量，结果以 mg/kg 表示。

(3) 精密度　变异系数 2.50%～12.24%。参见 GB/T 14553—2003 表 A.2 和 A.3。

(4) 准确度　加标回收率 86.4%～96.9%。参见 GB/T 14553—2003 表 A.4。

(5) 检测限　最小检出浓度为 0.85×10^{-2}～0.17×10^{-1} mg/kg。参见 GB/T 14553—2003 表 A.5。

【学习活动三】 小组讨论制订计划并汇报任务

任务名称	韭菜中有机磷农药残留量的测定	日期	
小组序号			
一、确定方法			
二、制订工作计划			
1. 准备合适的仪器、设备			
2. 列出所需试剂			

项目四　食品中有害成分的分析

续表

3. 列出样品的制备方法	
4. 画出工作流程简图	

【学习活动四】 讨论工作过程中的注意事项

（1）在蔬菜有机磷农药残留检测中应用最广泛的是气相色谱仪，该仪器主要有热导检测器（TCD）、电子轰击离子源（EI）和火焰光度检测器（FPD）三种类型。本课程采用的方法是用气相色谱氮磷检测器（NPD）或火焰光度检测器（FPD）检测，根据色谱峰的保留时间定性，外标法定量。通过本次课程学生要对于 NPD 与 FPD 的检测器的原理进行了解。

（2）检测过程中，对于有机试剂的使用要在通风橱里进行，并在试验结束后对于废液进行分类存放，定期进行废液回收。同时养成做好记录的习惯。

【学习活动五】 完成分析任务，填写报告单

任务名称	韭菜中有机磷农药残留量的测定		日期	
小组序号			成员	
一、数据记录（根据分析内容，自行制订表格）				
二、计算，并进行修约				
三、给出结论				

子任务四　食品中黄曲霉毒素 M 族的测定

任务准备

黄曲霉毒素（AFT）是广泛存在于自然界中的一种真菌有毒代谢产物，主要由黄曲霉菌和寄生曲霉菌分泌产生。目前已发现的黄曲霉毒素有 20 多种，其中已确定化学结构的有 18 种，包括黄曲霉毒素 B_1、B_2、G_1、G_2、M_1、M_2 等。研究表明，黄曲霉毒素不仅可通过摄入受黄曲霉毒素（主要是黄曲霉毒素 B_1）污染的植物性食物直接损害人体健康，而且可通过食用经饲料而进入乳及乳制品的黄曲霉毒素（主要是黄曲霉毒素 M_1）造成间接伤害，以此威胁人类健康和生命安全。食用经黄曲霉毒素污染的食品后，急性中毒的临床症状以黄疸为主，伴有呕吐、恶心、腹痛、发烧、食欲减退等现象。重症患者在 2～3 周内出现腹部积水、肝脾肿大及肝功能异常症状，严重时昏迷或抽搐死亡。研究发现，黄曲霉毒素可与乙型肝炎病毒共同导致肝癌的出现。另外，长时间食用含低浓度黄曲霉毒素的食品被认为是导致胃癌、肝癌、肠癌等严重疾病的主要原因。如果不连续摄入黄曲霉毒素，一次摄入后大约 7d 即可经尿、粪和呼吸等排出。黄曲霉毒素摄入后主要通过消化道吸收，大多数分布在内脏，少量在血液、肌肉中。黄曲霉毒素 B_1 毒性最强，并具有致癌性。黄曲霉毒素 M_1 是黄曲霉毒素 B_1 的羟基化代谢产物，两者毒性相当，在动物的乳汁中较为常见，因此测定乳及乳制品中的黄曲霉毒素 M 族含量具有重要意义。目前测定黄曲霉毒素 M 族的方法主要有酶联法、放射免疫法、液相色谱法、高效液相色谱法、免疫亲和柱-荧光分光光度法、免疫亲和柱-高效液相色谱法等。

【学习活动一】　发布工作任务，明确完成目标

任务名称	婴幼儿配方奶粉中黄曲霉毒素 M_1 的分析		日期	
小组序号			成员	
一、任务描述				

为确保食品产业链、供应链安全可靠，同时发挥科技型骨干企业引领支撑作用，现抽样部分超市的婴幼儿配方奶粉，检查其黄曲霉毒素 M 族成分是否符合国标要求。食品中黄曲霉毒素 M_1 限量指标见表 3-21

表 3-21　食品中黄曲霉毒素 M_1 限量指标

食品类别（名称）			限量/（μg/kg）
乳及乳制品①			0.5
特殊膳食用食品	婴幼儿配方食品	婴儿配方食品②	0.5（以粉状产品计）
		较大婴儿和幼儿配方食品②	0.5（以粉状产品计）
		特殊医学用途婴儿配方食品	0.5（以粉状产品计）
	特殊医学用途配方食品（特殊医学用途婴儿配方食品涉及的品种除外）		0.5（以固体产品计）
	辅食营养补充品③		0.5
	运动营养食品②		0.5
	孕妇及入门营养补充食品③		0.5

① 乳粉按生乳折算。
② 以乳类及乳蛋白制品为主要原料的产品。
③ 只限于含乳类的产品。

续表

二、任务目标	
1. 查找合适的国家标准	
2. 查找、讨论黄曲霉素 M 族测定的意义	
3. 查找黄曲霉毒素 M 族测定的方法和过程	
三、完成目标	
能力目标	1. 培养学生对黄曲霉毒素的认知能力； 2. 培养学生查阅并使用国家标准的能力
知识目标	1. 了解食品中黄曲霉毒素 M 族测定的意义； 2. 掌握食品中黄曲霉毒素 M 族测定的方法； 3. 掌握食品中黄曲霉毒素 M 族的测定方法、检测方法的原理、检测仪器的使用及注意事项
素质目标	1. 培养综合分析和解决问题的能力； 2. 培养安全使用高效液相色谱、氮吹仪等仪器的能力，增强职业意识

【学习活动二】 寻找关键参数，确定分析方法

○ 【方法解读】 《食品安全国家标准 食品中黄曲霉毒素 M 族的测定》（GB 5009.24—2016）中规定了食品中黄曲霉毒素 M_1 和黄曲霉毒素 M_2（以下简称 AFT M_1 和 AFT M_2）的测定。第一法为同位素稀释液相色谱-串联质谱法，适用于乳、乳制品和含乳特殊膳食用食品中 AFT M_1 和 AFT M_2 的测定。第二法为高效液相色谱法，适用范围同第一法。第三法为酶联免疫吸附筛查法，适用于乳、乳制品和含乳特殊膳食用食品中 AFT M_1 的筛查测定。以下详细介绍第二法。

试样中的黄曲霉毒素 M_1 和黄曲霉毒素 M_2 用甲醇-水溶液提取，上清液稀释后，经免疫亲和柱净化和富集，净化液浓缩、定容和过滤后经液相色谱分离，荧光检测器检测。

1. 仪器与试剂

(1) 仪器 分析天平（感量为 0.01g、0.001g 和 0.00001g）、水浴锅（温控 50℃±2℃）、涡旋混合器、超声波清洗器、离心机（转速≥6000r/min）、旋转蒸发仪、固相萃取装置（带真空泵）、氮吹仪、圆孔筛（孔径 1~2mm）、液相色谱仪（带荧光检测器）。

(2) 试剂 乙腈（CH_3CN，色谱纯）、甲醇（CH_3OH，色谱纯）、氯化钠（NaCl）、磷酸氢二钠（Na_2HPO_4）、氯化钾（KCl）、盐酸（HCl）、石油醚（C_nH_{2n+2}，沸程为 30~60℃）。

(3) 标准品

① AFT M_1 标准品（$C_{17}H_{12}O_7$）。纯度≥98%，或经国家认证并授予标准物质证书的标准物质。

② AFT M_2 标准品（$C_{17}H_{14}O_7$）。纯度≥98%，或经国家认证并授予标准物质证书的

标准物质。

(4) 试剂配制

① 乙腈-水溶液 (25+75)。量取 250mL 乙腈加入 750mL 水中，混匀。

② 乙腈-甲醇溶液 (50+50)。量取 500mL 乙腈加入 500mL 甲醇中，混匀。

③ 磷酸盐缓冲溶液（以下简称 PBS）。称取 8.00g 氯化钠、1.20g 磷酸氢二钠（或 2.92g 十二水磷酸氢二钠）、0.20g 磷酸二氢钾、0.20g 氯化钾，用 900mL 水溶解后，用盐酸调节 pH 至 7.4，再加水至 1000mL。

④ 标准储备溶液 (10μg/mL)。分别称取 AFT M_1 和 AFT M_2 1mg（精确至 0.01mg），分别用乙腈溶解并定容至 100mL。将溶液转移至棕色试剂瓶中，在 -20℃ 下避光密封保存。临用前进行浓度校准，校准方法见附录 A。

⑤ 混合标准储备溶液 (1.0μg/mL)。分别准确吸取 10μg/mL AFT M_1 和 AFT M_2 标准储备液 1.00mL 于同一 10mL 容量瓶中，加乙腈稀释至刻度，得到 1.0μg/mL 的混合标准液。此溶液密封后避光 4℃ 保存，有效期 3 个月。

⑥ 100ng/mL 混合标准工作液（AFT M_1 和 AFT M_2）。准确移取混合标准储备溶液 (1.0μg/mL) 1.0mL 至 10mL 容量瓶中，加乙腈稀释至刻度。此溶液密封后 4℃ 下避光保存，有效期 3 个月。

⑦ 标准系列工作溶液。分别准确移取标准工作液 5μL、10μL、50μL、100μL、200μL、50μL 至 10mL 容量瓶中，用初始流动相定容至刻度，AFT M_1 和 AFT M_2 的浓度均为 0.05ng/mL、0.1ng/mL、0.5ng/mL、1.0ng/mL、2.0ng/mL、5.0ng/mL 的系列标准溶液。

(5) 材料

① 玻璃纤维滤纸。快速、高载量、液体中颗粒保留 1.6μm。

② 一次性微孔滤头。带 0.22μm 微孔滤膜。

③ 免疫亲和柱。柱容量≥100ng。柱容量、回收率、柱回收率验证方法参见附录 B。

注：对于不同批次的亲和柱在使用前需进行质量验证。

2. 试液提取

(1) 液态乳、酸奶　称取 4g 混合均匀的试样（精确到 0.001g）于 50mL 离心管中，加入 10mL 甲醇，涡旋 3min。置于 4℃、6000r/min 下离心 10min 或经玻璃纤维滤纸过滤，将适量上清液或滤液转移至烧杯中，加 40mL 水或 PBS 稀释，备用。

(2) 乳粉、特殊膳食用食品　称取 1g 样品（精确到 0.001g）于 50mL 离心管中，加入 4mL 50℃ 热水，涡旋混匀。如果乳粉不能完全溶解，将离心管置于 50℃ 的水浴中，将乳粉完全溶解后取出。待样液冷却至 20℃ 后，加入 10mL 甲醇，涡旋 3min。置于 4℃、6000r/min 下离心 10min 或经玻璃纤维滤纸过滤，将适量上清液或滤液转移至烧杯中，加 40mL 水或 PBS 稀释，备用。

(3) 奶油　称取 1g 样品（精确到 0.001g）于 50mL 离心管中，加入 8mL 石油醚，待奶油溶解，再加 9mL 水和 11mL 甲醇，振荡 30min，将全部液体移至分液漏斗中。加入 0.3g 氯化钠充分摇动溶解，静置分层后，将下层移到圆底烧瓶中，旋转蒸发至 10mL 以下，用 PBS 稀释至 30mL。

(4) 奶酪　称取 1g 已切细、过孔径 1~2mm 圆孔筛混匀样品（精确到 0.001g）于 50mL 离心管中，加入 1mL 水和 18mL 甲醇，振荡 30min，置于 4℃、6000r/min 下离心

10min或经玻璃纤维滤纸过滤，将适量上清液或滤液转移至圆底烧瓶中，旋转蒸发至2mL以下，用PBS稀释至30mL。

3．净化

(1) 免疫亲和柱的准备 将低温下保存的免疫亲和柱恢复至室温。

(2) 净化 免疫亲和柱内的液体放弃后，将上述样液移至50mL注射器筒中，调节下滴流速为1~3mL/min。待样液滴完后，往注射器筒内加入10mL水，以稳定流速淋洗免疫亲和柱。待水滴完后，用真空泵抽干亲和柱。脱离真空系统，在亲和柱下放置10mL刻度试管，取下50mL的注射器筒，加入2×2mL乙腈（或甲醇）洗脱亲和柱，控制1~3mL/min下滴速度，用真空泵抽干亲和柱，收集全部洗脱液至刻度试管中。在50℃下氮气缓缓地将洗脱液吹至近干，用初始流动相定容至1.0mL，涡旋30s溶解残留物，0.22μm滤膜过滤，收集滤液于进样瓶中以备进样。

注：全自动（在线）或半自动（离线）的固相萃取仪器可优化操作参数后使用。为防止黄曲霉毒素M破坏，相关操作在避光（直射阳光）条件下进行。

4．液相色谱参考条件

(1) 液相色谱柱 C_{18}柱（柱长150mm，柱内径4.6mm；填料粒径5μm），或相当者；

(2) 柱温 40℃；

(3) 流动相 A相，水；B相，乙腈-甲醇（50+50）。等梯度洗脱条件：A相，70%；B相，30%；

(4) 流速 1.0mL/min；

(5) 荧光检测波长 激发波长360nm；发射波长430nm；

(6) 进样量 50μL。

5．测定

(1) 标准曲线的制作 将系列标准溶液由低到高浓度依次进样检测，以峰面积-浓度作图，得到标准曲线回归方程。

(2) 试样溶液的测定 待测样液中的响应值应在标准曲线线性范围内，超过线性范围的则应稀释后重新进样分析。

(3) 空白试验 不称取试样，按照试液提取和净化的步骤做空白试验。确认不含有干扰待测组分的物质。

6．结果计算

试样中AFT M_1或AFT M_2的残留量按式(3-52)计算：

$$X=\frac{\rho V f \times 1000}{m \times 1000} \tag{3-52}$$

式中 X——试样中AFT M_1或AFT M_2的含量，μg/kg；

ρ——进样溶液中AFT M_1或AFT M_2的色谱峰由标准曲线所获得AFT M_1或AFT M_2的浓度，ng/mL；

V——样品经免疫亲和柱净化洗脱后的最终定容体积，mL；

f——样液稀释因子；

1000——换算系数；

m——试样的称样量,g。

计算结果保留三位有效数字。

7. 精密度

在重复性条件下获得的两次独立测定结果的绝对差值不得超过算术平均值的20%。

称取液态乳、酸奶 4g 时,本方法 AFT M_1 检出限为 $0.005\mu g/kg$,AFT M_2 检出限为 $0.0025\mu g/kg$,AFT M_1 定量限为 $0.015\mu g/kg$,AFT M_2 定量限为 $0.0075\mu g/kg$。

称取乳粉、特殊膳食用食品、奶油和奶酪 1g 时,本方法 AFT M_1 检出限为 $0.02\mu g/kg$,AFT M_2 检出限为 $0.01\mu g/kg$,AFT M_1 定量限为 $0.05\mu g/kg$,AFT M_2 定量限为 $0.025\mu g/kg$。方法检出限为 $0.2\mu g/kg$,定量限为 $0.5\mu g/kg$。

【学习活动三】 小组讨论制订计划并汇报任务

任务名称	婴幼儿配方奶粉中黄曲霉毒素 M_1 的分析		日期	
小组序号				
一、确定方法				
二、制订工作计划				
1. 准备合适的仪器、设备				
2. 列出所需试剂				
3. 列出样品的制备方法				
4. 画出工作流程简图				

【学习活动四】 讨论工作过程中的注意事项

(1)使用不同厂商的免疫亲和柱,在样品的上样、淋洗和洗脱的操作方面可能略有不同,应该按照供应商所提供的操作说明书要求进行操作。整个分析操作过程应在指定区域内进行。该区域应避光(直射阳光),具备相对独立的操作台和废弃物存放装置。在整个实验

项目四 食品中有害成分的分析

过程中，操作者应按照接触剧毒物的要求采取相应的保护措施。

（2）标准溶液是对样品中目标物定性定量的重要参考物，标准溶液的采购、保存、溶剂和配制过程也是保证实验结果准确非常重要的因素。应采购正规的、能够附有被认可的证书的标准溶液或标准品（纯度≥98%）。标准溶液的溶剂是色谱纯乙腈，要用能准确定量的移液枪逐级稀释标准溶液。在配制和逐级稀释标准溶液过程用到的枪头、容量瓶和吸量管需要先用干净的色谱纯乙腈润洗至少2遍，在配制和逐级稀释标准溶液过程中需注意需先加入少量乙腈至容量瓶，再加入标准品或标准溶液，最后用乙腈定容。标准储备溶液在−20℃下避光密封保存，混合标准储备溶液和混合标准工作溶液密封后避光4℃下保存，有效期3个月。标准溶液应临用现配。标准溶液放置一段时间后浓度会有所改变，每次用之前应与之前的、同样浓度的标准溶液图谱进行比较，检查其同样浓度的标准溶液峰面积是否有较大的变化，若变化较大应重新采购新的标准溶液或标准物质重新配制。

（3）实验应有相应的安全、防护措施，不得污染环境。

（4）残留有黄曲霉毒素的废液或废渣的玻璃器皿，应置于专用贮存容器（装有10%次氯酸钠溶液）内，浸泡24h以上，再用清水将玻璃器皿冲洗干净。

（5）收集净化液再在水浴温度50℃氮吹蒸发吹干，切记在氮吹前一定要用酒精棉擦洗氮吹管，且氮吹管不得离净化液面过近，以防污染样品。

（6）色谱柱一定要按标准要求用C_{18}柱（4.6mm×150mm，5μm）或性能相当者。选用合适的色谱柱，柱子过短易造成分离不开、假阳性等问题，流动相用到的乙腈一定是色谱纯，水一定要用GB/T 6682—2008规定的一级水。荧光检测器先预热，最好是检测器灯打开，基线平稳至少30min后再采集进样。

【学习活动五】 完成分析任务，填写报告单

任务名称	婴幼儿配方奶粉中黄曲霉毒素M_1的分析	日期	
小组序号		成员	
一、数据记录（根据分析内容，自行制订表格）			
二、计算，并进行修约			
三、给出结论			

项目五　食品中添加剂的分析

任务一　防腐剂的分析测定

 任务准备

　　食品中常添加防腐剂，以延长食品的保质期和防止细菌滋生。常见的防腐剂包括苯甲酸和山梨酸。苯甲酸的化学式为 $C_7H_6O_2$，是一种有机酸，具有较强的抑菌作用，能够抑制微生物的生长和繁殖，从而防止食品产生变质和腐败。苯甲酸常被添加在各种食品中，如果酱、罐头、饮料、糕点等，以保持其新鲜和可食用性。然而，苯甲酸的使用量需要控制在安全范围内，以免对人体健康造成不良影响。山梨酸的化学式为 $C_6H_8O_6$，是一种天然存在的有机酸，广泛存在于水果和蔬菜中。山梨酸具有一定的抗菌和防腐功能，常被用作食品防腐剂，广泛添加在果脯、酸奶、果汁、调味品等食品中，以延长食品保质期并保持食品的品质和口感。山梨酸被认为是相对安全的防腐剂之一，但也需要根据食品类型和使用量进行严格控制。

　　食品中防腐剂的分析测定是为了确保其在食品中的合理使用和安全性。常用的测定方法包括高效液相色谱法（HPLC）和气相色谱法（GC）。通过这些方法，可以准确地测定食品中苯甲酸和山梨酸的含量，并判断其是否超过法定限量和安全标准。这些测定结果对于监管部门和食品生产企业来说都具有重要意义，为保障食品质量和消费者的健康安全提供可靠数据。需要注意的是，虽然防腐剂在食品加工中起到了重要作用，但过量或长期摄入可能对健康产生不利影响。因此，合理使用防腐剂、严格控制其含量以及不超过法定限量是确保食品安全的关键。监管部门和食品生产企业应密切合作，加强对防腐剂的监测和管理，以保障公众的健康与权益。

【学习活动一】　发布工作任务，明确完成目标

任务名称	食品防腐剂的分析测定	日期	
小组序号		成员	
一、任务描述			
送检、抽样部分超市的糖果、酱油、饮料等食品样品，测定分析其中的苯甲酸以及山梨酸的使用限量是否合格			

续表

二、任务目标	
1. 查找测定防腐剂的国家标准	
2. 查找、讨论防腐剂测定的意义	
3. 查找苯甲酸、山梨酸的作用及危害	
三、完成目标	
能力目标	1. 培养对食品防腐剂的认知能力； 2. 培养查阅并使用国标的能力
知识目标	1. 了解食品中防腐剂分析测定的意义； 2. 掌握食品防腐剂测定的方法； 3. 掌握食品中防腐剂的测定方法、检测方法的原理、检测仪器的使用及注意事项
素质目标	1. 培养综合分析和解决问题的能力； 2. 培养安全使用液相色谱仪等仪器的能力，增强职业意识

【学习活动二】 寻找关键参数，确定分析方法

> **【方法解读】**《食品安全国家标准 食品中苯甲酸、山梨酸和糖精钠的测定》（GB 5009.28—2016）中规定的第一法（液相色谱法）适用于食品中苯甲酸、山梨酸和糖精钠的测定，第二法（气相色谱法）适用于酱油、水果汁、果酱中苯甲酸、山梨酸的测定。

1. 液相色谱法

样品经水提取，高脂肪样品经正己烷脱脂、高蛋白样品经蛋白沉淀剂沉淀蛋白，采用液相色谱分离、紫外检测器检测，外标法定量。

(1) 仪器与设备 高效液相色谱仪（配紫外检测器）、分析天平（感量为0.001g和0.0001g）、涡旋振荡器、离心机（转速＞8000r/min）、匀浆机、恒温水浴锅、超声波发生器。

(2) 试剂和材料 氨水、亚铁氰化钾 $[K_4Fe(CN)_6 \cdot 3H_2O]$、乙酸锌 $[Zn(CH_3COO)_2 \cdot 2H_2O]$、无水乙醇、正己烷、甲醇（色谱纯）、乙酸铵（色谱纯）、甲酸（色谱纯）、水相微孔滤膜（0.22μm）、塑料离心管（50mL）。

(3) 标准品

① 苯甲酸钠（C_6H_5COONa，CAS：532-32-1），纯度≥99.0%；或苯甲酸（C_6H_5COOH，CAS号：65-85-0），纯度≥99.0%，或经国家认证并授予标准物质证书的标准物质。

② 山梨酸钾（$C_6H_7KO_2$，CAS：590-00-1），纯度≥99.0%；或山梨酸（$C_6H_8O_2$，CAS号：110-44-1），纯度≥99.0%，或经国家认证并授予标准物质证书的标准物质。

③ 糖精钠（$C_6H_4CONNaSO_2$，CAS号：128-44-9），纯度≥99%，或经国家认证并授予标准物质证书的标准物质。

（4）试剂配制

① 氨水溶液（1+99）：取氨水1mL，加到99mL水中，混匀。

② 亚铁氰化钾溶液（92g/L）：称取106g亚铁氰化钾，加入适量水溶解，用水定容至1000mL。

③ 乙酸锌溶液（183g/L）：称取220g乙酸锌溶于少量水中，加入30mL冰醋酸，用水定容至1000mL。

④ 乙酸铵溶液（20mmol/L）。称取1.54g乙酸铵，加入适量水溶解，用水定容至无1000mL，经0.22μm水相微孔滤膜过滤后备用。

⑤ 甲酸-乙酸铵溶液（2mmol/L甲酸+20mmol/L乙酸铵）。称取1.54g乙酸铵，加入适量水溶解，再加入75.2μL水甲酸，用水定容至1000mL，经0.22μm水相微孔滤膜过滤后备用。

⑥ 苯甲酸、山梨酸和糖精钠（以糖精计）标准储备溶液（1000mg/L）。分别准确称取苯甲酸钠、山梨酸钾和糖精钠0.118g、0.134g和0.117g（精确到0.0001g），用水溶解并分别定容至100mL。于4℃贮存，保存期为6个月。当使用苯甲酸和山梨酸标准品时，需要用甲醇溶解并定容。糖精钠含结晶水，使用前需在120℃烘4h，干燥器中冷却至室温后备用。

⑦ 苯甲酸、山梨酸和糖精钠（以糖精计）混合标准中间溶液（200mg/L）。分别准确吸取苯甲酸、山梨酸和糖精钠标准储备溶液各10.0mL于50mL容量瓶中，用水定容。于4℃贮存，保存期为3个月。

⑧ 苯甲酸、山梨酸和糖精钠（以糖精计）混合标准系列工作溶液。分别准确吸取苯甲酸、山梨酸和糖精钠混合标准中间溶液0mL、0.05mL、0.25mL、0.50mL、1.00mL、2.50mL、5.00mL和10.0mL，用水定容至10mL，配制成质量浓度分别为0mg/L、1.00mg/L、5.00mg/L、10.0mg/L、20.0mg/L、50.0mg/L、100mg/L和200mg/L的混合标准系列工作溶液。临用现配。

除非另有说明，本方法所用试剂均为分析纯，水为GB/T 6682规定的一级水。

（5）试样制备 取多个预包装的饮料、液态奶等均匀样品直接混合；非均匀的液态、半固态样品用组织匀浆机匀浆；固体样品用研磨机充分粉碎并搅拌均匀；奶酪、黄油、巧克力等采用50~60℃加热熔融，并趁热充分搅拌均匀。取其中的200g装入玻璃容器中，密封，液体试样于4℃保存，其他试样于-18℃保存。

（6）试样提取

① 一般性试样。准确称取约2g(精确到0.001g)试样于50mL具塞离心管中，加水约25mL，涡旋混匀，于50℃水浴超声20min，冷却至室温后加亚铁氰化钾溶液2mL和乙酸锌溶液2mL，混匀，于8000r/min离心5min，将水相转移至50mL容量瓶中，于残渣中加水20mL，涡旋混匀后超声5min，于8000r/min离心5min，将水相转移到同一50mL容量瓶中，并用水定容至刻度，混匀。取适量上清液过0.22μm滤膜，待液相色谱测定。碳酸饮料、果酒、果汁、蒸馏酒等测定时可以不加蛋白沉淀剂。

② 含胶基的果冻、糖果等试样。准确称取约2g(精确到0.001g)试样于50mL具塞离心管中，加水约25mL，涡旋混匀，于70℃水浴加热溶解试样，于50℃水浴超声20min，之后的操作同①。

③ 油脂、巧克力、奶油、油炸食品等高油脂试样。准确称取约2g(精确到0.001g)试样于50mL具塞离心管中，加正己烷10mL，于60℃水浴加热约5min，并不时轻摇以溶解脂肪，然后加氨水溶液（1+99）25mL，乙醇1mL，涡旋混匀，于50℃水浴超声20min，冷却至室温后，加亚铁氰化钾溶液2mL和乙酸锌溶液2mL，混匀，于8000r/min离心5min，弃去有机相，水相转移至50mL容量瓶中，残渣同①再提取一次后测定。

(7) 仪器参考条件

① 色谱柱。C_{18}柱，柱长250mm，内径4.6mm，粒径5μm，或等效色谱柱。
② 流动相。甲醇+乙酸铵溶液=5+95。
③ 流速。1mL/min。
④ 检测波长。230nm。
⑤ 进样量。10μL。

当存在干扰峰或需要辅助定性时，可以采用加入甲酸的流动相来测定，如流动相：甲醇+甲酸-乙酸铵溶液=8+92，参考色谱图见图3-22和图3-23。

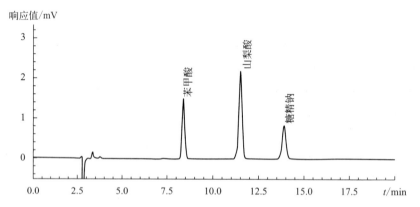

图3-22　1mg/L苯甲酸、山梨酸和糖精钠标准溶液液相色谱图
（液动相：甲醇+乙酸铵溶液=5+95）

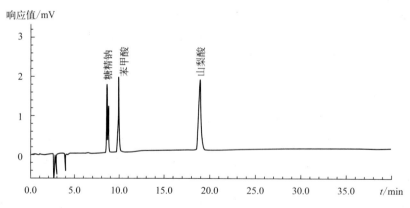

图3-23　1mg/L苯甲酸、山梨酸和糖精钠标准溶液液相色谱图
（液动相：甲醇+甲酸-乙酸铵溶液=8+92）

(8) 标准曲线的制作　将混合标准系列工作溶液分别注入液相色谱仪中，测定相应的峰面积，以混合标准系列工作溶液的质量浓度为横坐标，以峰面积为纵坐标，绘制标准曲线。

(9) 试样溶液的测定 将试样溶液注入液相色谱仪中，得到峰面积，根据标准曲线得到待测液中苯甲酸、山梨酸和糖精钠（以糖精计）的质量浓度。

(10) 结果计算 试样中苯甲酸、山梨酸和糖精钠（以糖精计）的含量按式(3-53)计算：

$$X = \frac{\rho V}{1000m} \tag{3-53}$$

式中　X——试样中待测组分含量，g/kg；
　　　ρ——由标准曲线得出的试样液中待测物的质量浓度，mg/L；
　　　V——试样定容体积，mL；
　　　m——试样质量，g；
　　　1000——由 mg/kg 转换为 g/kg 的换算因子。

结果保留 3 位有效数字。

(11) 精密度 在重复性条件下获得的两次独立测定结果的绝对差值不得超过算术平均值的 10%。

(12) 其他 按取样量 2g，定容 50mL 时，苯甲酸、山梨酸和糖精钠（以糖精计）的检出限均为 0.005g/kg，定量限均为 0.01g/kg。

2. 气相色谱法

试样经盐酸酸化后，用乙醚提取苯甲酸、山梨酸，采用气相色谱-氢火焰离子化检测器进行分离测定，外标法定量。

(1) 仪器与材料 气相色谱仪（带氢火焰离子化检测器 FID）、分析天平（感量为 0.001g 和 0.0001g）、涡旋振荡器、离心机（转速＞8000r/min）、匀浆机、氮吹仪、塑料离心管（50mL）。

(2) 试剂 乙醚（$C_2H_5OC_2H_5$）、乙醇（C_2H_5OH）、正己烷（C_6H_{14}）、乙酸乙酯（$CH_3CO_2C_2H_5$，色谱纯）、盐酸（HCl）、氯化钠（NaCl）、无水硫酸钠（Na_2SO_4，500℃烘 8h，于干燥器中冷却至室温后备用）。

除非另有说明，本方法所用试剂均为分析纯，水为 GB/T 6682 规定的一级水。

(3) 标准品

① 苯甲酸（C_6H_5COOH，CAS 号：65-85-0）。纯度≥99.0%，或经国家认证并授予标准物质证书的标准物质。

② 山梨酸（$C_6H_8O_2$，CAS 号：110-44-1）。纯度≥99.0%，或经国家认证并授予标准物质证书的标准物质。

(4) 试剂配制

① 盐酸溶液（1+1）。取 50mL 盐酸，边搅拌边慢慢加入 50mL 水中，混匀。

② 氯化钠溶液（40g/L）。称取 40g 氯化钠，用适量水溶解，加盐酸溶液 2mL，加水定容到 1L。

③ 正己烷-乙酸乙酯混合溶液（1+1）。取 100mL 正己烷和 100mL 乙酸乙酯，混匀。

④ 苯甲酸、山梨酸标准储备溶液（1000mg/L）。分别准确称取苯甲酸、山梨酸各 0.1g（精确到 0.0001g），用甲醇溶解并分别定容至 100mL。转移至密闭容器中，于-18℃贮存，保存期为 6 个月。

⑤ 苯甲酸、山梨酸混合标准中间溶液（200mg/L）。分别准确吸取苯甲酸、山梨酸标准储备溶液各 10.0mL 于 50mL 容量瓶中，用乙酸乙酯定容。转移至密闭容器中，于-18℃贮

存，保存期为3个月。

⑥ 苯甲酸、山梨酸混合标准系列工作溶液。分别准确吸取苯甲酸、山梨酸混合标准中间溶液0mL、0.05mL、0.25mL、0.50mL、1.00mL、2.50mL、5.00mL和10.0mL，用正己烷-乙酸乙酯混合溶剂（1+1）定容至10mL，配制成质量浓度分别为0mg/L、1.00mg/L、5.00mg/L、10.0mg/L、20.0mg/L、50.0mg/L、100mg/L和200mg/L的混合标准系列工作溶液。临用现配。

(5) 试样制备 取多个预包装的样品，其中均匀样品直接混合，非均匀样品用组织匀浆机充分搅拌均匀，取其中的200g装入洁净的玻璃容器中，密封，水溶液于4℃保存，其他试样于-18℃保存。

(6) 试样提取 准确称取约2.5g(精确至0.001g)试样于50mL离心管中，加0.5g氯化钠、0.5mL盐酸溶液（1+1）和0.5mL乙醇，用15mL和10mL乙醚提取两次，每次振摇1min，于8000r/min离心3min。每次均将上层乙醚提取液通过无水硫酸钠滤入25mL容量瓶中。加乙醚清洗无水硫酸钠层并收集至约25mL刻度，最后用乙醚定容，混匀。准确吸取5mL乙醚提取液于5mL具塞刻度试管中，于35℃氮吹至干，加入2mL正己烷-乙酸乙酯（1+1）混合溶液溶解残渣，待气相色谱测定。

(7) 仪器参考条件
① 色谱柱。聚乙二醇毛细管气相色谱柱，内径320μm，长30m，膜厚度0.25μm，或等效色谱柱；
② 载气。氮气，流速3mL/min；
③ 空气。400L/min；
④ 氢气。40L/min；
⑤ 进样口温度。250℃；
⑥ 检测器温度。250℃；
⑦ 柱温程序。初始温度80℃，保持2min，以15℃/min的速率升温至250℃，保持5min；
⑧ 进样量。2μL；
⑨ 分流比。10∶1。

(8) 标准曲线的制作 将混合标准系列工作溶液分别注入气相色谱仪中，以质量浓度为横坐标，以峰面积为纵坐标，绘制标准曲线。

(9) 试样溶液的测定 将试样溶液注入气相色谱仪中，得到峰面积，根据标准曲线得到待测液中苯甲酸、山梨酸的质量浓度。气相色谱图如图3-24所示。

(10) 结果计算 试样中苯甲酸、山梨酸含量按式(3-54)计算：

$$X=\frac{\rho V \times 25}{m \times 5 \times 1000} \tag{3-54}$$

式中 X——试样中待测组分含量，g/kg；
ρ——由标准曲线得出的样液中待测物的质量浓度，mg/L；
V——加入正己烷-乙酸乙酯（1+1）混合溶剂的体积，mL；
25——试样乙醚提取液的总体积，mL；
m——试样的质量，g；
5——测定时吸取乙醚提取液的体积，mL；
1000——由mg/kg转换为g/kg的换算因子。

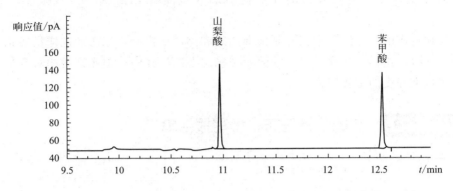

图 3-24　100mg/L 苯甲酸、山梨酸标准溶液气相色谱

结果保留 3 位有效数字。

(11) 精密度　在重复性条件下获得的两次独立测定结果的绝对差值不得超过算术平均值的 10%。

(12) 其他　取样量 2.5g，按试样前处理方法操作，最后定容到 2mL 时，苯甲酸、山梨酸的检出限均为 0.005g/kg，定量限均为 0.01g/kg。

【学习活动三】 小组讨论制订计划并汇报任务

任务名称	食品防腐剂的分析测定	日期	
小组序号			
一、确定方法			
二、制订工作计划			
1. 准备合适的仪器、设备			
2. 列出所需试剂			
3. 列出试剂的配制方法			
4. 列出样品的制备方法			
5. 列出标准溶液的配制方法			
6. 画出工作流程简图			

【学习活动四】 讨论工作过程中的注意事项

(1) 在试样提取过程中，通过无水硫酸钠层过滤后的乙醚提取液在氮吹浓缩时可能会析出少量的白色氯化钠，析出的氯化钠会覆盖部分苯甲酸、山梨酸，使测定结果偏低。

当出现此种情况时,应搅松残留的无机盐后加入石油醚-乙醚(3+1)振摇,取上清液进样。

(2)气相色谱的外标法要求在绘制标准曲线和测试试样时,每次的进样量要相等,操作条件要完全一致,这样才能通过比较峰面积来确定各次进样中被测元素的相对含量,这是制约外标法测量准确度的主要因素。

【学习活动五】 完成分析任务,填写报告单

任务名称	食品防腐剂的分析测定	日期	
小组序号		成员	
一、数据记录(根据分析内容,自行制订表格)			
二、计算,并进行修约			
三、给出结论			

任务二 护色剂的分析测定

任务准备

护色剂是一种在食品加工和储存过程中使用的化学物质,被用作食品添加剂,用于保持食品的颜色、防止腐败、抑制细菌生长以及改善口感。亚硝酸盐就属于一类护色剂,包括亚硝酸钠($NaNO_2$)和亚硝酸钾(KNO_2),可溶于水,并且在酸性条件下更加稳定。亚硝酸盐在食品加工中具有以下作用:

① 保持颜色:亚硝酸盐可以与食品中的肌肉色素反应,形成亚硝酸肌红蛋白,这会使得肉类制品呈现出鲜艳的红色。这对于制作香肠、熏制肉类和肉制品等食品非常重要,因为这些食品需要保持吸引人的颜色。

② 抑制细菌生长:亚硝酸盐对细菌的生长有一定的抑制作用,特别是对产生孢子的肉毒梭菌。由于细菌可以在肉制品中快速繁殖并产生有害物质,使用适量的亚硝酸盐可以延长食品的保质期并减少食品中细菌引起的健康问题。

【学习活动一】 发布工作任务，明确完成目标

任务名称	护色剂的分析测定	日期	
小组序号		成员	
一、任务描述			
食品生产中 22 大类的添加剂必须严格遵守《食品安全国家标准 食品添加剂使用标准》(GB 2760—2014)的规定使用。今收到送检、抽样部分超市中乳粉、腊肉、鱼类等食品样品 60 份,测定分析其中的护色剂含量是否合格。任务的执行可进一步推动国家相关法律法规的有效执行,增强食品生产企业的法律意识,为依法治国提供强力保障			
二、任务目标			
1. 查找合适的国家标准			
2. 查找、讨论护色剂测定的意义			
3. 查找护色剂的概念、分类			
三、完成目标			
能力目标	1. 培养对护色剂的认知能力； 2. 培养查阅并使用国标的能力		
知识目标	1. 了解食品中护色剂测定的意义； 2. 掌握食品中护色剂测定的方法； 3. 掌握食品中护色剂的测定方法、检测方法的原理、检测仪器的使用及注意事项		
素质目标	1. 培养综合分析和解决问题的能力； 2. 培养安全使用离子色谱仪、分光光度计等仪器的能力,增强职业意识		

【学习活动二】 寻找关键参数，确定分析方法

> 【方法解读】《食品安全国家标准,食品中亚硝酸盐与硝酸盐的测定》(GB 5009.33—2016),适用于食品中亚硝酸盐和硝酸盐的测定,其中第一法为离子色谱法,第二法为分光光度法。

1. 离子色谱法

试样经沉淀蛋白质、除去脂肪后,采用相应的方法提取和净化,以氢氧化钾溶液为淋洗液,阴离子交换柱分离,电导检测器或紫外检测器检测。以保留时间定性,外标法定量。

(1) 仪器与试剂

① 仪器。离子色谱仪（配电导检测器及抑制器或紫外检测器,高容量阴离子交换柱,$50\mu L$ 定量环）、食物粉碎机、超声波清洗器、分析天平（感量为 0.1mg 和 1mg）、离心机（转速≥10000r/min,配 50mL 离心管）、$0.22\mu m$ 水性滤膜针头滤器、净化柱（包括 C_{18} 柱、Ag 柱和 Na 柱或等效柱）、注射器（1.0mL 和 2.5mL）。

注：所有玻璃器皿使用前均需依次用 2mol/L 氢氧化钾和水分别浸泡 4h,然后用水冲洗 3～5 次,晾干备用。

② 试剂。乙酸（CH_3COOH）、氢氧化钾（KOH）。

项目五　食品中添加剂的分析　　151

③ 标准品

a. 亚硝酸钠（$NaNO_2$，CAS号：7632-00-0）：基准试剂，或采用具有标准物质证书的亚硝酸盐标准溶液。

b. 硝酸钠（$NaNO_3$，CAS号：7631-99-4）：基准试剂，或采用具有标准物质证书的硝酸盐标准溶液。

④ 试剂配制

a. 乙酸溶液（3%）：量取乙酸3mL于100mL容量瓶中，以水稀释至刻度，混匀。

b. 氢氧化钾溶液（1mol/L）：称取6g氢氧化钾，加入新煮沸过的冷水溶解，并稀释至100mL，混匀。

c. 亚硝酸盐标准储备液（100mg/L，以NO_2^-计，下同）：准确称取0.1500g于110~120℃干燥至恒重的亚硝酸钠，用水溶解并转移至1000mL容量瓶中，加水稀释至刻度，混匀。

d. 硝酸盐标准储备液（1000mg/L，以NO_3^-计，下同）：准确称取1.3710g于110~120℃干燥至恒重的硝酸钠，用水溶解并转移至1000mL容量瓶中，加水稀释至刻度，混匀。

e. 亚硝酸盐和硝酸盐混合标准中间液：准确移取亚硝酸根离子（NO_2^-）和硝酸根离子（NO_3^-）的标准储备液各1.0mL于100mL容量瓶中，用水稀释至刻度，此溶液每升含亚硝酸根离子1.0mg和硝酸根离子10.0mg。

f. 亚硝酸盐和硝酸盐混合标准使用液：移取亚硝酸盐和硝酸盐混合标准中间液，加水逐级稀释，制成系列混合标准使用液，亚硝酸根离子浓度分别为0.02mg/L、0.04mg/L、0.06mg/L、0.08mg/L、0.10mg/L、0.15mg/L、0.20mg/L；硝酸根离子浓度分别为0.2mg/L、0.4mg/L、0.6mg/L、0.8mg/L、1.0mg/L、1.5mg/L、2.0mg/L。

(2) 试样预处理

① 蔬菜、水果。将新鲜蔬菜、水果试样用自来水洗净后，用水冲洗，晾干后，取可食部切碎混匀。将切碎的样品用四分法取适量，用食物粉碎机制成匀浆，备用。如需加水应记录加水量。

② 粮食及其他植物样品。除去可见杂质后，取有代表性试样50~100g，粉碎后，过0.30mm孔筛，混匀，备用。

③ 肉类、蛋、水产及其制品。用四分法取适量或取全部，用食物粉碎机制成匀浆，备用。

④ 乳粉、豆奶粉、婴儿配方粉等固态乳制品（不包括干酪）。将试样装入能够容纳2倍试样体积的带盖容器中，通过反复摇晃和颠倒容器使样品充分混匀直到使试样均一化。

⑤ 发酵乳、乳、炼乳及其他液体乳制品。通过搅拌或反复摇晃和颠倒容器使试样充分混匀。

⑥ 干酪。取适量的样品研磨成均匀的泥浆状。为避免水分损失，研磨过程中应避免产生过多的热量。

(3) 提取

① 蔬菜、水果等植物性试样。称取试样5g(精确至0.001g，可适当调整试样的取样量，以下相同)，置于150mL具塞锥形瓶中，加入80mL水，1mL 1mol/L氢氧化钾溶液，超声提取30min，每隔5min振摇1次，保持固相完全分散。于75℃水浴中放置5min，取出放置至室温，定量转移至100mL容量瓶中，加水稀释至刻度，混匀。溶液经滤纸过滤后，取部

分溶液于10000r/min离心15min,上清液备用。

② 肉类、蛋类、鱼类及其制品等。称取试样匀浆5g(精确至0.001g),置于150mL具塞锥形瓶中,加入80mL水,超声提取30min,每隔5min振摇1次,保持固相完全分散。于75℃水浴中放置5min,取出放置至室温,定量转移至100mL容量瓶中,加水稀释至刻度,混匀。溶液经滤纸过滤后,取部分溶液于10000r/min离心15min,上清液备用。

③ 腌鱼类、腌肉类及其他腌制品。称取试样匀浆2g(精确至0.001g),置于150mL具塞锥形瓶中,加入80mL水,超声提取30min,每隔5min振摇1次,保持固相完全分散。于75℃水浴中放置5min,取出放置至室温,定量转移至100mL容量瓶中,加水稀释至刻度,混匀。溶液经滤纸过滤后,取部分溶液于10000r/min离心15min,上清液备用。

④ 乳。称取试样10g(精确至0.01g),置于100mL具塞锥形瓶中,加水80mL,摇匀,超声30min,加入3%乙酸溶液2mL,于4℃放置20min,取出放置至室温,加水稀释至刻度。溶液经滤纸过滤,滤液备用。

⑤ 乳粉及干酪。称取试样2.5g(精确至0.01g),置于100mL具塞锥形瓶中,加水80mL,摇匀,超声30min,取出放置至室温,定量转移至100mL容量瓶中,加入3%乙酸溶液2mL,加水稀释至刻度,混匀。于4℃放置20min,取出放置至室温,溶液经滤纸过滤,滤液备用。

⑥ 取上述备用溶液约15mL,通过0.22μm水性滤膜针头滤器、C_{18}柱,弃去前面3mL(如果氯离子大于100mg/L,则需要依次通过针头滤器、C_{18}柱、Ag柱和Na柱,弃去前面7mL),收集后面洗脱液待测。

固相萃取柱使用前需进行活化,C_{18}柱(1.0mL)、Ag柱(1.0mL)和Na柱(1.0mL)的活化过程为:C_{18}柱(1.0mL)使用前依次用10mL甲醇、15mL水通过,静置活化30min;Ag柱(1.0mL)和Na柱(1.0mL)用10mL水通过,静置活化30min。

(4) 仪器参考条件

① 色谱柱。氢氧化物选择性,可兼容梯度洗脱的二乙烯基苯-乙基苯乙烯共聚物基质,烷醇基季铵盐功能团的高容量阴离子交换柱,4mm×250mm(带保护柱4mm×50mm),或性能相当的离子色谱柱。

② 淋洗液。氢氧化钾溶液,浓度为6~70mmol/L;洗脱梯度为6mmol/L 30min,70mmol/L 5min,6mmol/L 5min;流速1.0mL/min。

粉状婴幼儿配方食品:氢氧化钾溶液,浓度为5~50mmol/L;洗脱梯度为5mmol/L 33min,50mmol/L 5min,5mmol/L 5min;流速1.3mL/min。

③ 抑制器。连续自动再生膜阴离子抑制器或等效抑制装置。

④ 检测器。电导检测器,检测池温度为35℃;或紫外检测器,检测波长为226nm。

⑤ 进样体积。50μL(可根据试样中被测离子含量进行调整)。

(5) 标准曲线的制作 将标准系列工作液分别注入离子色谱仪中,得到各浓度标准工作液色谱图,测定相应的峰高或峰面积,以标准工作液的浓度为横坐标,以峰高或峰面积为纵坐标,绘制标准曲线(亚硝酸盐和硝酸盐标准色谱图见图3-25)。

(6) 试样溶液的测定 将空白和试样溶液注入离子色谱仪中,得到空白和试样溶液的峰高或峰面积,根据标准曲线得到待测液中亚硝酸根离子或硝酸根离子的浓度。

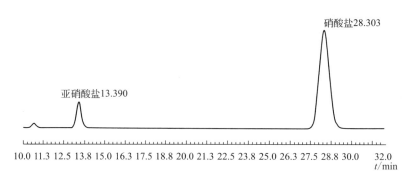

图 3-25　亚硝酸盐和硝酸盐标准色谱图

(7) 结果计算　试样中亚硝酸离子或硝酸根离子的含量按式(3-55)计算：

$$X = \frac{(\rho - \rho_0)Vf \times 1000}{m \times 1000} \tag{3-55}$$

式中　X——试样中亚硝酸根离子或硝酸根离子的含量，mg/kg；

ρ——测定用试样溶液中的亚硝酸根离子或硝酸根离子浓度，mg/L；

ρ_0——试剂空白液中亚硝酸根离子或硝酸根离子的浓度，mg/L；

V——试样溶液体积，mL；

f——试样溶液稀释倍数；

1000——换算系数；

m——试样取样量，g。

试样中测得的亚硝酸根离子含量乘以换算系数 1.5，即得亚硝酸盐（按亚硝酸钠计）含量；试样中测得的硝酸根离子含量乘以换算系数 1.37，即得硝酸盐（按硝酸钠计）含量。结果保留 2 位有效数字。

(8) 精密度　在重复性条件下获得的两次独立测定结果的绝对差值不得超过算术平均值的 10%。本方法中亚硝酸盐和硝酸盐检出限分别为 0.2mg/kg 和 0.4mg/kg。

2．分光光度法

亚硝酸盐采用盐酸萘乙二胺法测定，硝酸盐采用镉柱还原法测定。

试样经沉淀蛋白质、除去脂肪后，在弱酸条件下，亚硝酸盐与对氨基苯磺酸重氮化后，再与盐酸萘乙二胺偶合形成紫红色染料，外标法测得亚硝酸盐含量。采用镉柱将硝酸盐还原成亚硝酸盐，测得亚硝酸盐总量，由测得的亚硝酸盐总量减去试样中亚硝酸盐含量，即得试样中硝酸盐含量。

(1) 仪器与试剂

① 仪器。天平（感量为 0.1mg 和 1mg）、组织捣碎机、超声波清洗器、恒温干燥箱、分光光度计、镉柱或镀铜镉柱。

a. 海绵状镉的制备：镉粒直径 0.3～0.8mm。

将适量的锌棒放入烧杯中，用 40g/L 硫酸镉溶液浸没锌棒。在 24h 之内，不断将锌棒上的海绵状镉轻轻刮下。取出残余锌棒，使镉沉底，倾去上层溶液。用水冲洗海绵状镉 2～3 次后，将镉转移至搅拌器中，加 400mL 盐酸（0.1mol/L），搅拌数秒，以得到所需粒径的镉颗粒。将制得的海绵状镉倒回烧杯中，静置 3～4h，过程中搅拌数次，以除去气泡。倾去海绵状镉中的溶液，并可按下述方法进行镉粒镀铜。

b. 镉粒镀铜：将制得的镉粒置于锥形瓶中（所用镉粒的量以达到要求的镉柱高度为准），加足量的盐酸（2mol/L）浸没镉粒，振荡5min，静置分层，倾去上层溶液，用水多次冲洗镉粒。在镉粒中加入20g/L硫酸铜溶液（每克镉粒约需2.5mL），振荡1min，静置分层，倾去上层溶液后，立即用水冲洗镀铜镉粒（注意镉粒要始终用水浸没），直至冲洗的水中不再有铜沉淀。

c. 镉柱的装填：如图3-26所示，用水装满镉柱玻璃柱，并装入约2cm高的玻璃棉做垫，将玻璃棉压向柱底时，应将其中所包含的空气全部排出，在轻轻敲击下，加入海绵状镉至8~10cm［见图3-26(a)］或15~20cm［见图3-26(b)］，上面用1cm高的玻璃棉覆盖。若使用图3-26(b)的装置，则上置一贮液漏斗，末端要穿过橡胶塞与镉柱玻璃管紧密连接。

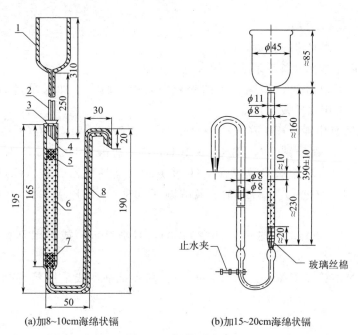

(a)加8~10cm海绵状镉　　(b)加15~20cm海绵状镉

图3-26　镉柱示意图

1—贮液漏斗，内径35mm，外径37mm；2—进液毛细管，内径0.4mm，外径6mm；3—橡胶塞；
4—镉柱玻璃管，内径12mm，外径16mm；5，7—玻璃棉；
6—海绵状镉；8—出液毛细管，内径2mm，外径8mm

如无上述镉柱玻璃管时，可以用25mL酸式滴定管代替，但过柱时要注意始终保持液面在镉层之上。当镉柱填装好后，先用25mL盐酸（0.1mol/L）洗涤，再以水洗2次，每次25mL，镉柱不用时用水封盖，随时都要保持水平面在镉层之上，不得使镉层夹有气泡。

d. 镉柱每次使用完毕后，应先以25mL盐酸（0.1mol/L）洗涤，再以水洗2次，每次25mL，最后用水覆盖镉柱。

e. 镉柱还原效率的测定：吸取20mL硝酸钠标准使用液，加入5mL氨缓冲液的稀释液，混匀后注入贮液漏斗，使流经镉柱还原，用一个100mL的容量瓶收集洗涤液。洗提液的流量不应超过6mL/min，在贮液杯将要排空时，用约15mL水冲洗杯壁。冲洗水流尽后，再用15mL水重复冲洗，第2次冲洗水也流尽后，将贮液杯灌满水，并使其以最大流量流过柱子。当容量瓶中的洗提液接近100mL时，从柱子下取出容量瓶，用水定容至刻度，混匀。取10.0mL还原后的溶液（相当10μg亚硝酸钠）于50mL比色管中，吸取0.00mL、

0.20mL、0.40mL、0.60mL、0.80mL、1.00mL、1.50mL、2.00mL、2.50mL 亚硝酸钠标准使用液（相当于 0.0μg、1.0μg、2.0μg、3.0μg、4.0μg、5.0μg、7.5μg、10.0μg、12.5μg 亚硝酸钠），分别置于 50mL 带塞比色管中。于标准管与试样管中分别加入 2mL 4g/L 对氨基苯磺酸溶液，混匀，静置 3~5min 后各加入 1mL 2g/L 盐酸萘乙二胺溶液，加水至刻度，混匀，静置 15min，用 1cm 比色杯，以零管调节零点，于波长 538nm 处测吸光度，绘制标准曲线比较。根据标准曲线计算测得结果，与加入量一致，还原效率应大于 95% 为符合要求。

还原效率计算按式(3-56)计算：

$$X = \frac{m_1}{10} \times 100\% \tag{3-56}$$

式中　X——还原效率，%；

　　　m_1——测得亚硝酸钠的含量，μg；

　　　10——测定用溶液相当亚硝酸钠的含量，μg。

如果还原率小于 95% 时，将镉柱中的镉粒倒入锥形瓶中，加入足量的盐酸（2mol/L）中，振荡数分钟，再用水反复冲洗。

② 试剂。亚铁氰化钾 $[K_4Fe(CN)_6 \cdot 3H_2O]$、乙酸锌 $[Zn(CH_3COO)_2 \cdot 2H_2O]$、冰醋酸（$CH_3COOH$）、硼酸钠（$Na_2B_4O_7 \cdot 10H_2O$）、盐酸（$HCl$，$\rho = 1.19g/mL$）、氨水（$NH_3 \cdot H_2O$，25%）、对氨基苯磺酸（$C_6H_7NO_3S$）、盐酸萘乙二胺（$C_{12}H_{14}N_2 \cdot 2HCl$）、锌皮或锌棒、硫酸镉（$CdSO_4 \cdot 8H_2O$）、硫酸铜（$CuSO_4 \cdot 5H_2O$）。

③ 标准品。

a. 亚硝酸钠（$NaNO_2$，CAS 号：7632-00-0）：基准试剂，或采用具有标准物质证书的亚硝酸盐标准溶液。

b. 硝酸钠（$NaNO_3$，CAS 号：7631-99-4）：基准试剂，或采用具有标准物质证书的硝酸盐标准溶液。

④ 试剂配制。

a. 亚铁氰化钾溶液（106g/L）：称取 106.0g 亚铁氰化钾，用水溶解，并稀释至 1000mL。

b. 乙酸锌溶液（220g/L）：称取 220.0g 乙酸锌，先加 30mL 冰醋酸溶解，用水稀释至 1000mL。

c. 饱和硼砂溶液（50g/L）：称取 5.0g 硼酸钠，溶于 100mL 热水中，冷却后备用。

d. 氨缓冲溶液（pH=9.6~9.7）：量取 30mL 盐酸，加 100mL 水，混匀后加 65mL 氨水，再加水稀释至 1000mL，混匀。调节 pH 至 9.6~9.7。

e. 氨缓冲液的稀释液：量取 50mL pH 为 9.6~9.7 的氨缓冲溶液，加水稀释至 500mL，混匀。

f. 盐酸（0.1mol/L）：量取 8.3mL 盐酸，用水稀释至 1000mL。

g. 盐酸（2mol/L）：量取 167mL 盐酸，用水稀释至 1000mL。

h. 盐酸（20%）：量取 20mL 盐酸，用水稀释至 100mL。

i. 对氨基苯磺酸溶液（4g/L）：称取 0.4g 对氨基苯磺酸，溶于 100mL 20% 盐酸中，混匀，置棕色瓶中，避光保存。

j. 盐酸萘乙二胺溶液（2g/L）：称取 0.2g 盐酸萘乙二胺，溶于 100mL 水中，混匀，置棕色瓶中，避光保存。

k. 硫酸铜溶液（20g/L）：称取 20g 硫酸铜，加水溶解，并稀释至 1000mL。

l. 硫酸镉溶液（40g/L）：称取 40g 硫酸镉，加水溶解，并稀释至 1000mL。

m. 乙酸溶液（3%）：量取冰醋酸 3mL 于 100mL 容量瓶中，以水稀释至刻度，混匀。

n. 亚硝酸钠标准溶液（200μg/mL，以亚硝酸钠计）：准确称取 0.1000g 于 110～120℃ 干燥恒重的亚硝酸钠，加水溶解，移入 500mL 容量瓶中，加水稀释至刻度，混匀。

o. 硝酸钠标准溶液（200μg/mL，以亚硝酸钠计）：准确称取 0.1232g 于 110～120℃ 干燥恒重的硝酸钠，加水溶解，移入 500mL 容量瓶中，并稀释至刻度。

p. 亚硝酸钠标准使用液（5.0μg/mL）：临用前，吸取 2.50mL 亚硝酸钠标准溶液，置于 100mL 容量瓶中，加水稀释至刻度。

q. 硝酸钠标准使用液（5.0μg/mL，以亚硝酸钠计）：临用前，吸取 2.50mL 硝酸钠标准溶液，置于 100mL 容量瓶中，加水稀释至刻度。

（2）试样预处理

① 蔬菜、水果。将新鲜蔬菜、水果试样用自来水洗净后，用水冲洗，晾干后，取可食部分切碎混匀。将切碎的样品用四分法取适量，用食物粉碎机制成匀浆，备用。如需加水应记录加水量。

② 粮食及其他植物样品。除去可见杂质后，取有代表性试样 50～100g，粉碎后，过 0.30mm 孔筛，混匀，备用。

③ 肉类、蛋、水产及其制品。用四分法取适量或取全部，用食物粉碎机制成匀浆，备用。

④ 乳粉、豆奶粉、婴儿配方粉等固态乳制品（不包括干酪）。将试样装入能够容纳 2 倍试样体积的带盖容器中，通过反复摇晃和颠倒容器使样品充分混匀直到使试样均一化。

⑤ 发酵乳、乳、炼乳及其他液体乳制品。通过搅拌或反复摇晃和颠倒容器使试样充分混匀。

⑥ 干酪。取适量的样品研磨成均匀的泥浆状。为避免水分损失，研磨过程中应避免产生过多的热量。

（3）提取

① 干酪。称取试样 2.5g（精确至 0.001g），置于 150mL 具塞锥形瓶中，加水 80mL，摇匀，超声 30min，取出放置至室温，定量转移至 100mL 容量瓶中，加入 3%乙酸溶液 2mL，加水稀释至刻度，混匀。于 4℃ 放置 20min，取出放置至室温，溶液经滤纸过滤，滤液备用。

② 液体乳样品。称取试样 90g（精确至 0.001g），置于 250mL 具塞锥形瓶中，加 12.5mL 饱和硼砂溶液，加入 70℃ 左右的水约 60mL，混匀，于沸水浴中加热 15min，取出置冷水浴中冷却，并放置至室温。定量转移上述提取液至 200mL 容量瓶中，加入 5mL 106g/L 亚铁氰化钾溶液，摇匀，再加入 5mL 220g/L 乙酸锌溶液，以沉淀蛋白质。加水至刻度，摇匀，放置 30min，除去上层脂肪，上清液用滤纸过滤，滤液备用。

③ 乳粉。称取试样 10g（精确至 0.001g），置于 150mL 具塞锥形瓶中，加 12.5mL 50g/L 饱和硼砂溶液，加入 70℃ 左右的水约 150mL，混匀，于沸水浴中加热 15min，取出置冷水浴中冷却，并放置至室温。定量转移上述提取液至 200mL 容量瓶中，加入 5mL 106g/L 亚铁氰化钾溶液，摇匀，再加入 5mL 220g/L 乙酸锌溶液，以沉淀蛋白质。加水至刻度，

摇匀，放置 30min，除去上层脂肪，上清液用滤纸过滤，弃去初滤液 30mL，滤液备用。

④ 其他样品。称取 5g（精确至 0.001g）匀浆试样（如制备过程中加水，应按加水量折算），置于 250mL 具塞锥形瓶中，加 12.5mL 50g/L 饱和硼砂溶液，加入 70℃ 左右的水约 150mL，混匀，于沸水浴中加热 15min，取出置冷水浴中冷却，并放置至室温。定量转移上述提取液至 200mL 容量瓶中，加入 5mL 106g/L 亚铁氰化钾溶液，摇匀，再加入 5mL 220g/L 乙酸锌溶液，以沉淀蛋白质。加水至刻度，摇匀，放置 30min，除去上层脂肪，上清液用滤纸过滤，弃去初滤液 30mL，滤液备用。

(4) 亚硝酸盐的测定　吸取 40.0mL 上述滤液于 50mL 带塞比色管中，另吸取 0.00mL、0.20mL、0.40mL、0.60mL、0.80mL、1.00mL、1.50mL、2.00mL、2.50mL 亚硝酸钠标准使用液（相当于 0.0μg、1.0μg、2.0μg、3.0μg、4.0μg、5.0μg、7.5μg、10.0μg、12.5μg 亚硝酸钠），分别置于 50mL 带塞比色管中。于标准管与试样管中分别加入 2mL 4g/L 对氨基苯磺酸溶液，混匀，静置 3~5min 后各加入 1mL 2g/L 盐酸萘乙二胺溶液，加水至刻度，混匀，静置 15min，用 1cm 比色皿，以零管调节零点，于波长 538nm 处测吸光度，绘制标准曲线比较。同时做试剂空白。

(5) 硝酸盐的测定　镉柱还原：先以 25mL 氨缓冲液的稀释液冲洗镉柱，流速控制在 3~5mL/min（以滴定管代替的可控制在 2~3mL/min）。吸取 20mL 滤液于 50mL 烧杯中，加 5mL pH 为 9.6~9.7 的氨缓冲溶液，混合后注入贮液漏斗，使流经镉柱还原，当贮液杯中的样液流尽后，加 15mL 水冲洗烧杯，再倒入贮液杯中。冲洗水流完后，再用 15mL 水重复 1 次。当第 2 次冲洗水快流尽时，将贮液杯装满水，以最大流速过柱。当容量瓶中的洗提液接近 100mL 时，取出容量瓶，用水定容刻度，混匀。

(6) 亚硝酸钠总量的测定　吸取 10~20mL 还原后的样液于 50mL 比色管中。吸取 0.00mL、0.20mL、0.40mL、0.60mL、0.80mL、1.00mL、1.50mL、2.00mL、2.50mL 亚硝酸钠标准使用液（相当于 0.0μg、1.0μg、2.0μg、3.0μg、4.0μg、5.0μg、7.5μg、10.0μg、12.5μg 亚硝酸钠），分别置于 50mL 带塞比色管中。于标准管与试样管中分别加入 2mL 4g/L 对氨基苯磺酸溶液，混匀，静置 3~5min 后各加入 1mL 2g/L 盐酸萘乙二胺溶液，加水至刻度，混匀，静置 15min，用 1cm 比色皿，以零管调节零点，于波长 538nm 处测吸光度，绘制标准曲线比较。

(7) 结果计算

① 亚硝酸盐（以亚硝酸钠计）的含量按式(3-57)计算：

$$X_1 = \frac{m_2 \times 1000}{m_3 \times \frac{V_1}{V_0} \times 1000} \tag{3-57}$$

式中　X_1——试样中亚硝酸钠的含量，mg/kg；
　　　m_2——测定用样液中亚硝酸钠的质量，μg；
　　　1000——转换系数；
　　　m_3——试样质量，g；
　　　V_1——测定用样液体积，mL；
　　　V_0——试样处理液总体积，mL。

结果保留 2 位有效数字。

② 硝酸盐（以硝酸钠计）的含量按式(3-58)计算：

$$X_2 = \left(\frac{m_4 \times 1000}{m_5 \times \frac{V_3}{V_2} \times \frac{V_5}{V_4} \times 1000} - X_1 \right) \times 1.232 \tag{3-58}$$

式中　X_2——试样中硝酸钠的含量，mg/kg；
　　　m_4——经镉粉还原后测得总亚硝酸钠的质量，μg；
　　　1000——转换系数；
　　　m_5——试样的质量，g；
　　　V_3——测总亚硝酸钠的测定用样液体积，mL；
　　　V_2——试样处理液总体积，mL；
　　　V_5——经镉柱还原后样液的测定用体积，mL；
　　　V_4——经镉柱还原后样液总体积，mL；
　　　X_1——由式(3-57)计算出的试样中亚硝酸钠的含量，mg/kg；
　　1.232——亚硝酸钠换算成硝酸钠的系数。
结果保留 2 位有效数字。

(8) 精密度　在重复性条件下获得的两次独立测定结果的绝对差值不得超过算术平均值的 10%。

(9) 其他　本方法中亚硝酸盐检出限：液体乳 0.06mg/kg，乳粉 0.5mg/kg，干酪及其他 1mg/kg；硝酸盐检出限：液体乳 0.6mg/kg，乳粉 5mg/kg，干酪及其他 10mg/kg。

【学习活动三】 小组讨论制订计划并汇报任务

任务名称	护色剂的分析测定	日期	
小组序号			
一、确定方法			
二、制订工作计划			
1. 准备合适的仪器、设备			
2. 列出所需试剂			
3. 列出样品的制备方法			
4. 画出工作流程简图			

项目五　食品中添加剂的分析

【学习活动四】 讨论工作过程中的注意事项

(1) 比色皿有多种规格 一般情况下，分析的波长在 350nm 以上时，可选用玻璃或石英比色皿，350nm 以下时必须使用石英比色皿。比色皿有不同的光程长度，一般常用的有 0.5cm、1cm、2cm、3cm、5cm，选用哪种光程长度的比色皿，应根据试样的吸光度来确定。当比色液的颜色较浅时，应选用光程长度较大的比色皿；当比色液的颜色较深时，应选用光程长度较小的比色皿，以使所测溶液的吸光度在 0.1~0.7 范围内。

(2) 制作标准曲线时，几种试剂的加入顺序 不能任意改变。因为弱酸条件下的亚硝酸盐先与氨基苯磺酸重氮化，再与盐酸萘乙二胺偶合形成紫红色燃料，才能用分光光度法进行测定。

【学习活动五】 完成分析任务，填写报告单

任务名称	护色剂的分析测定	日期	
小组序号		成员	
一、数据记录（根据分析内容，自行制订表格）			
二、计算，并进行修约			
三、给出结论			

任务三　漂白剂的分析测定

任务准备

漂白剂是能够破坏、抑制食品的发色因素，使食品褪色或免于褐变的物质，可分为还原性和氧化性两大类。我国目前允许使用的漂白剂有二氧化硫、焦亚硫酸钾、焦亚硫酸钠、亚硫酸钠、亚硫酸亚钠、低亚硫酸钠、硫黄等七种。这些漂白剂通过解离生成亚硫酸，亚硫酸具有还原性，显示漂白、脱色、防腐和抗氧化作用。

目前，我国使用的大都是以亚硫酸类化合物为主的还原性漂白剂。它们通过产生的二氧化硫的还原作用，来抑制、破坏食品的变色因子，使食品褪色或免于褐变。

值得注意的是，使用漂白剂的过程需要严格控制剂量和处理时间，以确保安全性和食品质量。过量使用漂白剂可能导致食品营养价值的降低，甚至对人体健康造成风险。因此，在食品加工中使用漂白剂时需要遵循相关的法规和规定。

【学习活动一】 发布工作任务，明确完成目标

任务名称	漂白剂的分析测定	日期	
小组序号		成员	
一、任务描述			
本次任务针对食品安全风险评估中有可能存在漂白剂超剂量使用的枸杞、湿面条、赤砂糖等食品进行抽检，随机抽样样本 300 份。测定分析其中的漂白剂的使用是否合格以及含量是否超量等问题展开任务。进而对于这几类食品的生产商起到日常监督的效果，促使中小微企业规范化生产			
二、任务目标			
1. 查找合适的国家标准			
2. 查找、讨论漂白剂测定的意义			
3. 查找漂白剂的概念、分类			
三、完成目标			
能力目标	1. 培养对漂白剂的认知能力； 2. 培养查阅并使用国标的能力		
知识目标	1. 了解食品中漂白剂测定的意义； 2. 掌握食品中漂白剂测定的方法； 3. 掌握食品中漂白剂的国标测定方法、检测方法的原理、检测仪器的使用及注意事项		
素质目标	1. 培养综合分析和解决问题的能力； 2. 培养安全使用离子色谱仪、分光光度计等仪器的能力，增强职业意识		

【学习活动二】 寻找关键参数，确定分析方法

> 【方法解读】《食品安全国家标准 食品中二氧化硫的测定》（GB 5009.34—2022）中规定的第一法为酸碱滴定法，适用于食品中二氧化硫的测定；第二法为分光光度法，直接提取法适用于白糖及白糖制品、淀粉及淀粉制品和生湿面制品中二氧化硫的测定，充氮蒸馏提取法适用于葡萄酒及赤砂糖中二氧化硫的测定；第三法离子色谱法，适用于食品中二氧化硫的测定。

1. 酸碱滴定法

采用充氮蒸馏法处理试样，试样酸化后在加热条件下亚硫酸盐等系列物质释放二氧化硫，用过氧化氢溶液吸收蒸馏物，二氧化硫溶于吸收液被氧化生成硫酸，采用氢氧化钠标准

溶液滴定,根据氢氧化钠标准溶液消耗量计算试样中二氧化硫的含量。

(1) 仪器与设备

① 仪器。玻璃充氮蒸馏器(500mL 或 1000mL,另配电热套、氮气源及气体流量计,或等效的蒸馏装置,装置原理图见图 3-27)、电子天平(感量为 0.01g)、10mL 半微量滴定管和 25mL 滴定管、粉碎机、组织捣碎机。

② 试剂。过氧化氢(H_2O_2,30%)、无水乙醇(C_2H_5OH)、氢氧化钠(NaOH)、甲基红($C_{15}H_{15}N_3O_2$)、盐酸(HCl)($\rho_{20}=1.19g/mL$)、氮气(纯度>99.9%)。

③ 试剂配制

a. 过氧化氢溶液(3%):量取质量分数为 30%的过氧化氢 100mL,加水稀释至 1000mL。临用时现配。

b. 盐酸溶液(6mol/L):量取盐酸($\rho_{20}=1.19g/mL$)50mL,缓缓倾入 50mL 水中,边加边搅拌。

c. 甲基红乙醇溶液指示剂(2.5g/L):称取甲基红指示剂 0.25g,溶于 100mL 无水乙醇中。

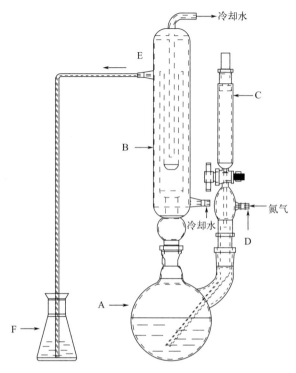

图 3-27 酸碱滴定法蒸馏仪器装置原理图
A—圆底烧瓶;B—竖式回流冷凝管;C—(带刻度)分液漏斗;
D—连接氮气流入口;E—SO_2 导气口;F—接收瓶

d. 氢氧化钠标准溶液(0.1mol/L):按照 GB/T 601 配制并标定,或经国家认证并授予标准物质证书的标准滴定溶液。

e. 氢氧化钠标准溶液(0.01mol/L):移取氢氧化钠标准溶液(0.1mol/L)10.0mL 于 100mL 容量瓶中,加无二氧化碳的水稀释至刻度。

(2) 试样前处理

① 液体试样。取啤酒、葡萄酒、果酒、其他发酵酒、配制酒、饮料类试样,采样量应大于 1L,对于袋装、瓶装等包装试样需至少采集 3 个包装(同一批次或号),将所有液体在一个容器中混合均匀后,密闭并标识,供检测用。

② 固体试样。取粮食加工品、固体调味品、饼干、薯类食品、糖果制品(含巧克力及制品)、代用茶、酱腌菜、蔬菜干制品、食用菌制品、其他蔬菜制品、蜜饯、水果干制品、炒货食品及坚果制品(烘炒类、油炸类、其他类)、食糖、干制水产品、熟制动物性水产制品、食用淀粉、淀粉制品、淀粉糖、非发酵性豆制品、蔬菜、水果、海水制品、生干坚果与籽类食品等试样,采样量应大于 600g,根据具体产品的不同性质和特点,直接取样,充分混合均匀,或者将可食用的部分,采用粉碎机等合适的粉碎手段进行粉碎,充分混合均匀,贮存于洁净盛样袋内,签闭并标识,供检测用。

③ 半流体试样。对于袋装、瓶装等包装试样需至少采集 3 个包装(同一批次或号);对

于酱、果蔬罐头及其他半流体试样，采样量均应大于600g，采用组织捣碎机捣碎混匀后，贮存于洁净盛样袋内，密闭并标识，供检测用。

(3) 试样测定 取固体或半流体试样20~100g（精确至0.01g，取样量可视含量高低而定）；取液体试样20~200mL(g)，将称量好的试样置于图3-27中圆底烧瓶A中，加水200~500mL。安装好装置后，打开回流冷凝管开关给水（冷凝水温度<15℃），将冷凝管的上端E口处连接的玻璃导管置于100mL锥形瓶底部。锥形瓶内加入3%过氧化氢溶液50mL作为吸收液（玻璃导管的末端应在吸收液液面以下）。在吸收液中加入3滴2.5g/L甲基红乙醇溶液指示剂，并用氢氧化钠标准溶液（0.01mol/L）滴定至黄色即终点（如果超过终点，则应舍弃该吸收溶液）。开通氮气，调节气体流量计至1.0~2.0L/min；打开分液漏斗C的活塞，使6mol/L盐酸溶液10mL快速流入蒸馏瓶，立刻加热烧瓶内的溶液至沸，并保持微沸1.5h，停止加热。将吸收液放冷后摇匀，用氢氧化钠标准溶液（0.01mol/L）滴定至黄色且20s不褪色，并同时进行空白试验。

(4) 结果计算 试样中二氧化硫的含量按式(3-59)计算

$$X = \frac{(V - V_0) \times c \times 0.032 \times 1000 \times 1000}{m} \tag{3-59}$$

式中 X——试样中二氧化硫含量（以SO_2计），mg/kg或mg/L；

　　V——试样溶液消耗氢氧化钠标准溶液的体积，mL；

　　V_0——空白溶液消耗氢氧化钠标准溶液的体积，mL；

　　c——氢氧化钠滴定液的摩尔浓度，mol/L；

　　0.032——1mL氢氧化钠标准溶液（1mol/L）相当的二氧化硫的质量（g），g/mmoL；

　　m——试样的质量或体积，g或mL。

计算结果保留三位有效数字。

(5) 精密度 在重复性条件下获得的两次独立测定结果的绝对差值不得超过算术平均值的10%。

(6) 检出限与定量限 当用0.01mol/L氢氧化钠滴定液时，固体或半流体称样量为35g时，检出限为1mg/kg，定量限为10mg/kg；液体取样量为50mL(g)时，检出限为1mg/L(g/kg)，定量限为6mg/L(mg/kg)。

2．分光光度法

样品直接用甲醛缓冲吸收液浸泡或加酸充氮蒸馏-释放的二氧化硫被甲醛溶液吸收，生成稳定的羟甲基磺酸加成化合物，酸性条件下与盐酸副玫瑰苯胺，生成蓝紫色络合物，该络合物的吸光度值与二氧化硫的浓度成正比。

(1) 仪器与试剂

① 仪器。玻璃充氮蒸馏器（500mL或1000mL，或等效的蒸馏装置，装置原理图见图3-27）、紫外可见光分光光度计。

② 试剂。氨基磺酸钠、乙二胺四乙酸二钠、甲醛（36%~38%，应不含有聚合物）、邻苯二甲酸氢钾、2%盐酸副玫瑰苯胺溶液、冰醋酸、磷酸。

③ 标准品。二氧化硫标准溶液（100μg/mL）：具有国家认证并授予标准物质证书。

④ 试剂配制

a. 氢氧化钠溶液（1.5mol/L）：称取6.0g NaOH，溶于水并稀释至100mL。

b. 乙二胺四乙酸二钠溶液（0.05mol/L）：称取1.86g乙二胺四乙酸二钠（简称EDTA-

2Na），溶于水并稀释至 100mL。

　　c. 甲醛缓冲吸收储备液：称取 2.04g 邻苯二甲酸氢钾，溶于少量水中，加入 36%～38%的甲醛溶液 5.5mL，0.05mol/L EDTA-2Na 溶液 20.0mL，混匀，加水稀释并定容至 100mL，贮于冰箱中冷藏保存。

　　d. 甲醛缓冲吸收液：量取甲醛缓冲吸收储备液适量，用水稀释 100 倍。临用时现配。

　　e. 盐酸副玫瑰苯胺溶液（0.5g/L）：量取 2%盐酸副玫瑰苯胺溶液 25.0mL，分别加入磷酸 30mL 和盐酸（ρ_{20}=1.19g/mL）12mL，用水稀释至 100mL，摇匀，放置 24h，备用（避光密封保存）。

　　f. 氨基磺酸溶液（3g/L）：称取 0.30g 氨基磺酸（$H_6N_2O_3S$）溶于水并稀释至 100mL。

　　g. 盐酸溶液（6mol/L）：量取盐酸（ρ_{20}=1.19g/mL）50mL，缓缓倾入 50mL 水中边加边搅拌。

　　h. 二氧化硫标准溶液（100μg/mL）：准确移取二氧化硫标准溶液（100μg/mL）5.0mL，用甲醛缓冲吸收液定容至 50mL。临用时现配。

（2）试样前处理　　与酸碱滴定法的试样前处理相同。

（3）试样处理

　　① 直接提取法。称取固体试样约 10g(精确至 0.01g)，加甲醛缓冲吸收液 100mL，振荡浸泡 2h，过滤，取续滤液待测。同时做空白试验。

　　② 充氮蒸馏法。称取固体或半流体试样 10～50g(精确至 0.01g，取样量可视含量高低而定)；量取液体试样 50～100mL，置于图 3-27 圆底烧瓶 A 中，加水 250～300mL。打开回流冷凝管开关给水（冷凝水温度＜15℃），将冷凝管的上端 E 口处连接的玻璃导管置于 100mL 形瓶底部。锥形瓶内加入甲醛缓冲吸收液 30mL 作为吸收液（玻璃导管的末端应在吸收液液面以下）。开通氮气，使其流量计调节气体流量至 1.0～2.0L/min，打开分液漏斗 C 的活塞，使 6mol/L 盐酸溶液 10mL 快速流入蒸馏瓶，立刻加热烧瓶内的溶液至沸，并保持微沸 1.5h，停止加热。取下吸收瓶，以少量水冲洗导管尖嘴，并入吸收瓶中。将瓶内吸收液转入 100mL 容量瓶中，甲醛缓冲吸收液定容，待测。

（4）标准曲线的制作　　分别准确量取 0.00mL、0.20mL、0.50mL、1.00mL、2.00mL、3.00mL 二氧化硫标准使用液（相当于 0.0μg、2.0μg、5.0μg、10.0μg、20.0μg、30.0μg 二氧化硫），置于 25mL 具塞试管中，加入甲醛缓冲吸收液至 10.00mL，再依次加入 3g/L 氨基磺酸液 0.5mL、1.5mol/L 氢氧化钠溶液 0.5mL、0.5g/L 盐酸副玫瑰苯胺溶液 1.0mL，摇匀，放置 20min 后，用紫外可见分光光度计在波长 579nm 处测定标准溶液吸光度，并以质量为横坐标，吸光度为纵坐标绘制标准曲线。

（5）试样溶液的测定　　根据试样中二氧化硫含量，吸取试样溶液 0.50～10.00mL，置于 25mL 具塞试管中，加入甲醛缓冲吸收液至 10.00mL，再依次加入 3g/L 氨基磺酸液 0.5mL、1.5mol/L 氢氧化钠溶液 0.5mL、0.5g/L 盐酸副玫瑰苯胺溶液 1.0mL，摇匀，放置 20min 后，用紫外可见分光光度计在波长 579nm 处测定标准溶液吸光度，同时做空白试验。

（6）结果计算　　试样中二氧化硫的含量按式(3-60)计算：

$$X = \frac{(m_1 - m_0) \times V_1 \times 1000}{m_2 V_2 \times 1000} \tag{3-60}$$

式中　X——试样中二氧化硫含量（以 SO_2 计），mg/kg 或 mg/L；

　　　m_1——由标准曲线中查得的测定用试液中二氧化硫的质量，μg；

　　　m_0——由标准曲线中查得的测定用空白溶液中二氧化硫的质量，μg；

　　　V_1——试样提取液/试样蒸馏液定容体积，mL；

　　　m_2——试样的质量或体积，g 或 mL；

　　　V_2——测定用试样提取液/试样蒸馏液的体积，mL。

计算结果保留三位有效数字。

（7）精密度　在重复性条件下获得的两次独立测定结果的绝对差值不得超过算术平均值的 10%。

（8）检出限与定量限　当固体或半流体称样量为 10g 时，定容体积为 100mL，取样体积为 10mL 时，本方法检出限为 1mg/kg，定量限为 6mg/kg；液体取样量为 10mL 时，定容体积为 100mL，取样体积为 10mL 时，本方法检出限为 1mg/L，定量限为 6mg/L。

【学习活动三】　小组讨论制订计划并汇报任务

任务名称	漂白剂的分析测定	日期	
小组序号			
一、确定方法			
二、制订工作计划			
1. 准备合适的仪器、设备			
2. 列出所需试剂			
3. 列出样品的制备方法			
4. 画出工作流程简图			

【学习活动四】　讨论工作过程中的注意事项

（1）在利用第一法（酸碱滴定法）测定食品中二氧化硫含量的过程中，用蒸馏装置对样品蒸馏时，要求被测样品处于"微沸"状态并通氮气。蒸馏时处于"微沸"状态的目的是使蒸馏液尽可能地少，控制蒸汽产生的数量，尽可能地提高二氧化硫的回收率和测量数据的准确率。如果在测定过程中被测样品的"微沸"状态没有控制好，会导致样品测定的精密度下降，导致测定失败。

（2）在蒸馏过程中充氮气减少了二氧化硫在蒸馏过程中被空气中的氧气氧化的风险。

【学习活动五】 完成分析任务，填写报告单

任务名称	漂白剂的分析测定	日期	
小组序号		成员	
一、数据记录（根据分析内容，自行制订表格）			
二、计算，并进行修约			
三、给出结论			

任务四　甜味剂的分析测定

子任务一　阿斯巴甜的分析测定

任务准备

目前市场上备受欢迎的新型甜味剂阿斯巴甜，化学式为 $C_{14}H_{18}N_2O_5$，俗名甜味素、天冬甜精、天苯甲酯、甜乐、蛋白糖，是一种氨基酸二肽衍生物。在所有的甜味剂中，阿斯巴甜因为与蔗糖有着极其相似的自然甜度、味道清爽自然而成为蔗糖的替代品。阿斯巴甜甜味比蔗糖持久，而且没有其他甜味剂类似金属的异味和苦后味，所以在市场上备受欢迎。阿斯巴甜与其他甜味剂共同作用时，可增加甜味，甜度高于单独使用甜度之和。另外，等甜度的阿斯巴甜价格只是蔗糖的70%，不会使血糖值升高，不会导致蛀牙，能有效降低热量等优势，常常作为糖代品添加于饮料中。阿斯巴甜的甜度高，用量非常低，其用量只需要蔗糖的二百分之一就可以达到相同的甜度，所以阿斯巴甜是市面上常用的蔗糖替代剂。但阿斯巴甜的安全性仍存在争议，阿斯巴甜可能会导致人类患癌、食用者免疫力低下、诱发脑瘤等风险隐患，尤其过量使用，可能会影响人们的生命安全。虽然阿斯巴甜可以由身体代谢，但代谢之后阿斯巴甜被分解成毒性较高的甲醇以及毒性较低的苯丙氨酸和天门冬氨酸三种物质，其中分解物苯丙氨酸不适用于苯丙酮尿症患者饮用。因此采取对应的方法快速、准确、灵敏地检测食品中甜味剂阿斯巴甜的含量至关重要。

食品法典委员会（CAC）批准阿斯巴甜可用于食品的最大使用量为 0.3~10.0g/kg。《食品安全国家标准 食品添加剂使用标准》（GB 2760—2014）规定了阿斯巴甜的应用范围及限量，标准显示，阿斯巴甜在我国可以在诸如调制乳、风味发酵乳、冷冻饮品、水果罐头、果酱、胶基糖果、面包、糕点、饼干、餐桌甜味料、果蔬汁饮料、蛋白饮料、碳酸饮料、茶饮料等共计 41 种食品中使用。不同的食品中阿斯巴甜的限量标准也不尽相同，可以使用量最多的是胶基糖果，最大使用量是 10g/kg，使用量最少的是：醋、油或盐渍水果、腌渍的蔬菜，腌渍的食用菌和藻类，冷冻挂浆制品，冷冻鱼糜制品，预制水产品，熟制水产品，水产品罐头，最大使用量均为 0.3g/kg。国家标准还对阿斯巴甜在包装上的标注做了规定，添加阿斯巴甜的食品应标明"阿斯巴甜（含苯丙氨酸）"。

【学习活动一】 发布工作任务，明确完成目标

任务名称	柠檬茶中阿斯巴甜含量的测定		日期	
小组序号			成员	
一、任务描述				
今抽检部分超市所售柠檬茶共计 100 份，为保障食品安全，同时鼓励创新研发，制订合理检测计划，检查阿斯巴甜含量是否符合国家标准（表 3-22）				

表 3-22 阿斯巴甜的允许使用品种、使用范围以及最大使用量

食品分类号	食品名称	最大使用量/(g/kg)	备注
14.02.03	果蔬汁（浆）类饮料	0.6	固体饮料按稀释倍数增加使用量
14.03	蛋白饮料	0.6	固体饮料按稀释倍数增加使用量
14.04	碳酸饮料	0.6	固体饮料按稀释倍数增加使用量
14.05	茶、咖啡、植物（类）饮料	0.6	固体饮料按稀释倍数增加使用量
14.07	特殊用途饮料	0.6	固体饮料按稀释倍数增加使用量
14.08	风味饮料	0.6	固体饮料按稀释倍数增加使用量

二、任务目标	
1. 查找合适的国家标准	
2. 查找、讨论阿斯巴甜测定的意义	
3. 查找阿斯巴甜测定的方法和过程	
三、完成目标	
能力目标	1. 培养学生对甜味剂阿斯巴甜的认知能力； 2. 培养学生查阅并使用国家标准的能力； 3. 培养学生正确使用高效液相色谱仪，包括色谱柱的选择、仪器开机检查、色谱条件设置、进样、关机等
知识目标	1. 了解食品中阿斯巴甜测定的意义； 2. 掌握食品中阿斯巴甜测定的方法； 3. 掌握食品中阿斯巴甜的测定方法、检测方法的原理、检测仪器的使用及注意事项
素质目标	1. 培养综合分析和解决问题的能力； 2. 培养安全使用高效液相色谱、离心机等仪器的能力，增强职业意识

项目五 食品中添加剂的分析

【学习活动二】 寻找关键参数，确定分析方法

> **【方法解读】**《食品国家安全标准 食品中阿斯巴甜和阿力甜的测定》(GB 5009.263—2016)中规定了食品中阿斯巴甜和阿力甜的测定方法，适用于食品中阿斯巴甜和阿力甜的测定。

根据阿斯巴甜和阿力甜易溶于水、甲醇和乙醇等极性溶剂而不溶于脂溶性溶剂特点，蔬菜及其制品、水果及其制品、食用菌和藻类、谷物及其制品、焙烤食品、膨化食品和果冻试样用甲醇水溶液在超声波振荡下提取；浓缩果汁、碳酸饮料、固体饮料类、餐桌调味料和除胶基糖果以外的其他糖果试样用水提取；乳制品、含乳饮料类和冷冻饮品试样用乙醇沉淀蛋白后用乙醇水溶液提取；胶基糖果用正己烷溶解胶基并用水提取；脂肪类乳化制品、可可制品、巧克力及巧克力制品、坚果与籽类、水产及其制品、蛋制品用水提取，然后用正己烷除去脂类成分。各提取液在液相色谱C_{18}反相柱上进行分离，在波长200nm处检测，以色谱峰的保留时间定性，外标法定量。

1. 仪器与试剂

(1) 仪器 液相色谱仪（配有二极管阵列检测器或紫外检测器）、超声波振荡器、天平（感量为1mg和0.1mg）、离心机（转速≥4000r/min）。

(2) 试剂 甲醇（CH_3OH，色谱纯）、乙醇（CH_3CH_2OH，优级纯）。

(3) 标准品

① 阿力甜标准品（$C_{14}H_{25}N_3O_4S$，CAS号：80863-62-3）。纯度≥99%。

② 阿斯巴甜标准品（$C_{14}H_{18}N_2O_5$，CAS号：22839-47-0）。纯度≥99%。

(4) 溶液配制

① 阿斯巴甜和阿力甜的标准储备液（0.5mg/mL）。各称取0.025g(精确至0.0001g)阿斯巴甜和阿力甜，用水溶解并转移至50mL容量瓶中并定容至刻度，置于4℃左右的冰箱保存，有效期为90d。

② 阿斯巴甜和阿力甜混合标准工作液系列的制备。将阿斯巴甜和阿力甜标准储备液用水逐级稀释成混合标准系列，阿斯巴甜和阿力甜的浓度均分别为100μg/mL、50μg/mL、25μg/mL、10.0μg/mL、5.0μg/mL的标准使用溶液系列。置于4℃左右的冰箱保存，有效期为30d。

2. 试样制备及前处理

(1) 碳酸饮料、浓缩果汁、固体饮料、餐桌调味料和除胶基糖果以外的其他糖果谷物及其制品 称取约5g(精确到0.001g)碳酸饮料试样于50mL烧杯中，在50℃水浴上除去二氧化碳，然后将试样全部转入25mL容量瓶中，备用；称取约2g浓缩果汁试样（精确到0.001g）于25mL容量瓶中，备用；称取约1g的固体饮料或餐桌调味料或绞碎的糖果试样（精确到0.001g）于50mL烧杯中，加10mL水后超声波震荡提取20min，将提取液移入25mL容量瓶中，烧杯中再加入10mL水超声波震荡提取10min，提取液移入同一25mL容量瓶，备用。将上述容量瓶的液体用水定容，混匀，4000r/min离心5min，上清液经0.45μm水系滤膜过滤后用于色谱分析。

(2) 乳制品、含乳饮料和冷冻饮品 对于含有固态果肉的液态乳制品需要用食品加工机进行匀浆；对于干酪等固态乳制品，需用食品加工机按试样与水的质量比1∶4进行匀浆。分别称取约5g液态乳制品、含乳饮料、冷冻饮品、固态乳制品匀浆试样（精确到0.001g）于50mL离心管，加入10mL乙醇，盖上盖子；对于含乳饮料和冷冻饮品试样，首先轻轻上下颠倒离心管5次（不能振摇），对于乳制品，先将离心管涡旋混匀10s，然后静置1min，4000r/min离心5min，上清液滤入25mL容量瓶，沉淀用8mL乙醇-水（2+1）洗涤，离心后上清液转移入同一25mL容量瓶，用乙醇-水（2+1）定容，经0.45μm有机系滤膜过滤后用于色谱分析。

(3) 果冻 对于可吸果冻和透明果冻，用玻璃棒搅匀，含有水果果肉的果冻需要用食品加工机进行匀浆。

称取约5g(精确到0.001g)制备均匀的果冻试样于50mL的比色管中，加入25mL 80%的甲醇水溶液，在70℃的水浴上加热10min，取出比色管，趁热将提取液转入50mL容量瓶，再用15mL 80%的甲醇水溶液分两次清洗比色管，每次振摇约10s，并转入同一个50mL的容量瓶，冷却至室温，用80%的甲醇水溶液定容到刻度，混匀，4000r/min离心5min，将上清液经0.45μm有机系滤膜过滤后用于色谱分析。

(4) 蔬菜及其制品、水果及其制品、食用菌和藻类
① 水果及其制品试样如有果核首先需要去掉果核。
② 对于较干较硬的试样，用食品加工机按试样与水的质量比为1∶4进行匀浆，称取约5g(精确到0.001g)匀浆试样于25mL的离心管中，加入10mL 70%的甲醇水溶液，摇匀，超声10min，4000r/min离心5min，上清液转入25mL容量瓶，再加8mL 50%的甲醇水溶液重复操作一次，上清液转入同一个25mL容量瓶，最后用50%的甲醇水溶液定容，经0.45μm有机系滤膜过滤后用于色谱分析。
③ 对于含糖多的、较黏的、较软的试样，用食品加工机按试样与水的质量比为1∶2进行匀浆，称取约3g(精确到0.001g)匀浆试样于25mL的离心管中；对于其他试样，用食品加工机按试样与水的质量比1∶1进行匀浆，称取约2g(精确到0.001g)匀浆试样于25mL的离心管中。然后向离心管加入10mL 60%的甲醇水溶液，摇匀，超声10min，4000r/min离心5min，上清液转入25mL容量瓶，再加10mL 50%的甲醇水溶液重复操作一次，上清液转入同一个25mL容量瓶，最后用50%的甲醇水溶液定容，经0.45μm有机系滤膜过滤后用于色谱分析。

(5) 谷物及其制品、焙烤食品和膨化食品 试样需要用食品加工机进行均匀粉碎，称取1g(精确到0.001g)粉碎试样于50mL离心管中，加入12mL 50%甲醇水溶液，涡旋混匀，超声振荡提取10min，4000r/min离心5min，上清液转移入25mL容量瓶中，再加10mL 50%甲醇水溶液，涡旋混匀，超声振荡提取5min，4000r/min离心5min，上清液转入同一25mL容量瓶中，用蒸馏水定容，经0.45μm有机系滤膜过滤后用于色谱分析。

(6) 胶基糖果 用剪刀将胶基糖果剪成细条状，称取约3g(精确到0.001g)剪细的胶基糖果试样，转入100mL的分液漏斗中，加入25mL水剧烈振摇约1min，再加入30mL正己烷，继续振摇直至口香糖全部溶解（约5min），静置分层约5min，将下层水相放入50mL容量瓶，后加入10mL水到分液漏斗，轻轻振摇约10s，静置分层约1min，再将下层水相放入同一容量瓶中,再加入 10mL 水重复 1 次操作,最后用水定容至刻度,摇匀后过 0.45μm 水系滤膜后用于色谱分析。

(7) 脂肪类乳化制品、可可制品、巧克力及巧克力制品、坚果与籽类、水产及其制品、蛋制品 用食品加工机按试样与水的质量比为 1∶4 进行匀浆,称取约 5g(精确到 0.001g) 匀浆试样于 25mL 离心管中,加入 10mL 水超声振荡提取 20min,静置 1min,4000r/min 离心 5min,上清液转入 100mL 的分液漏斗中,离心管中再加入 8mL 水超声振荡提取 10min,静置和离心后将上清液再次转入分液漏斗中,向分液漏斗加入 15mL 正己烷,振摇 30s,静置分层约 5min,将下层水相放入 25mL 容量瓶,用水定容至刻度,摇匀后过 0.45μm 水系滤膜后用于色谱分析。

3. 仪器参考条件

(1) 色谱柱 C_{18},柱长 250mm,内径 4.6mm,粒径 5μm;

(2) 柱温 30℃;

(3) 流动相 甲醇-水 (40+60) 或乙腈-水 (20+80);

(4) 流速 0.8mL/min;

(5) 进样量 20μL;

(6) 检测器 二极管阵列检测器或紫外检测器;

(7) 检测波长 200nm。

4. 标准曲线的制作

将标准系列工作液分别在上述色谱条件下测定相应的峰面积(峰高),以标准工作液的浓度为横坐标,以峰面积(峰高)为纵坐标,绘制标准曲线。标准色谱图见图 3-28。

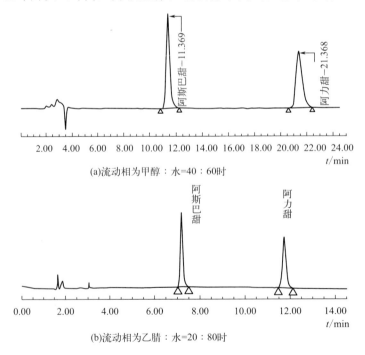

图 3-28 阿斯巴甜和阿力甜标准色谱图

5. 试样溶液的测定

在相同的液相色谱条件下，将试样溶液注入液相色谱仪中，以保留时间定性，以试样峰高或峰面积与标准比较定量。

6. 结果计算

试样中阿斯巴甜或阿力甜的含量按式(3-61)计算：

$$X = \frac{\rho V}{1000 m} \tag{3-61}$$

式中　X——试样中阿斯巴甜或阿力甜的含量，g/kg；

　　　ρ——由标准曲线计算出进样液中阿斯巴甜或阿力甜的浓度，μg/mL；

　　　V——试样最终定容体积，mL；

　　　m——试样质量，g；

　　　1000——由 μg/g 换算成 g/kg 的换算因子。

结果保留三位有效数字。

7. 精密度

在重复性条件下获得的两次独立测定结果的绝对差值不得超过算术平均值的10%。

8. 其他

各类食品的阿斯巴甜和阿力甜的检出限和定量限见表3-23。

表3-23　各类食品中阿斯巴甜和阿力甜的检出限和定量限

食品类别	称样量/g	定容体积/mL	进样量/μL	定量限/(mg/kg)	检出限/(mg/kg)
碳酸饮料、含乳饮料、冷冻饮品、液态乳制品	5.0	25.0	20	3.0	1.0
果冻	5.0	50.0	20	6.0	2.0
浓缩果汁	2.0	25.0	20	7.5	2.5
胶基糖果	3.0	50.0	20	10	3.3
固体饮料、餐桌调味料、除胶基糖果以外的其他糖果、固态乳制品、蔬菜及其制品、水果及其制品、食用菌和藻类、谷物及其制品、焙烤食品和膨化食品、脂肪类乳化制品、可可制品、巧克力及巧克力制品、坚果与籽类、水产及其制品、蛋制品	1.0	25.0	20	15	5.0

【学习活动三】小组讨论制订计划并汇报任务

任务名称	柠檬茶中阿斯巴甜含量的测定		日期	
小组序号				
一、确定方法				
二、制订工作计划				
1.准备合适的仪器、设备				

续表

2. 列出所需试剂	
3. 列出样品的制备方法	
4. 画出工作流程简图	

【学习活动四】 讨论工作过程中的注意事项

（1）试剂瓶上应注明试剂名称、配制人员以及配制日期，以防混淆。

（2）开机后，先用色谱乙腈或甲醇（使用前要超声，脱气）冲洗30min，再更换流动相，更换时注意停泵。

（3）标准溶液是对样品中的目标物定性定量的重要参考物，标准溶液的采购、保存、溶剂和配制过程也是保证实验结果准确非常重要的因素。应采购正规的、能够附有被认可的证书的标准溶液或标准品（纯度≥99%），并且避光保存在0～5℃的冰箱中。标准溶液的溶剂是色谱纯甲醇或乙腈，要用能准确定量的移液枪逐级稀释标准溶液。在配制和逐级稀释标准溶液过程用到的枪头、容量瓶和吸量管需要先用干净的色谱纯甲醇或乙腈润洗至少2遍，在配制和逐级稀释标准溶液过程中需注意需先加入少量甲醇或乙腈至容量瓶，再加入标准品或标准溶液，最后用甲醇或乙腈定容。标准溶液应临用现配。标准溶液放置一段时间后浓度会有所改变，每次用之前应与之前的、同样浓度的标准溶液图谱进行比较，检查其同样浓度的标准溶液峰面积是否有较大的变化，若变化较大应重新采购新的标准溶液或标准物质重新配制。

（4）样品制备是样品预处理中至关重要的步骤，对后续样品提取和净化起到基石性的作用。一定要取可食用部分，去除杂质，固体样品要打碎均匀或绞碎均匀，保存在样品瓶中，注意样品编号、检测状态和保存温度，待称取用。

（5）流动相使用前用有机滤膜过滤，超声脱气约2min，使用时间一般不超过2天，且每次使用前都要重新抽滤。

（6）使用过程中，注意压力变化，若压力过低或者过高，及时查明原因。

（7）色谱柱一定要按标准要求用C_{18}柱（4.6mm×50mm，5μm）或性能相当者。要选用合适的色谱柱，柱子过短易造成分离不开、假阳性等问题，流动相用到的乙腈或甲醇一定是色谱纯，水一定要用《分析实验室用水规格和实验方法》（GB/T 6682—2008）规定的一级水。紫外检测器先预热，最好是检测器灯打开，基线平稳至少30min后再采集进样。

【学习活动五】 完成分析任务，填写报告单

任务名称	柠檬茶中阿斯巴甜含量的测定	日期	
小组序号		成员	
一、数据记录（根据分析内容，自行制订表格）			
二、计算，并进行修约			
三、给出结论			

子任务二 糖精钠的分析测定

 任务准备

　　甜味剂是指能够赋予食品甜味的食品添加剂，按其来源可分为天然甜味剂和人工合成甜味剂；按其营养价值可分为营养型甜味剂（如山梨糖醇、乳糖醇）与非营养型甜味剂（糖精钠）。通常所讲的甜味剂系指人工合成的非营养型甜味剂，如糖精钠、环己基氨基磺酸钠（甜蜜素）、乙酰磺胺酸钾（安赛蜜）、天冬酰苯丙氨甲酯（甜味素，阿斯巴甜）等。

　　糖精钠，学名邻苯甲酰磺酰亚胺钠，为白色结晶性粉末，易溶于水，是常用的有机化工合成甜味剂，其甜度为蔗糖的300～500倍，可部分代替蔗糖用于饮料、蜜饯凉果、焙烤食品等。糖精钠是一种常用于食品工业的人造甜味剂，具有悠久的使用历史，但也是最具争议的合成甜味剂之一。糖精钠可使人食欲减退、低龄人群长期食用导致营养不良、短期大量使用还可能引发中毒等。在我国食品添加剂使用标准中（GB 2760—2014），对食品中糖精钠的使用量进行了限制，食品中糖精钠的添加量的范围在0.15～5.0g/kg之间。未按照国家标准使用，或滥用，或者食品制造商隐瞒消费者擅自以糖精钠作为替代品添加到食物中，都有极大可能对人体健康造成损害。

　　糖精钠的测定方法有高效液相色谱法（第一法）、气相色谱法（第二法）。利用液相色谱

法测定糖精钠时,也可同时测定山梨酸和苯甲酸。

【学习活动一】 发布工作任务,明确完成目标

任务名称	果酱中糖精钠含量的测定	日期	
小组序号		成员	

一、任务描述

今抽检部分超市所售果酱产品共计200份,为保障食品产业链、供应链安全,同时鼓励创新研发,营造有利于科技型中小微企业成长的良好环境,现制订合理检测计划,检查其糖精钠含量是否符合国家标准(表3-24)

表3-24 糖精钠的允许使用品种、使用范围以及最大使用量

食品分类号	食品名称	最大使用量/(g/kg)	备注
03.0	冷冻饮品(03.04食用冰除外)	0.15	以糖精计
04.01.02.02	水果干类(仅限芒果干、无花果干)	5.0	以糖精计
04.01.02.05	果酱	0.2	以糖精计
04.01.02.08	蜜饯凉果	1.0	以糖精计
04.01.02.08.02	凉果类	5.0	以糖精计
04.01.02.08.04	话化类	5.0	以糖精计
04.01.02.08.05	果糕类	5.0	以糖精计
04.02.02.03	腌渍的蔬菜	0.15	以糖精计
04.04.01.05	新型豆制品(大豆蛋白及其膨化食品、大豆素肉等)	1.0	以糖精计
04.04.01.06	熟制豆类	1.0	以糖精计
04.05.02.01.01	带壳熟制坚果与籽类	1.2	以糖精计
04.05.02.01.02	脱壳熟制坚果与籽类	1.0	以糖精计
12.10	复合调味料	0.15	以糖精计
15.02	配制酒	0.15	以糖精计

二、任务目标

1. 查找合适的国家标准	
2. 查找、讨论糖精钠测定的意义	
3. 查找糖精钠测定的方法和过程	

三、完成目标

能力目标	1. 培养对甜味剂糖精钠的认知能力; 2. 培养查阅并使用国标的能力
知识目标	1. 了解食品中糖精钠测定的意义; 2. 掌握食品中糖精钠测定的方法; 3. 掌握食品中糖精钠的测定方法、检测方法的原理、检测仪器的使用及注意事项
素质目标	1. 培养综合分析和解决问题的能力; 2. 培养安全使用高效液相色谱、离心机等仪器的能力,增强职业意识

【学习活动二】 寻找关键参数，确定分析方法

> **【方法解读】**《食品安全国家标准 食品中苯甲酸、山梨酸和糖精钠的测定》（GB 5009.28—2016）中，规定了食品中苯甲酸、山梨酸和糖精钠测定的方法。其中第一法（液相色谱法）适用于食品中苯甲酸、山梨酸和糖精钠的测定；第二法（气相色谱法）适用于酱油、水果汁、果酱中苯甲酸、山梨酸的测定。以下详细介绍第一法。

样品经水提取，高脂肪样品经正己烷脱脂、高蛋白样品经蛋白沉淀剂沉淀蛋白，采用液相色谱分离、紫外检测器检测，外标法定量。

1. 仪器与试剂

(1) 仪器 液相色谱仪（配紫外检测器）、分析天平（感量为0.001g和0.0001g）、涡旋振荡器、离心机（转速≥8000r/min）、匀浆机、恒温水浴锅、超声波发生器。

(2) 试剂 氨水、亚铁氰化钾、乙酸锌、无水乙醇、正己烷、甲醇（色谱纯）、乙酸铵（色谱纯）、甲酸（HCOOH，色谱纯）。

(3) 标准品

① 苯甲酸钠（C_6H_5COONa，CAS号：532-32-1），纯度≥99.0%；或苯甲酸（C_6H_5COOH，CAS号：65-85-0），纯度≥99.0%，或经国家认证并授予标准物质证书的标准物质。

② 山梨酸钾（$C_6H_7KO_2$，CAS号：590-00-1），纯度≥99.0%；或山梨酸（$C_6H_8O_2$，CAS号：110-44-1），纯度≥99.0%，或经国家认证并授予标准物质证书的标准物质。

③ 糖精钠（$C_6H_4CONNaSO_2$，CAS号：128-44-9），纯度≥99%，或经国家认证并授予标准物质证书的标准物质。

(4) 材料 水相微孔滤膜（0.22μm）、塑料离心管（50mL）。

(5) 试剂配制

① 氨水溶液（1+99）。取氨水1mL，加到99mL水中，混匀。

② 亚铁氰化钾溶液（92g/L）。称取106g亚铁氰化钾，加入适量水溶解，用水定容至1000mL。

③ 乙酸锌溶液（183g/L）。称取220g乙酸锌溶于少量水中，加入30mL冰醋酸，用水定容至1000mL。

④ 乙酸铵溶液（20mmol/L）。称取1.54g乙酸铵，加入适量水溶解，用水定容至1000mL，经0.22μm水相微孔滤膜过滤后备用。

⑤ 甲酸-乙酸铵溶液（2mmol/L甲酸+20mmol/L乙酸铵）。称取1.54g乙酸铵，加入适量水溶解，再加入75.2μL甲酸，用水定容至1000mL，经0.22μm水相微孔滤膜过滤后备用。

⑥ 苯甲酸、山梨酸和糖精钠（以糖精计）标准储备溶液（1000mg/L）。分别准确称取苯甲酸钠、山梨酸钾和糖精钠0.118g、0.134g和0.117g（精确到0.0001g），用水溶解并分别定容至100mL。于4℃贮存，保存期为6个月。当使用苯甲酸和山梨酸标准品时，需要用甲醇溶解并定容。

注：糖精钠含结晶水，使用前需在120℃烘4h，干燥器中冷却至室温后备用。

⑦ 苯甲酸、山梨酸和糖精钠（以糖精计）混合标准中间溶液（200mg/L）。分别准确吸取苯甲酸、山梨酸和糖精钠标准储备溶液各 10.0mL 于 50mL 容量瓶中，用水定容。于 4℃ 贮存，保存期为 3 个月。

⑧ 苯甲酸、山梨酸和糖精钠（以糖精计）混合标准系列工作溶液。分别准确吸取苯甲酸、山梨酸和糖精钠混合标准中间溶液 0mL、0.05mL、0.25mL、0.50mL、1.00mL、2.50mL、5.00mL 和 10.0mL，用水定容至 10mL，配制成质量浓度分别为 0 mg/L、1.00 mg/L、5.00 mg/L、10.0 mg/L、20.0 mg/L、50.0 mg/L、100 mg/L 和 200 mg/L 的混合标准系列工作溶液。临用现配。

2. 试样制备

取多个预包装的饮料、液态奶等均匀样品直接混合；非均匀的液态、半固态样品用组织匀浆机匀浆；固体样品用研磨机充分粉碎并搅拌均匀；奶酪、黄油、巧克力等采用 50～60℃ 加热熔融，并趁热充分搅拌均匀。取其中的 200 g 装入玻璃容器中，密封，液体试样于 4℃ 保存，其他试样于 －18℃ 保存。

3. 试样提取

(1) 一般性试样 准确称取约 2 g（精确到 0.001g）试样于 50mL 具塞离心管中，加水约 25mL，涡旋混匀，于 50℃ 水浴超声 20min，冷却至室温后加亚铁氰化钾溶液 2mL 和乙酸锌溶液 2mL，混匀，于 8000r/min 离心 5min，将水相转移至 50mL 容量瓶中，于残渣中加水 20mL，涡旋混匀后超声 5min，于 8000r/min 离心 5min，将水相转移到同一 50mL 容量瓶中，并用水定容至刻度，混匀。取适量上清液过 0.22μm 滤膜，待液相色谱测定。

注：碳酸饮料、果酒、果汁、蒸馏酒等测定时可以不加蛋白沉淀剂。

(2) 含胶基的果冻、糖果等试样 准确称取约 2g（精确到 0.001g）试样于 50mL 具塞离心管中，加水约 25mL，涡旋混匀，于 70℃ 水浴加热溶解试样，于 50℃ 水浴超声 20min，之后的操作同一般性试样。

(3) 油脂、巧克力、奶油、油炸食品等高油脂试样 准确称取约 2 g（精确到 0.001g）试样于 50mL 具塞离心管中，加正己烷 10mL，于 60℃ 水浴加热约 5min，并不时轻摇以溶解脂肪，然后加氨水溶液（1+99）25mL，乙醇 1mL，涡旋混匀，于 50℃ 水浴超声 20min，冷却至室温后，加亚铁氰化钾溶液 2mL 和乙酸锌溶液 2mL，混匀，于 8000r/min 离心 5min，弃去有机相，水相转移至 50mL 容量瓶中，残渣同一般性试样再提取一次后测定。

4. 仪器参考条件

(1) 色谱柱：C_{18} 柱，柱长 250mm，内径 4.6mm，粒径 5μm，或等效色谱柱。

(2) 流动相：甲醇＋乙酸铵溶液＝5+95。

(3) 流速：1mL/min。

(4) 检测波长：230 nm。

(5) 进样量：10 μL。

注：当存在干扰峰或需要辅助定性时，可以采用加入甲酸的流动相来测定，如流动相：甲醇＋乙酸铵溶液＝5+95，参考色谱图见图 3-29。如流动相：甲醇＋甲酸-乙酸铵溶液＝8+92，参考色谱图见图 3-30。

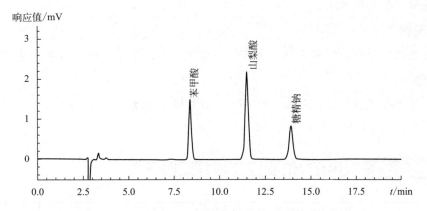

图 3-29　1mg/L 苯甲酸、山梨酸和糖精钠标准溶液液相色谱图
（流动相：甲醇＋乙酸铵溶液＝5＋95）

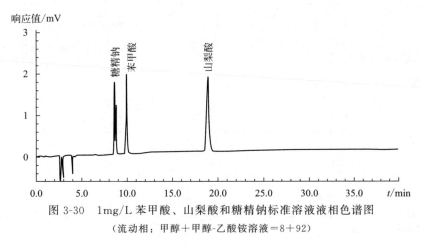

图 3-30　1mg/L 苯甲酸、山梨酸和糖精钠标准溶液液相色谱图
（流动相：甲醇＋甲醇-乙酸铵溶液＝8＋92）

5. 标准曲线的制作

将混合标准系列工作溶液分别注入液相色谱仪中，测定相应的峰面积，以混合标准系列工作溶液的质量浓度为横坐标，以峰面积为纵坐标，绘制标准曲线。

6. 试样溶液的测定

将试样溶液注入液相色谱仪中，得到峰面积，根据标准曲线得到待测液中苯甲酸、山梨酸和糖精钠（以糖精计）的浓度。

7. 结果计算

试样中苯甲酸、山梨酸和糖精钠（以糖精计）的含量按式(3-62)计算：

$$X = \frac{\rho V}{m \times 1000} \tag{3-62}$$

式中　X——试样中待测组分的含量，g/kg；

　　　ρ——由标准曲线得出的试样液中待测物的质量浓度，mg/L；

　　　V——试样定容体积，mL；

　　　m——试样质量，g；

　　　1000——由 mg/kg 换算成 g/kg 的换算因子。

结果保留三位有效数字。

8. 精密度

在重复性条件下获得的两次独立测定结果的绝对差值不得超过算术平均值的10%。

9. 其他

按取样量2g，定容50mL时，苯甲酸、山梨酸和糖精钠（以糖精计）的检出限均为0.005g/kg，定量限均为0.01g/kg。

【学习活动三】 小组讨论制订计划并汇报任务

任务名称	果酱中糖精钠含量的测定	日期	
小组序号			
一、确定方法			
二、制订工作计划			
1. 准备合适的仪器、设备			
2. 列出所需试剂			
3. 列出样品的制备方法			
4. 画出工作流程简图			

【学习活动四】 讨论工作过程中的注意事项

（1）标准品的配制过程要严格按照标准规定的动作要求进行操作，液相色谱法通过标准品浓度进行比较而得出样品的结果，因此标准品配制的准确与否很大程度上决定了实验结果的准确性。配制好的标准品要详细记录配制时间、人员等信息，在要求的环境下保存，在有效时间内使用，不管新配或者是存放一段时间后的标准品使用时都要通过微孔滤膜进行过滤，尤其是和糖精钠的混标，一段时间后此标品黏度增大，直接使用会堵塞仪器，所以务必过膜后使用。

（2）称量过程中首先检验天平的精密度，在达到标准要求的精密度要求基础上进行测量。测量时注意远离空调，更换天平内干燥剂，调节天平使其水平气泡处于允许范围内，称取时关闭天平玻璃门待读数稳定后读数。称取的样品严格按照标准要求称取，不允许多称或少称，因为标准中的前处理和测定过程都是以此称样量为基础，不按此进行操作很难保证测量结果的准确性。

（3）样品制备是样品预处理中至关重要的步骤，对后续样品提取和净化起到基石性的作用。一定要取可食用部分，去除杂质，固体样品要打碎均匀或绞碎均匀，保存在样品瓶中，注意样品编号、检测状态和保存温度。

（4）肉制品、饼干、糕点等样品称取完毕，加水超声振荡后，超声的时间长短，会引起样品温度的升高，此时要冷却至室温，加入沉淀剂亚铁氰化钾和乙酸锌，摇匀后再加水定容至刻度，定容时手握容量瓶刻度以上，避免热胀冷缩造成误差。

（5）流动相使用前用有机滤膜过滤，超声脱气约 2min，使用时间一般不超过 2 天，且每次使用前都要重新抽滤；仪器使用过程中，注意压力变化，若压力过低或者过高，及时查明原因。

（6）色谱柱一定要按标准要求用 C_{18} 柱（4.6mm×250mm，5μm）或性能相当者。要选用合适的色谱柱，柱子过短易造成分离不开、假阳性等问题。流动相用到的甲醇＋乙酸铵溶液一定是色谱纯，水要用 GB/T 6682—2008 规定的一级水。紫外检测器先预热，最好是检测器灯打开，基线平稳至少 30min 后再采集进样。

【学习活动五】 完成分析任务，填写报告单

任务名称	果酱中糖精钠含量的测定	日期	
小组序号		成员	
一、数据记录（根据分析内容，自行制订表格）			
二、计算，并进行修约			
三、给出结论			

附　录

附录A　AFT M$_1$、AFT M$_2$ 的标准浓度校准方法

用乙腈溶液配制 8～10μg/mL 的 AFT M$_1$、AFT M$_2$ 的标准溶液。根据下面的方法，在最大吸收波段处测定溶液的吸光度，确定 AFT M$_1$、AFT M$_2$ 的实际浓度。用分光光度计在 340～370nm 处测定，经扣除溶剂的空白试剂本底，校正比色皿系统误差后，读取标准溶液的最大吸收波长（λ_{max}）处吸光度值 A。校准溶液实际浓度 ρ 按下式计算：

$$\rho = AM \times \frac{1000}{\varepsilon}$$

式中　ρ——校准测定的 AFT M$_1$、AFT M$_2$ 的实际浓度，μg/mL；

A——在 λ_{max} 处测得的吸光度值；

M——AFT M$_1$、AFT M$_2$ 摩尔质量，g/mol；

ε——AFT M$_1$、AFT M$_2$ 的吸光系数，m^2/mol。

AFT M$_1$ 的摩尔质量及摩尔吸光系数见表 A-1。

表 A-1　AFT M$_1$ 的摩尔质量及摩尔吸光系数

黄曲霉毒素名称	摩尔质量/(g/mol)	溶剂	摩尔吸光系数/(m^2/mol)
AFT M$_1$	328	乙腈	19000
AFT M$_2$	330	乙腈	21400

附录B　免疫亲和柱的柱容量验证方法

1. 柱容量验证

在 30mL 的 PBS 中加入 300ng AFT M$_1$ 标准储备溶液，充分混匀。分别取同一批次 3 根免疫亲和柱，每根柱的上样量为 10mL。经上样、淋洗、洗脱，收集洗脱液，用氮气吹干至 1mL，用初始流动相定容至 10mL，用液相色谱仪分离测定 AFT M$_1$ 的含量。

结果判定：结果 AFT M$_1 \geqslant$ 80ng，为可使用商品。

2. 柱回收率验证方法

在 30mL 的 PBS 中加入 300ng AFT M$_1$ 标准储备溶液，充分混匀。分别取同一批次 3 根免疫亲和柱，每根柱的上样量为 10mL。经上样、淋洗、洗脱，收集洗脱液，用氮气吹干至 1mL，用初始流动相定容至 10mL，用液相色谱仪分离测定 AFT M$_1$ 的含量。

结果判定：结果 AFT M$_1 \geqslant$ 80ng，为可使用商品。

3. 交叉反应率验证

在 30mL 的 PBS 中加入 300ng AFT M$_2$ 标准储备溶液，充分混匀。分别取同一批次 3 根免疫亲和柱，每根柱的上样量为 10mL。经上样、淋洗、洗脱，收集洗脱液，用氮气吹干至 1mL，用初始流动相定容至 10mL，用液相色谱仪分离测定 AFT M$_2$ 的含量。

结果判定：结果 AFT M$_2 \geqslant$ 80ng，当需要同时测定 AFT M$_1$、AFT M$_2$ 时使用的商品。

参 考 文 献

[1] 食品安全国家标准　食品中维生素 B_1 的测定：GB 5009.84—2016. 北京：中国标准出版社，2017.
[2] 食品安全国家标准　食品中维生素 A、D、E 的测定：GB 5009.82—2016. 北京：中国标准出版社，2017.
[3] 食品安全国家标准　蜂王浆中多种菊酯类农药残留的测定：GB 23200.100—2016. 北京：中国标准出版社，2017.
[4] 粮食、水果和蔬菜中有机磷农药的测定：GB/T 14553—2003. 北京：中国标准出版社，2004.
[5] 食品安全国家标准　食品中有机磷农药残留的测定：GB 23200.93—2016. 北京：中国标准出版社，2017.
[6] 食品中有机氯农药多组分残留的测定：GB 5009.19—2008. 北京：中国标准出版社，2009.

高等职业教育教材

食品理化检验技术
工作手册

（活页式）

赵 珺　李 欣　主编
袁静宇　副主编

化学工业出版社
·北京·

目录

实验一　乳粉中水分的检验　/ 1
实验二　乳粉中灰分的检验　/ 5
实验三　乳粉中蛋白质的检验　/ 9
实验四　食醋中总酸的检验　/ 12
实验五　味精中谷氨酸钠的检验　/ 15

实验六　牛乳相对密度的检验　/ 18
实验七　乳粉中钙的检验　/ 21
实验八　香肠中亚硝酸盐的检验　/ 24
实验九　方便面中脂肪的检验　/ 28
实验十　白葡萄酒中还原糖的检验　/ 31

项目一　任务一　任务完成评价表　/ 35
项目一　任务一　作业单　/ 36
项目一　任务二　任务完成评价表　/ 37
项目一　任务二　作业单　/ 38
项目一　任务三　任务完成评价表　/ 39
项目一　任务三　作业单　/ 40
项目二　任务一　任务完成评价表　/ 41
项目二　任务一　作业单　/ 42
项目二　任务二　任务完成评价表　/ 43
项目二　任务二　作业单　/ 44
项目三　任务一　任务完成评价表　/ 45
项目三　任务一　作业单　/ 46
项目三　任务二　任务完成评价表　/ 47
项目三　任务二　作业单　/ 48
项目三　任务三　任务完成评价表　/ 49
项目三　任务三　作业单　/ 50

项目三　任务四　任务完成评价表　/ 51
项目三　任务四　作业单　/ 52
项目三　任务五　任务完成评价表　/ 53
项目三　任务五　作业单　/ 54
项目四　任务一　任务完成评价表　/ 55
项目四　任务一　作业单　/ 56
项目四　任务二　任务完成评价表　/ 57
项目四　任务二　作业单　/ 58
项目五　任务一　任务完成评价表　/ 59
项目五　任务一　作业单　/ 60
项目五　任务二　任务完成评价表　/ 61
项目五　任务二　作业单　/ 62
项目五　任务三　任务完成评价表　/ 63
项目五　任务三　作业单　/ 64
项目五　任务四　任务完成评价表　/ 65
项目五　任务四　作业单　/ 66

实验一 乳粉中水分的检验

执行 GB 5009.3—2016

一、实验准备

1. 样品：乳粉。
2. 仪器和设备：玻璃称量瓶、分析天平（感量0.1mg）、恒温干燥箱、干燥器（附有干燥剂）。

玻璃称量瓶

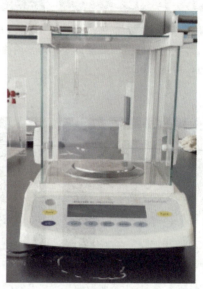

分析天平

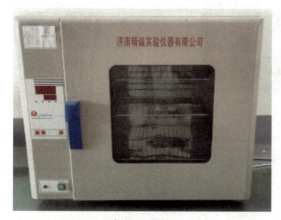

恒温干燥箱

干燥器（附有干燥剂）

1

二、实验步骤

1. 取洁净的玻璃称量瓶，置于101~105℃干燥箱中，瓶盖斜支于瓶边，加热1.0h。

2. 取出称量瓶，盖好，置干燥器内冷却0.5h。

3. 准确称量称量瓶的质量。

4. 重复步骤1~3至前后两次称量的质量差不超过2mg。

5. 称量样品。

6. 置于101~105℃干燥箱中，瓶盖斜支于瓶边，干燥2~4h。

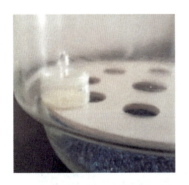

7. 取出盖好，置于燥器内冷却0.5h。

8. 准确称量称量瓶和样品的质量。

9. 放入101~105℃干燥箱中干燥1h左右。

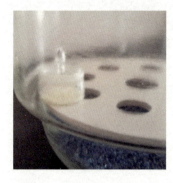
10. 放入干燥器内冷却 0.5h。

11. 称量称量瓶和样品的质量。

12. 重复步骤 9~11 直至前后两次称量质量之差不大于 2mg。

三、数据记录

食品中水分的测定原始数据记录表

样品编号			样品名称		
样品状态			样品接收日期		
温度			湿度		
检验项目					
检验依据					
数据记录					
称量瓶质量					
第一次	第二次	第三次	第四次	第五次	恒重后的质量
称量瓶和试样的质量					
干燥后称量瓶和试样的质量					
第一次	第二次	第三次	第四次	第五次	恒重后的质量
水分计算公式					
试样中水分的含量					
实验员			检验日期		
审核					

四、结果计算

试样中灰分的含量，按下式计算：

$$X = \frac{m_1 - m_2}{m_1 - m_3} \times 100$$

式中　X——试样中水分的含量，g/100g；

　　　m_1——称量瓶和试样的质量，g；

　　　m_2——称量瓶和试样干燥后的质量，g；

　　　m_3——称量瓶的质量，g；

　　　100——单位换算系数。

在重复性条件下获得的两次独立测定结果的绝对差值不得超过算术平均值的5%。

五、实验结束

1. 清洗实验仪器，清理实验台，将仪器归回原位。
2. 整理实验原始数据，填写实验数据记录表，书写实验报告。
3. 检查实验室水、电、门、窗是否关闭。

实验二　乳粉中灰分的检验

执行 GB 5009.4—2016

一、实验准备

1. 样品：乳粉。
2. 仪器和设备：高温炉（最高温度＞950℃）、分析天平（感量为0.1mg）、瓷坩埚、干燥器（内有干燥剂）、电热板、水浴锅。
3. 试剂：乙酸镁溶液（浓度为80g/L或240g/L）：准确称取80g乙酸镁，用少量蒸馏水溶解，定容于1L容量瓶或准确称取240g乙酸镁，用少量蒸馏水溶解，定容于1L容量瓶。

高温炉

分析天平

瓷坩埚

干燥器（内有干燥剂）

电热板

水浴锅

二、实验步骤

1. 瓷坩埚放于550℃高温炉下灼烧30min。

2. 冷却至200℃，取出。

3. 放入干燥器中冷却30min。

4. 称量瓷坩埚质量，重复步骤1～3至前后两次称量相差不超过0.5mg为恒重。

5. 称取试样2～10g（精确至0.1mg，对于灰分含量更低的样品可适当增加称样量）。

6. 加入1.00mL乙酸镁溶液（240g/L）或3.00mL乙酸镁溶液（80g/L），使试样完全润湿。

7. 放置10min后，在水浴上将水分蒸干。

8. 在电热板上以小火加热使试样充分炭化至无烟。

9. 置于高温炉中，在550℃±25℃下灼烧4h。

10. 冷却至 200℃ 左右，取出。 **11.** 放入干燥器中冷却 30min。 **12.** 称量，重复步骤 9～11 至前后两次称量相差不超过 0.5mg 为恒重。

三、数据记录

食品中灰分的测定原始数据记录表

样品编号		样品名称	
样品状态		样品接收日期	
温度		湿度	
检验项目			
检验依据			
数据记录					
空坩埚质量					
第一次	第二次	第三次	第四次	第五次	恒重后的质量
坩埚和试样的质量					
氧化镁(乙酸镁灼烧后生成物)的质量					
坩埚和灰分的质量					
第一次	第二次	第三次	第四次	第五次	恒重后的质量
灰分计算公式					
试样中灰分的含量					
实验员		检验日期	
审核			

四、结果计算

试样中灰分的含量，按下式计算：

$$X = \frac{m_1 - m_2 - m_0}{m_3 - m_2} \times 100$$

式中　X_1——加了乙酸镁溶液试样中灰分的含量，g/100g；

　　　m_1——坩埚和灰分的质量，g；

　　　m_2——坩埚的质量，g；

　　　m_0——氧化镁（乙酸镁灼烧后生成物）的质量，g；

　　　m_3——坩埚和试样的质量，g；

　　　100——单位换算系数。

在重复性条件下获得的两次独立测定结果的绝对差值不得超过算术平均值的5%。

五、实验结束

1. 清理实验台，把实验中所用到的药品和仪器归回原位。
2. 将实验中所用到的坩埚及时清洗。
3. 整理实验原始数据，填写实验数据记录表，书写实验报告。
4. 检查实验室水、电、门、窗是否关闭。

实验三　乳粉中蛋白质的检验

执行 GB 5009.5—2016

一、实验准备

1. 样品：乳粉。
2. 仪器和设备：凯式定氮装置、分析天平（感量为 0.1mg）。
3. 试剂：

① 硼酸溶液（20g/L）：称取 20g 硼酸，加水溶解后并稀释至 1000mL。

② 氢氧化钠溶液（400g/L）：称取 40g 氢氧化钠加水溶解后，放冷，并稀释至 100mL。

③ 硫酸标准滴定溶液 $[c(1/2H_2SO_4)=0.0500mol/L]$。

④ 甲基红乙醇溶液（1g/L）：称取 0.1g 甲基红，溶于 95%乙醇，用 95%乙醇稀释至 100mL。

⑤ 亚甲蓝乙醇溶液（1g/L）：称取 0.1g 亚甲蓝，溶于 95%乙醇，用 95%乙醇稀释至 100mL。

⑥ 混合指示剂：2 份甲基红乙醇溶液与 1 份亚甲蓝乙醇溶液临用时混合。

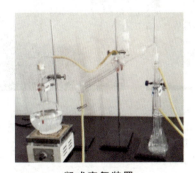
凯式定氮装置

分析天平

二、实验步骤

1. 称取试样。

2. 将试样移入烧瓶，加入 0.4g 硫酸铜、6g 硫酸钾及 20mL 硫酸，并斜支于加热装置。

3. 开启加热，至液体呈蓝绿色并澄清透明后再加热 0.5~1h。

4. 取下放冷，小心加入20mL水，移入100mL容量瓶中，定容。

5. 做试剂空白试验。

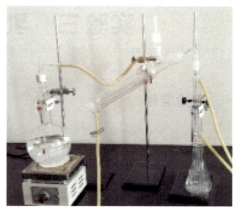

6. 组装定氮装置。

7. 接收瓶内加入10.0mL硼酸溶液及1~2滴混合指示剂。并使冷凝管的下端插入液面下。

8. 准确吸取2.0~10.0mL试样处理液由小玻杯注入反应室，将10.0mL氢氧化钠溶液倒入小玻杯，提起玻塞使其缓缓流入反应室，立即将玻塞盖紧，并水封。

9. 开始蒸馏，10min后使接收瓶液面离开冷凝管下端，继续蒸馏1min。

10. 少量水冲洗冷凝管下端外部后，取出接收瓶。

11. 用硫酸标准溶液进行滴定。

12. 以同样方式滴定空白溶液。

三、数据记录

乳粉中蛋白质的检验原始数据记录表

样品编号		样品名称	
样品状态		样品接收日期	
温度		湿度	
检验项目			
检验依据			
数据记录			
试样质量		硫酸标准溶液浓度	
吸取消化液体积		氮换算系数	
样液滴定消耗硫酸体积		空白溶液滴定消耗硫酸体积	
蛋白质计算公式			
试样中蛋白质含量			
实验员		检验日期	
审核			

四、结果计算

乳粉中蛋白质含量按下式计算：

$$X = \frac{(V_1 - V_2) c \times 0.0140}{m \times \frac{V_3}{100}} \times F \times 100$$

式中 X——试样中蛋白质的含量，g/100g；

V_1——试液消耗硫酸或盐酸标准滴定液的体积，mL；

V_2——试剂空白消耗硫酸或盐酸标准滴定液的体积，mL；

c——硫酸或盐酸标准滴定溶液浓度，mol/L；

0.0140——1.0mL 硫酸 $[c(1/2H_2SO_4) = 1.000 mol/L]$ 相当的氮的质量，g；

m——试样的质量，g；

V_3——吸取消化液的体积，mL；

F——氮换算为蛋白质的系数。

五、实验结束

1. 小心拆除凯式定氮装置并仔细清洗实验中所用到的仪器设备。
2. 清理实验台，保证实验台物品摆放整齐，实验中所用仪器归回原位。
3. 整理实验原始数据，填写实验数据记录表，书写实验报告。
4. 检查实验室水、电、门、窗是否关闭。

实验四　食醋中总酸的检验

执行 GB 12456—2021

一、实验准备

1. 样品：食醋。
2. 仪器和设备：分析天平（感量分别为 0.1mg、0.01g）、碱式滴定管、水浴锅。
3. 试剂：

① 无二氧化碳水：将水煮沸 15min 以去除二氧化碳，冷却，密闭。

② 酚酞（10g/L）：称取 1g 酚酞，用 95 乙醇溶解并稀释定容到 100mL 容量瓶中。

③ 氢氧化钠标准滴定溶液（0.1mol/L）：称取 120g 氢氧化钠，加入 100mL 水，震摇使其溶解成饱和溶液，冷却后置于聚乙烯塑料瓶中，密塞，放置数日待其澄清。移取 5.6mL 澄清的氢氧化钠饱和溶液，加入新煮沸过的冷水至 1000mL，摇匀。

分析天平（感量 0.1mg）

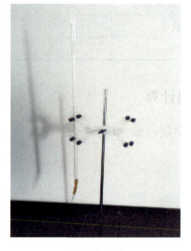

碱式滴定管

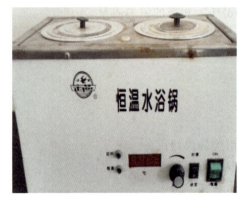

水浴锅

天平（感量 0.01g）

二、实验步骤

1. 称量试样。

2. 用移液管移取 25mL 试样于 250mL 容量瓶内,以无二氧化碳水定容。

3. 过滤。

4. 移取 25mL 试液于 250mL 锥形瓶中,并加入酚酞指示剂。

5. 用氢氧化钠标准溶液滴定。

6. 做空白试验。

三、数据记录

食醋中总酸的检验原始数据记录表

样品编号		样品名称	
样品状态		样品接收日期	
温度		湿度	
检验项目			
检验依据			

数据记录			
氢氧化钠标准溶液浓度		移取试液体积	
滴定试液消耗氢氧化钠体积		滴定空白试液消耗氢氧化钠体积	
试液稀释倍数		酸的换算系数	
总酸计算公式			
试样总酸			
实验员		检验日期	
审核			

四、结果计算

试样中总酸含量按下式计算：

$$X = \frac{c(V_1 - V_2)kF}{m} \times 1000$$

式中　X——试样总酸含量，g/L；
　　　c——氢氧化钠标准溶液浓度，mol/L；
　　　V_1——滴定试液时消耗氢氧化钠体积，mL；
　　　V_2——滴定空白试液时消耗氢氧化钠体积，mL；
　　　k——酸的换算系数；
　　　F——试液的稀释倍数；
　　　m——试液的体积，mL。

五、实验结束

1. 碱式滴定管内剩余的溶液应弃去，不要倒回原瓶中。然后依次用自来水、蒸馏水冲洗数次，倒立夹在滴定管架上。
2. 清理实验台，把实验中所用仪器清洗干净并归回原位。
3. 整理实验原始数据，填写实验数据记录表，书写实验报告。
4. 检查实验室水、电、门、窗是否关闭。

实验五　味精中谷氨酸钠的检验

执行 GB 5009.43—2023

一、实验准备

1. 样品：味精。
2. 仪器和设备：旋光仪、分析天平。
3. 试剂：盐酸。

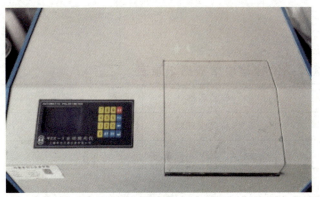

旋光仪

分析天平

二、实验步骤

1. 称取试样。

2. 加少量水溶解，加入盐酸 20mL，转移到 100mL 容量瓶中。

3. 冷却至 20℃，定容。

4. 校正旋光仪。

5. 用旋光仪测定样液旋光度。

6. 记录试样温度。

三、数据记录

味精中谷氨酸钠的检验原始数据记录表

样品编号		样品名称	
样品状态		样品接收日期	
温度		湿度	
检验项目			
检验依据			
数据记录			
试样质量		试液浓度	
旋光管长度		试样的旋光度	
试液温度		谷氨酸钠的比旋光度 $[\alpha]_D^{20}$	
味精纯度计算公式			
试样纯度			
实验员		检验日期	
审核			

四、结果计算

样品中谷氨酸钠含量按下式计算：

$$X = \frac{\dfrac{\alpha}{Lc}}{25.16 + 0.047(20-t)} + 1.000$$

式中　X——样品中谷氨酸钠含量（含1分子结晶水），g/100g；
　　　α——实测试样的旋光度，°；

L——旋光管长度（液层厚度），dm；
c——1mL试样液中含谷氨酸钠的质量，g/mL；
25.16——谷氨酸钠的比旋光度$[\alpha]_D^{20}$，°；
t——测定试液的温度，℃；
0.047——温度校正系数；
1.000——换算系数。

五、实验结束

1. 将旋光管洗净晾干，旋光仪应避免灰尘并放置在干燥处。
2. 清理实验台，保证实验台物品整齐洁净。
3. 整理实验原始数据，填写实验数据记录表，书写实验报告。
4. 检查实验室水、电、门、窗是否关闭。

实验六 牛乳相对密度的检验

执行 GB 5009.2—2016

一、实验准备

1. 样品：鲜牛乳。
2. 仪器和设备：乳稠计（20℃/4℃）、量筒（250mL）、温度计（0~100℃）。

乳稠计

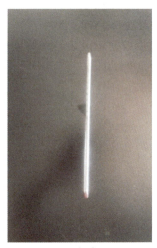

温度计

量筒

二、实验步骤

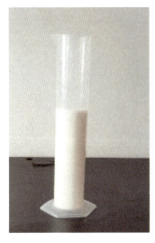

1. 取混匀并调节温度为 10~25℃ 的牛乳，小心倒入量筒内。

2. 用温度计测量试样温度。

3. 小心将乳稠计放入试样中，然后让其自然浮动。

4. 静置2～3min，眼睛平视生乳液面的高度，读取数值。

三、数据记录

牛乳相对密度检验原始数据记录表

样品编号		样品名称	
样品状态		样品接收日期	
温度		湿度	
检验项目			
检验依据			
数据记录			
试样温度		乳稠计读数	
查表得20℃时乳稠计读数			
相对密度计算公式			
试样相对密度			
实验员		检验日期	
审核			

四、结果计算

相对密度 ρ_4^{20} 和乳稠计读数换算关系：

$$\rho_4^{20} = \frac{X}{1000} + 1.000$$

式中　X——温度在 20℃时乳稠计读数；

　　　ρ_4^{20}——样品的相对密度。

五、实验结束

1. 清理实验台，把实验中所用仪器清洗干净并归回原位。
2. 整理实验原始数据，填写实验数据记录表，书写实验报告。
3. 检查实验室水、电、门、窗是否关闭。

实验七　乳粉中钙的检验

执行 GB 5009.92—2016

一、实验准备

1. 样品：乳粉。
2. 仪器和设备：原子吸收光谱仪、马弗炉、可调式电炉、分析天平。
3. 试剂：

① 硝酸（1+1）：量取 500mL 硝酸，与 500mL 水混合均匀。

② 盐酸（1+1）：量取 500mL 盐酸，与 500mL 水混合均匀。

③ 硝酸（5+95）：量取 50mL 硝酸，加入 950mL 水，混匀。

④ 镧溶液（20g/L）：称取 23.45g 氧化镧，先用少量水湿润后再加入 75mL 盐酸溶液（1+1）溶解，转入 1000mL 容量瓶中，加水定容至刻度，混匀。

⑤ 钙标准储备液（1000mg/L）：准确称取 2.4963g（精确至 0.0001g）碳酸钙，加盐酸溶液（1+1）溶解，移入 1000mL 容量瓶中，加水定容至刻度，混匀。

⑥ 钙标准中间液（100mg/L）：准确吸取钙标准储备液（1000mg/L）10mL 于 100mL 容量瓶中，加硝酸溶液（5+95）至刻度，混匀。

⑦ 钙标准系列溶液：分别吸取钙标准中间液（100mg/L）0mL、0.500mL、1.00mL、2.00mL、4.00mL、6.00mL 于 100mL 容量瓶中，另在各容量瓶中加入 5mL 镧溶液（20g/L），最后加硝酸溶液（5+95）定容至刻度，混匀。此钙标准系列溶液中钙的质量浓度分别为 0mg/L、0.500mg/L、1.00mg/L、2.00mg/L、4.00mg/L 和 6.00mg/L。

原子吸收光谱仪

分析天平

可调式电炉

马弗炉

二、实验步骤

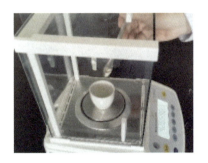

1. 称取试样。

2. 在可调式电炉上炭化至无烟。

3. 在马弗炉中以550℃灰化3～4h。

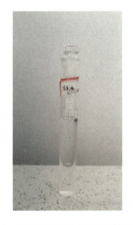

4. 灰化结束后用适量硝酸溶液（1+1）溶解，定容于25mL刻度管中。

5. 以同样步骤做试剂空白。

6. 依次将钙标准系列溶液按浓度由低到高的顺序分别通过原子吸收光谱仪测定吸光度。

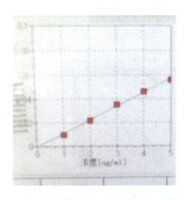

7. 绘制标准曲线。

8. 测定样液吸光度值。

9. 测定空白对照溶液吸光度值。

三、数据记录

乳粉中钙的检验原始数据记录表

样品编号			样品名称			
样品状态			样品接收日期			
温度			湿度			
检验项目						
检验依据						
数据记录						
钙标准曲线的绘制						
钙标准系溶液浓度						
吸光度值						
钙的标准曲线方程						
样液测定						
样液吸光度			空白对照吸光度			
试样待测液中钙的质量浓度			空白溶液中钙的质量浓度			
钙含量计算公式						
试样中钙的含量						
实验员			检验日期			
审核						

四、结果计算

试样中钙的含量按下式计算：

$$X = \frac{(\rho - \rho_0)fV}{m}$$

式中　X——试样中钙的含量，mg/kg；

　　　ρ——试样待测液中钙的质量浓度，mg/L；

　　　ρ_0——空白溶液中钙的质量浓度，mg/L；

　　　f——试样消化液的稀释倍数；

　　　V——试样消化液的定容体积，mL；

　　　m——试样质量，g。

在重复性条件下获得的两次独立测定结果的绝对差值不得超过算术平均值的10%。

五、实验结束

1. 原子吸收光谱仪关机前需要等待仪器冷却后再进行关机操作。
2. 乙炔气瓶要彻底关闭，通风系统关闭前须确保管道内剩余的乙炔气体被排出。
3. 清理实验台，把实验中所用仪器清洗干净并归回原位。
4. 整理实验原始数据，填写实验数据记录表，书写实验报告。
5. 检查实验室水、电、门、窗是否关闭。

实验八　香肠中亚硝酸盐的检验

执行 GB 5009.33—2016

一、实验准备

1. 样品：香肠。
2. 仪器和设备：天平（感量 0.1mg）、具塞比色管、恒温水浴锅、分光光度计。
3. 试剂：

① 亚铁氰化钾溶液（106g/L）：称取 106.0g 亚铁氰化钾，用水溶解，并稀释至 1000mL。

② 乙酸锌溶液（220g/L）：称取 220.0g 乙酸锌，先加 30mL 冰醋酸溶解，用水稀释至 1000mL。

③ 饱和硼砂溶液（50g/L）：称取 5.0g 硼酸钠，溶于 100mL 热水中，冷却后备用。

④ 对氨基苯磺酸溶液（4g/L）：称取 0.4g 对氨基苯磺酸，溶于 100mL20％盐酸中，混匀，置棕色瓶中，避光保存。

⑤ 盐酸萘乙二胺溶液（2g/L）：称取 0.2g 盐酸萘乙二胺，溶于 100mL 水中，混匀，置棕色瓶中，避光保存。

⑥ 亚硝酸钠标准溶液（200μg/mL，以亚硝酸钠计）：准确称取 0.1000g 于 110～120℃ 干燥恒重的亚硝酸钠，加水溶解，移入 500mL 容量瓶中，加水稀释至刻度，混匀。

⑦ 亚硝酸钠标准使用液（5.0μg/mL）：临用前，吸取 2.50mL 亚硝酸钠标准溶液，置于 100mL 容瓶中，加水稀释至刻度。

天平

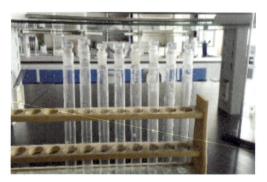

具塞比色管

恒温水浴锅

分光光度计

二、实验步骤

1. 制备匀浆试样。

2. 称取匀浆试样。

3. 置于 250mL 锥形瓶中，加 12.5mL 饱和硼砂，加入 70℃ 左右的水 150mL。

4. 沸水浴加热 15min。

5. 冷却到室温后，转移到 200mL 容量瓶中。

6. 分别加入 5mL 亚铁氰化钾和乙酸锌溶液，定容，静置 30min。

7. 过滤，并弃去初滤液。

8. 配制标准系列溶液并加入 2mL 对氨基苯磺酸溶液和 1mL 盐酸萘乙二胺溶液。

9. 静置 15min 后，用分光光度计测得标准曲线吸光度值。

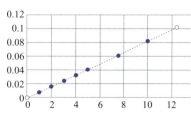

10. 绘制标准曲线,并得到亚硝酸盐含量和吸光度的线性方程。

11. 移取样液和空白溶液并加入 2mL 对氨基苯磺酸溶液和 1mL 盐酸萘乙二胺溶液。

12. 静置 15min 后,用分光光度计测得样品溶液和空白溶液吸光度值。

三、数据记录

香肠中亚硝酸盐含量原始数据记录表

样品编号		样品名称	
样品状态		样品接收日期	
温度		湿度	
检验项目			
检验依据			
数据记录						
标准溶液系列						
标准溶液浓度						
亚硝酸盐含量						
吸光度						
样品溶液						
样品溶液吸光度		空白试剂吸光度	
标准曲线方程			
亚硝酸盐计算公式			
亚硝酸盐含量			
实验员		检验日期	
审核			

四、结果计算

亚硝酸盐(以亚硝酸钠计)的含量按下式计算

$$X = \frac{m_1 \times 1000}{m_2 \times \dfrac{V_1}{V_0} \times 1000}$$

式中　X——试样中亚硝酸钠的含量，mg/kg；
　　　m_1——测定用样液中亚硝酸钠的质量，μg；
　　　1000——转换系数；
　　　m_2——试样质量，g；
　　　V_1——测定用样液体积，mL；
　　　V_0——试样处理液总体积，mL。

五、实验结束

1. 比色皿使用完毕后，应立即用水冲洗干净，必要时可用1∶1的盐酸浸泡，然后用水冲洗干净。
2. 清理实验台，把实验中所用仪器清洗干净并归回原位。
3. 整理实验原始数据，填写实验数据记录表，书写实验报告。
4. 检查实验室水、电、门、窗是否关闭。

实验九　方便面中脂肪的检验

执行 GB 5009.6—2016

一、实验准备

1. 样品：方便面。
2. 仪器和设备：索氏抽提装置、恒温水浴锅、分析天平（感量0.1mg）、电热鼓风干燥箱、干燥器（内装有效干燥剂）、滤纸。
3. 试剂：无水乙醚。

索氏抽提装置

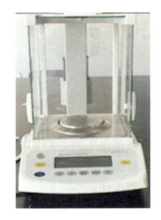

分析天平

电热鼓风干燥箱

干燥器（内有干燥剂）

滤纸

恒温水浴锅

二、实验步骤

1. 称取试样。

2. 移入滤纸筒。

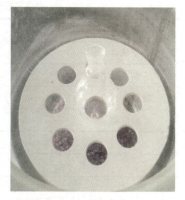
3. 接收瓶进行恒重操作。

4. 将滤纸筒放入索氏抽提器的抽提筒内,水浴回流,一般抽提 6~10h。

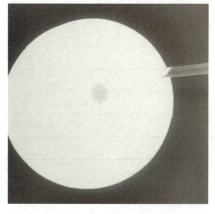
5. 用磨砂玻璃棒接取 1 滴提取液,磨砂玻璃棒上无油斑表明提取完毕。

6. 取下接收瓶,回收无水乙醚或石油醚。

7. 待接收瓶内溶剂剩余 1~2mL 时在水浴上蒸干。

8. 于 100℃±5℃ 干燥 1h。

9. 置干燥器内冷却 0.5h 后称量,重复步骤 8~9 直至恒重。

29

三、数据记录

方便面中脂肪的检验原始数据记录表

样品编号				样品名称		
样品状态				样品接收日期		
温度				湿度		
检验项目						
检验依据						
数据记录						
接收瓶的质量/g						
第一次	第二次	第三次	第四次	第五次	恒重后的质量	
抽提后接收瓶和脂肪的质量/g						
第一次	第二次	第三次	第四次	第五次	恒重后的质量	
试样的质量/g						
脂肪计算公式						
试样中脂肪的含量						
实验员				检验日期		
审核						

四、结果计算

试样中脂肪的含量，按下式计算：

$$X = \frac{m_1 - m_0}{m_2} \times 100$$

式中　X——试样中脂肪的含量，g/100g；

　　　m_1——恒重后接收瓶和脂肪的质量，g；

　　　m_2——试样的质量，g；

　　　m_0——接收瓶的质量，g；

　　　100——单位换算系数。

在重复性条件下获得的两次独立测定结果的绝对差值不得超过算术平均值的10%。

五、实验结束

1. 小心拆除装置并清洗所用到的玻璃仪器。
2. 清理实验台，把实验中所用到的药品和仪器归回原位。
3. 整理实验原始数据，填写实验数据记录表，书写实验报告。
4. 检查实验室水、电、门、窗是否关闭。

实验十 白葡萄酒中还原糖的检验

执行 GB 5009.7—2016

一、实验准备

1. 样品：白葡萄酒。
2. 仪器和设备：可调电炉、恒温水浴锅、分析天平（感量 0.1mg）、酸式滴定管。
3. 试剂：

① 盐酸溶液（1+1）：量取 50mL 盐酸，缓慢加入 50mL 水中，混匀。

② 碱性酒石酸铜甲液：称取硫酸铜 15g 和亚甲蓝 0.05g 溶于水中，并稀释至 1000mL。

③ 碱性酒石酸铜乙液：称取酒石酸钾钠 50g 和氢氧化钠 75g，溶解于水中，再加亚铁氰化钾 4g，溶解后用水定容至 1000mL，储存于橡胶塞玻璃瓶中。

④ 乙酸锌溶液：称取 21.9g 乙酸锌，加冰醋酸 3mL，加水溶解并定容于 100mL 容量瓶中。

⑤ 亚铁氰化钾溶液：称取亚铁氰化钾 10.6g，加水溶解并定容于 100mL 容量瓶中。

⑥ 氢氧化钠溶液：称取氢氧化钠 4g，加水溶解后，放冷，定容于 100mL 容量瓶中。

⑦ 葡萄糖标准溶液：准确称取经过干燥的葡萄糖 1g，加水溶解后加入盐酸 5mL，加水定溶于 1000mL。

可调电炉

分析天平

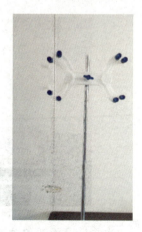

酸式滴定管

恒温水浴锅

31

二、实验步骤

1. 称取试样。

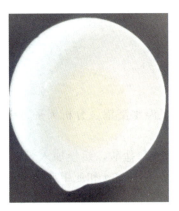

2. 用氢氧化钠中和,并水浴蒸发至原体积的 1/4。

3. 移入 250mL 容量瓶,分别加入 5mL 亚铁氰化钾和 5mL 乙酸锌,定容到刻度,静置 30min。

4. 过滤,弃去初滤液,取后续滤液备用。

5. 用葡萄糖标准溶液滴定碱性酒石酸铜溶液。

6. 滴定终点蓝色刚好褪去。

7. 记录消耗的葡萄糖溶液的体积。

8. 样液预测定并记录消耗的葡萄糖溶液的体积。

9. 样液实际测定,平行测定三次并记录消耗的葡萄糖溶液的体积。

三、数据记录

白葡萄酒中还原糖的检验原始数据记录表

样品编号			样品名称	
样品状态			样品接收日期	
温度			湿度	
检验项目				
检验依据				
数据记录				
碱性酒石酸铜溶液的标定				
滴定次数	第一次	第二次	第三次	平均体积
消耗的葡萄糖溶液的体积				
碱性酒石酸铜溶液相当于葡萄糖的质量				
样品测定				
滴定次数	样液预测定	第一次样品测定	第二次样品测定	第三次样品测定	平均体积
消耗的葡萄糖溶液的体积					
试样的质量					
还原糖计算公式					
试样中还原糖的含量					
实验员			检验日期		
审核					

四、结果计算

试样中还原糖的含量，按下式计算：

$$X = \frac{m_1}{mF \times \dfrac{V}{250} \times 1000} \times 100$$

式中　X——试样中还原糖的含量（以葡萄糖计），g/100g；

　　　m_1——碱性酒石酸铜溶液相当于葡萄糖的质量，g；

　　　m——试样的质量，g；

F——系数,白葡萄酒为 1;

V——测定时平均消耗试样溶液体积,mL;

250——试液定容体积;

1000——换算系数。

在重复性条件下获得的两次独立测定结果的绝对差值不得超过算术平均值的 5%。

五、实验结束

1. 清洗仪器,酸式滴定管可用自来水冲洗,还可用滴定管刷蘸合成洗涤剂刷洗,但铁丝部分不得碰到管壁,必要时可加满洗液浸泡过夜。

2. 清理实验台,把实验中所用到的药品和仪器归回原位。

3. 整理实验原始数据,填写实验数据记录表,书写实验报告。

4. 检查实验室水、电、门、窗是否关闭。

项目一 任务一 任务完成评价表

被考评人						
考评内容						
考评指标		考评标准	分值/分	自我评价/分	教师评价/分	小组评议/分	实际得分/分
专业知识技能掌握	分析天平的使用	(1)使用前检查天平是否在水平位置； (2)称量门不应开太大,只要能将容器或样品放入即可； (3)称量结束后应使天平恢复原状	10				
	相对密度的换算	掌握 d_4^{20} 和 d_{20}^{20} 的换算关系	5				
	密度瓶、韦氏相对密度天平、比重计的使用	能够正确使用密度瓶、韦氏相对密度天平和比重计测定物质相对密度,掌握比重计读数与相对密度换算关系	30				
	数据记录	原始数据记录准确无误	10				
	实验报告	实验报告填写无误,结论正确	10				
通用能力培养	出勤	按时到岗,实验前充分做好准备工作	5				
	专业素养	自觉遵守纪律,有责任心和良好的职业道德品质	10				
	学习态度	具有一定的自学能力,实事求是的工作作风和一丝不苟的工作态度	10				
	团队分工合作	能接受团队合作,能够完成自己的任务,对团队有突出贡献,具有团队合作精神	10				
		合计	100				
考评辅助项目						备注
本组之星						两项评选活动是为了激励学生的学习积极性
组间互评						
填表说明	1. 实际得分＝教师评价30％＋自我评价10％＋小组评议60％。 2. 考评满分为100分,60分以下为不及格；60～74分为及格；75～84分为良好；85分及以上为优秀。 3."本组之星"可以是本次实训活动中突出贡献者,也可以是进步最大者,同样可以是其他某一方面表现突出者。 4."组间互评"是由评审团讨论后对各组给予的最终评价。评审团由各组组长组成,当各组完成实训活动后,各组长先组织本组内工进行商议,然后各组长将意见带至评审团,评价各组整体工作情况,将各组互评分数填入其中					

项目一 任务一 作业单

任务名称	牛乳相对密度测定	日期	
小组序号		成员	

一、任务实施前试剂、仪器准备情况

二、任务实施过程中遇到的问题及解决方法

三、专项作业

1. 相对密度是指物质的质量与同体积某温度下水的质量之比,以符号 $d_{t_2}^{t_1}$ 表示,无量纲量,t_1 表示_____,t_2 表示_____。
2. 牛乳掺水后相对密度会_____。
3. 相对密度 d_{20}^{20} _____ d_4^{20}。
4. 相对密度 d_4^{20} 和 d_{20}^{20} 的换算关系是_____。
5. 测定牛乳的相对密度一般采用_____方法。

学生感悟

　　党的二十大提出强化食品药品监管,健全生物安全监管预警防控体系。通过本次测定牛乳的密度任务,你能用实际行动做到在未来的工作中实事求是吗?如果你是奶农,遇到牛奶质量问题的话,该怎么做?

项目一 任务二 任务完成评价表

被考评人				考评地点			
考评内容							
考评指标		考评标准	分值/分	教师评价/分	自我评价/分	小组评议/分	实际得分/分
专业知识技能掌握	样品制备	正确制备所需样品	5				
	折射仪的使用	掌握阿贝折射仪和手持折射仪的正确使用方法	20				
	数据记录	原始数据记录准确无误	10				
	实验报告	实验报告填写无误，结论正确	10				
	任务完成情况	各项任务活动完成表现	5				
通用能力培养	出勤	按时到岗，实验前充分做好准备工作	10				
	专业素养	严格遵守纪律和操作规范，良好的职业道德品质	15				
	学习态度	追求实事求是、一丝不苟的工作作风，严谨的科学作风和良好的实验素养	10				
	团队分工合作	能接受团队合作，能够完成自己的任务，对团队有突出贡献，具有团队合作精神	15				
合计			100				

考评辅助项目		备注
本组之星		两项评选活动是为了激励学生的学习积极性
组间互评		
填表说明	1. 实际得分＝教师评价30%＋自我评价10%＋小组评议60%。 2. 考评满分为100分，60分以下为不及格；60~74分为及格；75~84分为良好；85分及以上为优秀。 3."本组之星"可以是本次实训活动中突出贡献者，也可以是进步最大者，同样可以是其他某一方面表现突出者。 4."组间互评"是由评审团讨论后对各组给予的最终评价。评审团由各组组长组成，当各组完成实训活动后，各组长先组织本组内进行商议，然后各组长将意见带至评审团，评价各组整体工作情况，将各组互评分数填入其中	

项目一 任务二 作业单

任务名称	砂糖橘中可溶性固形物测定	日期	
小组序号		成员	

一、任务实施前准备情况

二、任务实施过程中异常情况及解决方法

三、专项作业
1. 通过测量物质的折射率来鉴别物质的组成,确定物质的纯度、浓度及判断物质品质的分析方法称为_____。
2. 折射仪法测定过程中需要的仪器有_____。
3. 折射仪校准需要在_____℃下,使用_____进行校准。
4. 物质的折射率与波长、物质结构和_____有关。
5. 折射仪法适用于_____类食品的测定,测得的结果是_____含量。

学生感悟
　　党的二十大提出强化食品药品监管,健全生物安全监管预警防控体系。本次任务中通过测量折射率来确定砂糖橘的品质,你还可以通过该手段来检测哪些食品?对于食品的掺假你持什么观点?

项目一 任务三 任务完成评价表

被考评人			考评地点			
考评内容						
考评指标		考评标准	分值/分	教师评价/分	自我评价/分	小组评议/分	实际得分/分
专业知识技能掌握	分析天平的使用	掌握分析天平的使用方法,能够准确称量样品	5				
	旋光仪的使用	掌握旋光仪的原理及使用方法	5				
	数据纪录	能够准确记录原始数据	10				
	实验报告	实验报告填写无误,结论正确	10				
	任务完成情况	各项任务活动完成表现	20				
通用能力培养	出勤	按时到岗,实验前充分做好准备工作	10				
	专业素养	自觉遵守纪律,有责任心和良好的职业道德品质	15				
	学习态度	追求一丝不苟的工作作风,实事求是的工作态度	10				
	团队分工合作	能融入集体,愿意接受任务并积极完成,有团队合作精神与竞争意识	15				
		合计	100				
考评辅助项目					备注		
本组之星					两项评选活动是为了激励学生的学习积极性		
组间互评							
填表说明	1. 实际得分＝教师评价30%＋自我评价10%＋小组评议60%。 2. 考评满分为100分,60分以下为不及格;60~74分为及格;75~84分为良好;85分及以上为优秀。 3. "本组之星"可以是本次实训活动中突出贡献者,也可以是进步最大者,同样可以是其他某一方面表现突出者。 4. "组间互评"由评审团讨论后对各组给予的最终评价。评审团由各组组长组成,当各组完成实训活动后,各组长先组织本组内工进行商议,然后各组长将意见带至评审团,评价各组整体工作情况,将各组互评分数填入其中						

项目一 任务三 作业单

任务名称	味精纯度测定	日期	
小组序号		成员	

一、任务实施前准备情况

二、任务实施过程中异常情况及解决方法

三、专项作业
1. 旋光法是应用_____测定旋光性物质的旋光度以确定其含量的分析方法。
2. 旋光度的大小与光源的波长、温度、旋光性物质的种类、_____及_____有关。
3. 分子结构中有不对称碳原子,能把偏振光的偏振面旋转一定角度的物质称为_____。
4. 旋光仪使用之前需要用_____进行校准。
5. 使用旋光仪时,旋光管内尽量不要有气泡,如有气泡应将气泡_____。

学生感悟
  党的二十大提出强化食品药品监管,健全生物安全监管预警防控体系。本次任务中通过测量旋光度来确定食品浓度、判断食品纯度以及品质。你还了解哪些物理特性可以判断食品品质以保障食品安全?

项目二 任务一 任务完成评价表

被考评人				考评地点			
考评内容							
考评指标		考评标准	分值/分	教师评价/分	自我评价/分	小组评议/分	实际得分/分
专业知识技能掌握	知识点1	掌握食品中水分测定的方法及原理	5				
	知识点2	掌握恒重的概念	5				
	技能点1	能够熟练利用直接干燥法进行分析检验	10				
	技能点2	能够熟练并正确使用天平	10				
	任务完成情况	各项任务活动完成表现	20				
通用能力培养	出勤	按时到岗,学习准备就绪	10				
	道德自律	自觉遵守纪律,有责任心和荣誉感,有安全、节约、环保意识和良好的职业道德品质	15				
	学习态度	追求实事求是、一丝不苟的工作作风,严谨的科学态度和良好的实验素养	10				
	团队分工合作	能融入集体,愿意接受任务并积极完成,有团队合作精神与竞争意识	15				
	合计		100				
考评辅助项目							备注
本组之星							两项评选活动是为了激励学生的学习积极性
组间互评							
填表说明	1. 实际得分=教师评价30%+自我评价10%+小组评议60%。 2. 考评满分为100分,60分以下为不及格;60~74分为及格;75~84分为良好;85分及以上为优秀。 3. "本组之星"可以是本次实训活动中突出贡献者,也可以是进步最大者,同样可以是其他某一方面表现突出者。 4. "组间互评"是由评审团讨论后对组给予的最终评价。评审团由各组组长组成,当各组完成实训活动后,各组长先组织本组内进行商议,然后各组长将意见带至评审团,评价各组整体工作情况,将各组互评分数填入其中						

项目二 任务一 作业单

任务名称	面包中水分的测定	日期	
小组序号		成员	

一、任务实施前试剂、仪器准备检查和安全问题整改落实情况

二、任务实施过程中异常情况及解决方法

三、专项作业
1. 水分测定中常用的方法有_____、_____和_____、_____等方法,其中快速测定应用,100℃易变质的样品应用。
2. 原料中的水分主要以_____和_____状态存在。干燥法测得的主要是指_____水分。
3. 恒重是指_____。
4. 用加热干燥法测定其水分含量的试样,应符合以下条件:①_____、②_____、③_____。
5. 变色硅胶使用时,若为_____色,则无干燥能力,应烘干后再用。
6. _____、_____物质应盛于带盖称量瓶内称量,防止腐蚀天平。
7. 水分测定中,下列影响测定结果准确度的因素中最大的可能是(　　)。
　A. 称量皿是前一天恒重过的　　　　B. 烘箱控温精度为±2.5℃
　C. 未根据样品性质选择方法　　　　D. 前后两次称量之差

学生感悟
　本次任务,请从强化食品安全监管、健全安全监管预警防控体系角度谈谈为什么需要对食品中的水分含量进行测定。

项目二 任务二 任务完成评价表

被考评人				考评地点			
考评内容							
考评指标		考评标准	分值/分	教师评价/分	自我评价/分	小组评议/分	实际得分/分
专业知识技能掌握	知识点1	掌握酸度的概念及作用	5				
	知识点2	掌握酸度的测定方法	5				
	技能点1	能够熟练并正确使用pH计	10				
	技能点2	能够熟练并正确使用滴定管	10				
任务完成情况		各项任务活动完成表现	20				
通用能力培养	出勤	按时到岗,学习准备就绪	10				
	道德自律	自觉遵守纪律,有责任心和荣誉感,有安全、节约、环保意识和良好的职业道德品质	15				
	学习态度	追求实事求是、一丝不苟的工作作风,严谨的科学作风和良好的实验素养	10				
	团队分工合作	能融入集体,愿意接受任务并积极完成,有团队合作精神与竞争意识	15				
		合计	100				
考评辅助项目						备注	
本组之星						两项评选活动是为了激励学生的学习积极性	
组间互评							
填表说明	1. 实际得分=教师评价30%+自我评价10%+小组评议60%。 2. 考评满分为100分,60分以下为不及格;60~74分为及格;75~84分为良好;85分及以上为优秀。 3. "本组之星"可以是本次实训活动中突出贡献者,也可以是进步最大者,同样可以是其他某一方面表现突出者。 4. "组间互评"是由评审团讨论后对各组给予的最终评价。评审团由各组组长组成,当各组完成实训活动后,各组长先组织本组内进行商议,然后各组长将意见带至评审团,评价各组整体工作情况,将各组互评分数填入其中						

项目二 任务二 作业单

任务名称	生牛乳酸度的测定	日期	
小组序号		成员	

一、任务实施前试剂、仪器准备检查和安全问题整改落实情况

二、任务实施过程中异常情况及解决方法

三、专项作业

1. 食品酸度是指酸性物质在食品中的_____。食品的酸度不仅反映了强度,也反映了其中酸性物质的_____或_____。
2. 酸度计应避免_____,以减少对仪器的损伤。
3. 有效酸度是指被测溶液中 H^+ 的浓度(准确地说应该是活度),所反映的是已解离的那部分酸的浓度,常用_____表示。
4. 挥发酸是指食品中易挥发的有机酸,如甲酸、醋酸及丁酸等低碳链的直链脂肪酸。其大小可通过_____,再通过标准碱溶液滴定来测定。
5. 测定食品酸度时,试样经处理后,以_____作指示剂,用_____mol/L氢氧化钠标准溶液滴定至_____,根据滴定时消耗氢氧化钠体积,可计算确定试样的酸度。
6. 食品中酸度的测定的依据是_____。

学生感悟
本次任务,请从测定食品酸度的意义角度谈谈对强化食品安全监管、健全安全监管预警防控体系有何感悟。

项目三 任务一 任务完成评价表

被考评人						
考评内容						
考评指标		考评标准	分值/分	教师评价/分	自我评价/分	小组评议/分	实际得分/分
专业知识技能掌握	知识点1	掌握总糖、还原糖的概念	5				
	知识点2	掌握总糖及还原糖的分析检验方法	5				
	技能点1	能够正确进行样品处理	10				
	技能点2	能够熟练操作滴定过程	10				
	任务完成情况	各项任务活动完成表现	20				
通用能力培养	出勤	按时到岗,学习准备就绪	10				
	道德自律	自觉遵守纪律,有责任心和荣誉感,有安全、节约、环保意识和良好的职业道德品质	15				
	学习态度	追求实事求是、一丝不苟的工作作风,严谨的科学作风和良好的实验素养	10				
	团队分工合作	能融入集体,愿意接受任务并积极完成,有团队合作精神与竞争意识	15				
合计			100				

考评辅助项目		备注
本组之星		两项评选活动是为了激励学生的学习积极性
组间互评		
填表说明	1. 实际得分=教师评价30%+自我评价10%+小组评议60%。 2. 考评满分为100分,60分以下为不及格;60~74分为及格;75~84分为良好;85分及以上为优秀。 3. "本组之星"可以是本次实训活动中突出贡献者,也可以是进步最大者,同样可以是其他某一方面表现突出者。 4. "组间互评"是由评审团讨论后对各组给予的最终评价。评审团由各组组长组成,当各组完成实训活动后,各组长先组织本组内进行商议,然后各组长将意见带至评审团,评价各组整体工作情况,将各组互评分数填入其中	

项目三 任务一 作业单

任务名称	糕点总糖的分析	日期	
小组序号		成员	

一、任务实施前试剂、仪器准备检查和安全问题整改落实情况

二、任务实施过程中异常情况及解决方法

三、专项作业
1. 测定食品总糖含量时,所用的斐林标准溶液由两种溶液组成,斐林溶液甲液是_____、斐林溶液乙液是_____。
2. 还原糖的测定是一般糖类定量的基础,这是因为_____。
3. 直接滴定法是目前最常用的测定还原糖的方法,其特点是_____,操作_____,滴定终点明显,适用于各类食品中还原糖的测定。但测定深色试样(如酱油、深色果汁等)时,因色素干扰,终点难以判断,影响_____。
4. 还原糖是指_____。
5. 用高锰酸钾法测定食品中还原糖含量,在样品处理时,除去蛋白质时所加的试剂是_____液和_____溶液。

学生感悟
　　本次任务中,对该点心企业所售散装食品中所标明的总糖含量是否达标的计划是否合适?本次抽查对推动兴农助农有没有帮助?如果你是该企业的质量部负责人,你对企业的产品将如何把控?

项目三 任务二 任务完成评价表

被考评人			考评地点			
考评内容						
考评指标		考评标准	分值/分	教师评价/分	自我评价/分	小组评议/分	实际得分/分
专业知识技能掌握	知识点1	掌握脂类的作用及重要性	5				
	知识点2	掌握脂类的分析测定方法	5				
	技能点1	能够熟练进行样品处理	10				
	技能点2	能够熟练操作过程并准确完成计算	10				
	任务完成情况	各项任务活动完成表现	20				
通用能力培养	出勤	按时到岗,学习准备就绪	10				
	道德自律	自觉遵守纪律,有责任心和荣誉感,有安全、节约、环保意识和良好的职业道德品质	15				
	学习态度	追求实事求是、一丝不苟的工作作风,严谨的科学作风和良好的实验素养	10				
	团队分工合作	能融入集体,愿意接受任务并积极完成,有团队合作精神与竞争意识	15				
	合计		100				
考评辅助项目						备注	
本组之星						两项评选活动是为了激励学生的学习积极性	
组间互评							
填表说明	1. 实际得分=教师评价30%+自我评价10%+小组评议60%。 2. 考评满分为100分,60分以下为不及格;60~74分为及格;75~84分为良好;85分及以上为优秀。 3. "本组之星"可以是本次实训活动中突出贡献者,也可以是进步最大者,同样可以是其他某一方面表现突出者。 4. "组间互评"是由评审团讨论后对各组给予的最终评价。评审团由各组组长组成,当各组完成实训活动后,各组长先组织本组内进行商议,然后各组长将意见带至评审团,评价各组整体工作情况,将各组互评分数填入其中。						

项目三 任务二 作业单

任务名称	方便面中脂肪的分析	日期	
小组序号		成员	

一、任务实施前试剂、仪器准备检查和安全问题整改落实情况

二、任务实施过程中异常情况及解决方法

三、专项作业

1. 索氏抽提器由_____、_____、_____构成。
2. 《食品安全国家标准 食品中脂肪的测定》(GB 5009.6—2016)中测定脂肪的方法有_____、_____、_____。
3. 将脂肪收集瓶放入_____℃的烘箱中干燥_____,取出后置于干燥器内冷却_____后称量。重复以上操作直至恒重(直至两次称量的差不超_____)。
4. 食品中的_____脂肪必须用强酸使其游离出来,游离出的脂肪易溶于有机溶剂。试样经盐酸水解后用_____或_____提取,除去溶剂即得_____和_____脂肪的总含量。
5. 用_____和_____抽提样品的碱(氨水)水解液,通过蒸馏或蒸发去除溶剂,测定溶于溶剂中的_____的质量。

学生感悟

　　同学们,假设你毕业之后回到自己的家乡,看到家乡的产业振兴过程中正需要农产品开发、检验等的人才,那么你会积极投入到建设中去吗?你心目中的农田、农产品加工产业是什么样的?你将如何规划?

项目三 任务三 任务完成评价表

被考评人			考评地点			
考评内容						
考评指标		考评标准	分值/分	教师评价/分	自我评价/分	小组评议/分	实际得分/分
专业知识技能掌握	知识点1	掌握凯氏定氮法的原理	5				
	知识点2	掌握氨基酸分析的方法	5				
	技能点1	能够熟练操作凯氏定氮仪	10				
	技能点2	能够正确分析结果	10				
任务完成情况		各项任务活动完成表现	20				
通用能力培养	出勤	按时到岗,学习准备就绪	10				
	道德自律	自觉遵守纪律,有责任心和荣誉感,有安全、节约、环保意识和良好的职业道德品质	15				
	学习态度	追求实事求是、一丝不苟的工作作风,严谨的科学作风和良好的实验素养	10				
	团队分工合作	能融入集体,愿意接受任务并积极完成,有团队合作精神与竞争意识	15				
合计			100				

	考评辅助项目	备注
本组之星		两项评选活动是为了激励学生的学习积极性
组间互评		
填表说明	1. 实际得分=教师评价30%+自我评价10%+小组评议60%。 2. 考评满分为100分,60分以下为不及格;60~74分为及格;75~84分为良好;85分及以上为优秀。 3. "本组之星"可以是本次实训活动中突出贡献者,也可以是进步最大者,同样可以是其他某一方面表现突出者。 4. "组间互评"是由评审团讨论后对各组给予的最终评价。评审团由各组组长组成,当各组完成实训活动后,各组长先组织本组内进行商议,然后各组长将意见带至评审团,评价各组整体工作情况,将各组互评分数填入其中	

项目三 任务三 作业单

任务名称	蛋白质及氨基酸含量的分析	日期	
小组序号		成员	

一、任务实施前试剂、仪器准备检查和安全问题整改落实情况

二、任务实施过程中异常情况及解决方法

三、专项作业

1. 凯氏定氮法消化过程中 H_2SO_4 的作用是_____；$CuSO_4$ 的作用是_____。
2. 凯氏定氮法的主要操作步骤分为消化、_____、吸收、_____；在消化步骤中，需加入少量辛醇并注意控制热源强度，目的是防止_____。
3. 硫酸钾在定氮法中消化过程的作用是_____。
4. 食品中氨基酸态氮含量的测定方法有_____、_____。
5. 测定氨基酸态氮时加入甲醛的目的是_____，氨基酸态氮含量测定的公式是_____。
6. 氨基酸是蛋白质分子的单体，由_____和_____组成。
7. 组成蛋白质的主要元素有_____、_____、_____、_____。
8. 不同蛋白质的含_____量颇为相近，平均含量为_____%。

学生感悟

我国乳企的自动化程度已经很高，从奶牛的饲养到牛奶的成品，这都是我国新型工业化、信息化等政策引导带来的成就，大家想一想你的家乡是否有相应的改变？

项目三 任务四 任务完成评价表

被考评人				考评地点			
考评内容							
考评指标		考评标准	分值/分	教师评价/分	自我评价/分	小组评议/分	实际得分/分
专业知识技能掌握	知识点1	掌握维生素 B_1 提取的原理	5				
	知识点2	掌握高效液相色谱与反向高效液相方法的区别	5				
	技能点1	能够检测常见食品 B 族维生素的含量;能够检测不同食品中维生素 A 与维生素 E 的含量	10				
	技能点2	胜任食品常规成分检测室维生素检测的岗位	10				
	任务完成情况	各项任务活动完成表现	20				
通用能力培养	出勤	按时到岗,学习准备就绪	10				
	道德自律	自觉遵守纪律,有责任心和荣誉感,有安全、节约、环保意识和良好的职业道德品质	15				
	学习态度	追求实事求是、一丝不苟的工作作风,严谨的科学作风和良好的实验素养	10				
	团队分工合作	能融入集体,愿意接受任务并积极完成,有团队合作精神与竞争意识	15				
合计			100				
考评辅助项目						备注	
本组之星						两项评选活动是为了激励学生的学习积极性	
组间互评							
填表说明	1. 实际得分=教师评价30%+自我评价10%+小组评议60%。 2. 考评满分为100分,60分以下为不及格;60~74分为及格;75~84分为良好;85分及以上为优秀。 3. "本组之星"可以是本次实训活动中突出贡献者,也可以是进步最大者,同样可以是其他某一方面表现突出者。 4. "组间互评"是由评审团讨论后对各组给予的最终评价。评审团由各组组长组成,当各组完成实训活动后,各组长先组织本组内进行商议,然后各组长将意见带至评审团,评价各组整体工作情况,将各组互评分数填入其中						

项目三 任务四 作业单

任务名称	食品中维生素含量的分析	日期	
小组序号		成员	

一、任务实施前试剂、仪器准备检查和安全问题整改落实情况

二、任务实施过程中异常情况及解决方法

三、专项作业
1. 水溶性维生素有几种？分别是什么？脂溶性维生素分别是哪几种？
2. 维生素A的测定试验中的色谱条件是什么？
3. 人体缺乏维生素C时可引起_____病，缺乏维生素B时可引起病，而缺乏_____时可引起佝偻病。
4. 测定维生素A的方法主要有_____和_____等。
5. 测定蔬菜中维生素C含量时，加入草酸溶液的作用是_____。

学生感悟
　　本次任务中，你认为对本市不同乳品企业的婴儿乳粉的维生素含量检测抽查婴儿食品的质量安全保障有没有帮助？如果你是部门抽检人员，你对此次的抽检计划是否满意？此次的抽检结果可否作为产品质量等级的评价依据？

项目三 任务五 任务完成评价表

被考评人				考评地点			
考评内容		火焰原子吸收法测定乳粉中的钙					
考评指标		考评标准	分值/分	教师评价/分	自我评价/分	小组评议/分	实际得分/分
专业知识技能掌握	知识点1	掌握食品中钙的作用及重要性	5				
	知识点2	掌握食品中钙的国家标准测定方法	5				
	技能点1	能够熟练操作火焰原子吸收分光光度计	10				
	技能点2	能够准确配制标准溶液	10				
	任务完成情况	各项任务活动完成表现	20				
通用能力培养	出勤	按时到岗,学习准备就绪	10				
	道德自律	自觉遵守纪律,有责任心和荣誉感,有安全、节约、环保意识和良好的职业道德品质	15				
	学习态度	追求实事求是、一丝不苟的工作作风,严谨的科学作风和良好的实验素养	10				
	团队分工合作	能融入集体,愿意接受任务并积极完成,有团队合作精神与竞争意识	15				
合计			100				
考评辅助项目						备注	
本组之星						两项评选活动是为了激励学生的学习积极性	
组间互评							
填表说明	1. 实际得分=教师评价30%+自我评价10%+小组评议60%。 2. 考评满分为100分,60分以下为不及格;60~74分为及格;75~84分为良好;85分及以上为优秀。 3. "本组之星"可以是本次实训活动中突出贡献者,也可以是进步最大者,同样可以是其他某一方面表现突出者。 4. "组间互评"是由评审团讨论后对各组给予的最终评价。评审团由各组组长组成,当各组完成实训活动后,各组长先组织本组内进行商议,然后各组长将意见带至评审团,评价各组整体工作情况,将各组互评分数填入其中						

项目三 任务五 作业单

任务名称	灰分及钙含量的分析	日期	
小组序号		成员	

一、任务实施前试剂、仪器准备检查和安全问题整改落实情况

二、任务实施过程中异常情况及解决方法

三、专项作业

1. 灰分是_____,反应的是食品中的无机成分。
2. 食品中灰分的测定的依据是_____,其中第一法适用于测定_____(淀粉类灰分的方法适用于灰分质量分数不大于2%的淀粉和变性淀粉),第二法适用于_____的测定,第三法适用于_____的测定。
3. 测定灰分时,灰化后所得残渣可留作_____等无机成分的分析。
4. _____是判断灰化是否完全最可靠的方法。
5. 测定灰分时,为了提高测定的效率,通常会加入_____或_____。
6. 火焰原子吸收法测定食品中的钙时,所用的试剂应为_____纯,所用器皿均应为_____浸泡。
7. 钙是人体必不可少的矿物质,主要作用_____。

学生感悟
    对于矿物质含量较低的情况,在测定过程中要注意的是哪些关键因素?同学们在设计实验的时候是如何考虑的?

项目四 任务一 任务完成评价表

被考评人				考评地点			
考评内容							
考评指标		考评标准	分值/分	教师评价/分	自我评价/分	小组评议/分	实际得分/分
专业知识技能掌握	试剂配制	正确配制所用的试剂	5				
	样品制备	掌握样品的消解方法	5				
	仪器的使用	掌握原子吸收光谱仪、原子荧光光谱仪、液相色谱-原子荧光光谱联用仪、电感耦合等离子质谱仪等分析仪器的使用	15				
	仪器维护	仪器使用结束后,能正确维护所用的分析仪器	5				
	数据记录	原始数据记录准确,格式规范	5				
	实验报告	实验报告填写无误,结论正确	5				
	任务完成情况	各项任务活动完成表现	10				
通用能力培养	出勤	按时到岗,学习准备工作充分	10				
	专业素养	自觉遵守纪律和操作规范,有责任心和良好的职业道德品质	15				
	学习态度	态度端正,具有严谨的科学作风和良好的实验素养	10				
	团队分工合作	能融入集体,愿意接受任务并积极完成,有团队合作精神与竞争意识,对团队做出贡献	15				
		合计	100				
考评辅助项目						备注	
本组之星						两项评选活动是为了激励学生的学习积极性	
组间互评							
填表说明	1. 实际得分=教师评价30%+自我评价10%+小组评议60%。 2. 考评满分为100分,60分以下为不及格;60~74分为及格;75~84分为良好;85分及以上为优秀。 3. "本组之星"可以是本次实训活动中突出贡献者,也可以是进步最大者,同样可以是其他某一方面表现突出者。 4. "组间互评"是由评审团讨论后对各组给予的最终评价。评审团由各组组长组成,当各组完成实训活动后,各组长先组织本组内进行商议,然后各组长将意见带至评审团,评价各组整体工作情况,将各组互评分数填入其中						

项目四 任务一 作业单

任务名称	大米中有害元素含量的测定	日期	
小组序号		成员	

一、任务实施前试剂准备、仪器校准情况

二、任务实施过程中异常情况及解决方法

三、专项作业
1. 镉在自然界中含量不多,但其_____较长,在人体内具有蓄积性。
2. GB 5009.15—2023《食品安全国家标准 食品中镉的测定》中测定食品中镉的方法有_____。
3. 汞又称_____,毒性较高,在空气中易挥发,在水体中很容易形成_____,该形式存在的汞毒性更高。
4. 水产动物及其制品可先测定_____,当其水平不超过甲基汞限量值时,不必测定_____,否则,需再测定甲基汞。
5. GB 5009.12—2023《食品安全国家标准 食品中铅的测定》中第一法中的基体改进剂为_____。
6. 食品中的铅主要来源于工业污染、_____、_____、_____。
7. 无机砷测定中所用玻璃器皿均需以_____浸泡24h,用水反复冲洗,最后用去离子水冲洗干净。
8. 食品中砷主要来自食品生产的_____。

学生感悟
  科技创新是确保食品安全的首要工具,食品监管也必须以科学为基础。本次任务中食品中有害元素的检测方法随着科学的发展而不断发展,逐渐从单纯的气相色谱法、液相色谱法发展为液相色谱-原子荧光光谱联用法、电感耦合等离子质谱法等新方法,检测精度、灵敏度不断提高,你还知道哪些检测有害元素的方法?如果你是食品企业负责人,应如何控制食品中有害元素的含量以保障食品安全?

项目四 任务二 任务完成评价表

被考评人			考评地点			
考评内容						
考评指标		考评标准	分值/分	教师评价/分	自我评价/分	小组评议/分	实际得分/分
专业知识技能掌握	知识点1	掌握食品中菊酯类农药的测定意义	5				
	知识点2	掌握食品中菊酯类农药的测定方法	5				
	技能点1	能够根据国家标准进行食品中菊酯类农药测定方案的设计	10				
	技能点2	能够根据设计方案完成食品中菊酯类农药的测定	10				
	任务完成情况	各项任务活动完成表现	20				
通用能力培养	出勤	按时到岗,学习准备就绪	10				
	道德自律	自觉遵守纪律,有责任心和荣誉感,有安全、节约、环保意识和良好的职业道德品质	15				
	学习态度	追求实事求是、一丝不苟的工作作风,严谨的科学作风和良好的实验素养	10				
	团队分工合作	能融入集体,愿意接受任务并积极完成,有团队合作精神与竞争意识	15				
		合计	100				
考评辅助项目						备注	
本组之星						两项评选活动是为了激励学生的学习积极性	
组间互评							
填表说明	1. 实际得分=教师评价30%+自我评价10%+小组评议60%。 2. 考评满分为100分,60分以下为不及格;60~74分为及格;75~84分为良好;85分及以上为优秀。 3. "本组之星"可以是本次实训活动中突出贡献者,也可以是进步最大者,同样可以是其他某一方面表现突出者。 4. "组间互评"是由评审团讨论后对组给予的最终评价。评审团由各组组长组成,当各组完成实训活动后,各组长先组织本组内进行商议,然后各组长将意见带至评审团,评价各组整体工作情况,将各组互评分数填入其中						

项目四 任务二 作业单

任务名称	蜂王浆中多种菊酯类农药残留量的分析	日期	
小组序号		成员	

一、任务实施前试剂、仪器准备检查和安全问题整改落实情况

二、任务实施过程中异常情况及解决方法

三、专项作业

1. 蜂王浆中菊酯类的测定农药残留量依据是_____。
2. GB 2763—2021《食品安全国家标准 食品中农药最大残留限量》规定菊酯类最大限量为_____。
3. 用气相色谱法测定蜂王浆氨基甲酸酯类含量时所用的乙腈纯度是_____。
4. 用气相色谱法测定蜂王浆中菊酯类农药含量时选用的检测器为_____,检测波长为_____。
5. 食品安全国家标准规定,婴幼儿乳粉中黄曲霉毒素 M_1 的限量为_____。
6. 液相色谱法测定乳制品中黄曲霉毒素 M 族时,色谱柱是_____,检测器为_____。
7. GB 5009.24—2016《食品安全国家标准 食品中黄曲霉毒素 M 族的测定》规定食品中黄曲霉毒素 M 族的测定方法包括_____、_____和_____。
8. GB 5009.24—2016《食品安全国家标准 食品中黄曲霉毒素 M 族的测定》第二法中黄曲霉毒素 M 族标准储备溶液储存温度为_____,混合标准储备溶液和混合标准工作溶液储存温度为_____。
9. 黄曲霉毒素中,毒性最强的类型是_____。

学生感悟

  1. 本次任务,针对不同农药检测项目制定了检测计划,关于农药残留的检测的必要性与消费者的健康之间的关系是如何去思考的?通过本任务的学习对于农产品监管工作的认识有哪些?

  2. 对于食品相关专业的学生如何将专业知识运用到实际工作中?对于食品检测行业的职业道德、职业精神有什么更深刻的理解?

项目五 任务一 任务完成评价表

被考评人			考评地点			
考评内容						
考评指标		考评标准	分值/分	教师评价/分	自我评价/分	小组评议/分	实际得分/分
专业知识技能掌握	知识点1	掌握食品中防腐剂的种类及测定意义	5				
	知识点2	掌握食品中防腐剂的国标测定方法	5				
	技能点1	能够根据国家标准进行食品中的防腐剂测定方案的设计	10				
	技能点2	能够根据设计方案完成食品中的防腐剂的测定	10				
	任务完成情况	各项任务活动完成表现	20				
通用能力培养	出勤	按时到岗,学习准备就绪	10				
	道德自律	自觉遵守纪律,有责任心和荣誉感,有安全、节约、环保意识和良好的职业道德品质	15				
	学习态度	追求实事求是、一丝不苟的工作作风,严谨的科学作风和良好的实验素养	10				
	团队分工合作	能融入集体,愿意接受任务并积极完成,有团队合作精神与竞争意识	15				
合计			100				
考评辅助项目						备注	
本组之星						两项评选活动是为了激励学生的学习积极性	
组间互评							
填表说明	1. 实际得分=教师评价30%+自我评价10%+小组评议60%。 2. 考评满分为100分,60分以下为不及格;60~74分为及格;75~84分为良好;85分及以上为优秀。 3. "本组之星"可以是本次实训活动中突出贡献者,也可以是进步最大者,同样可以是其他某一方面表现突出者。 4. "组间互评"是由评审团讨论后对各组给予的最终评价。评审团由各组组长组成,当各组完成实训活动后,各组长先组织本组内进行商议,然后各组长将意见带至评审团,评价各组整体工作情况,将各组互评分数填入其中						

项目五 任务一 作业单

任务名称	食品防腐剂的分析测定	日期	
小组序号		成员	

一、任务实施前试剂、仪器准备检查和安全问题整改落实情况

二、任务实施过程中异常情况及解决方法

三、专项作业
1. 目前最常用的食品防腐剂是_____和_____。
2. 苯甲酸的毒性比山梨酸的毒性_____,而且在相同的酸度下抑菌效力仅为山梨酸的_____。
3. 山梨酸及其盐类_____、_____,是一种_____,可参与人体的正常代谢。
4. 在利用液相色谱法测定时,苯甲酸、山梨酸和糖精钠的标准储备液应置于_____条件下贮存,保存期为_____。

学生感悟
    本次任务后同学们学会了关注中华人民共和国国家卫生健康委员会官网动态,特别是食品安全标准与监测评估司的相关动态,了解更多的食品安全的动态。除此以外,还有什么途径可以更加地了解我国的食品安全动态呢?在这个过程当中应如何践行社会主义核心价值观?

项目五 任务二 任务完成评价表

被考评人				考评地点			
考评内容							
考评指标		考评标准	分值/分	教师评价/分	自我评价/分	小组评议/分	实际得分/分
专业知识技能掌握	知识点1	掌握食品中护色剂的测定意义	5				
	知识点2	掌握食品中护色剂的测定方法	5				
	技能点1	能够根据国家标准设计食品中护色剂的测定方案	10				
	技能点2	能够按照方案进行食品中护色剂的测定	10				
	任务完成情况	各项任务活动完成表现	20				
通用能力培养	出勤	按时到岗,学习准备就绪	10				
	道德自律	自觉遵守纪律,有责任心和荣誉感,有安全、节约、环保意识和良好的职业道德品质	15				
	学习态度	追求实事求是、一丝不苟的工作作风,严谨的科学作风和良好的实验素养	10				
	团队分工合作	能融入集体,愿意接受任务并积极完成,有团队合作精神与竞争意识	15				
合计			100				
考评辅助项目						备注	
本组之星						两项评选活动是为了激励学生的学习积极性	
组间互评							
填表说明	1. 实际得分=教师评价30%+自我评价10%+小组评议60%。 2. 考评满分为100分,60分以下为不及格;60~74分为及格;75~84分为良好;85分及以上为优秀。 3. "本组之星"可以是本次实训活动中突出贡献者,也可以是进步最大者,同样可以是其他某一方面表现突出者。 4. "组间互评"是由评审团讨论后对各组给予的最终评价。评审团由各组组长组成,当各组完成实训活动后,各组长先组织本组内工进行商议,然后各组长将意见带至评审团,评价各组整体工作情况,将各组互评分数填入其中						

项目五 任务二 作业单

任务名称	护色剂的分析测定	日期	
小组序号		成员	

一、任务实施前试剂、仪器准备检查和安全问题整改落实情况

二、任务实施过程中异常情况及解决方法

三、专项作业
1. 我国食品添加剂使用标准中公布的护色剂有_____和_____。
2. 食品中硝酸盐和亚硝酸盐的测定依据是_____。
3. 在用离子色谱法测定硝酸盐和亚硝酸盐时,所有玻璃仪器在使用前均需要依次用_____和_____浸泡_____,然后用水冲洗_____次。
4. 在样品预处理时,一般用_____法取样品,确保样品具有代表性。
5. 食品添加剂使用标准中规定肉灌肠类亚硝酸盐残留量(以 $NaNO_2$ 计)应_____。

学生感悟
本次任务,在讨论过程中团队成员观点出现的较大分歧在哪里?后来是如何解决的?

项目五 任务三 任务完成评价表

被考评人				考评地点		
考评内容		漂白剂的分析测定				
考评指标		考评标准	分值/分	教师评价/分	自我评价/分	小组评议/分	实际得分/分
专业知识技能掌握	知识点1	掌握漂白剂的作用及危害	5				
	知识点2	掌握漂白剂的检测方法及原理	5				
	技能点1	能够熟练进行样品处理	10				
	技能点2	能够正确完成蒸馏法操作	10				
	任务完成情况	各项任务活动完成表现	20				
通用能力培养	出勤	按时到岗,学习准备就绪	10				
	道德自律	自觉遵守纪律,有责任心和荣誉感,有安全、节约、环保意识和良好的职业道德品质	15				
	学习态度	追求实事求是、一丝不苟的工作作风,严谨的科学作风和良好的实验素养	10				
	团队分工合作	能融入集体,愿意接受任务并积极完成,有团队合作精神与竞争意识	15				
		合计	100				
考评辅助项目					备注		
本组之星					两项评选活动是为了激励学生的学习积极性		
组间互评							
填表说明	1. 实际得分＝教师评价30％＋自我评价10％＋小组评议60％。 2. 考评满分为100分,60分以下为不及格;60～74分为及格;75～84分为良好;85分及以上为优秀。 3. "本组之星"可以是本次实训活动中突出贡献者,也可以是进步最大者,同样可以是其他某一方面表现突出者。 4. "组间互评"是由评审团讨论后对组给予的最终评价。评审团由各组组长组成,当各组完成实训活动后,各组长先组织本组内进行商议,然后各组长将意见带至评审团,评价各组整体工作情况,将各组互评分数填入其中						

项目五 任务三 作业单

任务名称	漂白剂的分析测定	日期	
小组序号		成员	

一、任务实施前试剂、仪器准备检查和安全问题整改落实情况

二、任务实施过程中异常情况及解决方法

三、专项作业
1. 漂白剂是能够_____、_____食品的发色因素,使其_____或使食品免于_____的物质。
2. 食品中二氧化硫的测定的依据是_____,其中第一法适用于测定_____,第二法适用于_____的测定,第三法适用于_____的测定。
3. 对于啤酒、果酒类试样,在用酸碱滴定法测定二氧化硫含量时,采样量应大于_____,对于袋装试样需至少采集_____包装(同一批次或批号)。
4. 测定二氧化硫含量时,第一法和第三法中作为二氧化硫吸收液的是_____。

学生感悟
  1. 关于漂白剂在食品中超标的问题在消费者人群中关注度一直很高,面对这样的典型任务,在检测过程中的担当意识对于职业选择的影响有多大?
  2. 食品添加剂在食品加工中起到很重要的作用,在健康中国的发展之路当中,食品添加剂该如何发展才会绿色健康?同学们有什么思考与感悟?

项目五 任务四 任务完成评价表

被考评人				考评地点			
考评内容							
考评指标		考评标准	分值/分	教师评价/分	自我评价/分	小组评议/分	实际得分/分
专业知识技能掌握	知识点1	了解阿斯巴甜的使用注意事项	5				
	知识点2	掌握阿斯巴甜的标准测定方法	5				
	技能点1	能够进行高效液相色谱仪的准确操作	10				
	技能点2	能够按照国家标准进行样品中阿斯巴甜含量的测定	10				
	任务完成情况	各项任务活动完成表现	20				
通用能力培养	出勤	按时到岗,学习准备就绪	10				
	道德自律	自觉遵守纪律,有责任心和荣誉感,有安全、节约、环保意识和良好的职业道德品质	15				
	学习态度	追求实事求是、一丝不苟的工作作风,严谨的科学作风和良好的实验素养	10				
	团队分工合作	能融入集体,愿意接受任务并积极完成,有团队合作精神与竞争意识	15				
合计			100				
考评辅助项目						备注	
本组之星						两项评选活动是为了激励学生的学习积极性	
组间互评							
填表说明	1. 实际得分=教师评价30%+自我评价10%+小组评议60%。 2. 考评满分为100分,60分以下为不及格;60~74分为及格;75~84分为良好;85分及以上为优秀。 3. "本组之星"可以是本次实训活动中突出贡献者,也可以是进步最大者,同样可以是其他某一方面表现突出者。 4. "组间互评"是由评审团讨论后对各组给予的最终评价。评审团由各组组长组成,当各组完成实训活动后,各组长先组织本组内工进行商议,然后各组长将意见带至评审团,评价各组整体工作情况,将各组互评分数填入其中						

项目五 任务四 作业单

任务名称	柠檬茶中阿斯巴甜含量的测定	日期	
小组		成员	

一、任务实施前试剂、仪器准备检查和安全问题整改落实情况

二、任务实施过程中异常情况及解决方法

三、专项作业
1. 阿斯巴甜是目前使用最广泛的甜味剂,甜度约为蔗糖的_____。
2. 我国食品添加剂国家标准 GB 2760—2014《食品安全国家标准 食品添加剂使用标准》中规定了阿斯巴甜在茶、咖啡、植物(类)饮料中最大添加量为_____。
3. GB 5009.263—2016《食品安全国家标准 食品中阿斯巴甜和阿力甜的测定》规定食品中阿斯巴甜和阿力甜的测定方法为_____。
4. 用液相色谱法测定食品中阿斯巴甜和阿力甜含量时应选用的色谱柱是_____。
5. 用液相色谱法测定食品中阿斯巴甜和阿力甜含量时选用的检测器为_____。
6. 我国食品添加剂国家标准 GB 2760—2014《食品安全国家标准 食品添加剂使用标准》中规定了糖精钠在果酱中最大添加量为_____。
7. GB 5009.28—2016《食品安全国家标准 食品中苯甲酸、山梨酸和糖精钠的测定》规定食品中糖精钠的测定方法为_____。
8. 亚铁氰化钾和乙酸锌的作用是_____。
9. 用液相色谱法测定食品中糖精钠含量时选用_____定性,_____定量。
10. 用液相色谱法测定食品中糖精钠时选用的检测器为_____,检测波长为_____。

学生感悟
  随着食品工业的快速发展,食品添加剂已经成为现代食品工业的重要组成部分,并且已经成为食品工业技术进步和科技创新的重要推动力。但添加剂的过度使用也威胁着人类健康。食品添加剂国家标准 GB 2760—2014《食品安全国家标准 食品添加剂使用标准》中规定了食品添加剂在各类食品中的最大使用量。本次任务中抽查的柠檬茶、果酱中添加剂的添加量是否符合国标要求? 如果你是食品企业负责人,采取何种措施才能既保证食品风味又可以保障食品安全?